煤炭高等教育“十三五”规划教材
新编安全科学与工程专业系列教材

安全评价

主　编　崔　辉　施式亮
参　编　牛国庆　胡卫萱　李润求
　　　　李石林　牛会永　周荣义
　　　　田兆君　游　波　崔　燕

中国矿业大学出版社

内容提要

本书以安全评价的程序为主线，系统介绍了安全评价的基础内容和实用知识，条理分明、突出实用。主要内容包括：绪论，安全评价依据，危险、有害因素辨识与分析，重大危险源的辨识，评价单元划分与评价方法选择，定性定量安全评价，事故后果预测，安全对策措施建议以及安全评价结论与报告编制等内容。

本书主要作为高等院校安全工程专业的教学用书，也可作为注册安全评价师和(或)注册安全工程师资格考试的参考用书；另外，从事安全工作的从业人员在日常安全监督管理工作中也可参考使用。

图书在版编目(CIP)数据

安全评价/崔辉，施式亮主编．—徐州：中国矿业大学出版社，2019.3

ISBN 978-7-5646-4380-5

Ⅰ．①安… Ⅱ．①崔… ②施… Ⅲ．①安全评价 Ⅳ．①X913

中国版本图书馆 CIP 数据核字(2019)第 044345 号

书　　名　安全评价
主　　编　崔　辉　施式亮
责任编辑　陈红梅
出版发行　中国矿业大学出版社有限责任公司
　　　　　　(江苏省徐州市解放南路　邮编 221008)
营销热线　(0516)83884103　83885105
出版服务　(0516)83995789　83884920
网　　址　http://www.cumtp.com　**E-mail**:cumtpvip@cumtp.com
印　　刷　徐州中矿大印发科技有限公司
开　　本　787×1092　1/16　**印张** 17.25　**字数** 431 千字
版次印次　2019 年 3 月第 1 版　2019 年 3 月第 1 次印刷
定　　价　38.00 元
(图书出现印装质量问题，本社负责调换)

前　言

本书的出版正值应急管理部组建、我国安全生产监督管理工作历经重大变革之时。安全评价(风险评价)以国家有关安全方针、政策和法律法规、标准、行政规章、规范等为依据，运用定性定量的方法对建设项目、工业园区、生产经营活动存在的危险、有害因素进行辨识、分析和评价，提出预防、控制、治理等对策措施建议。一方面，可有效地降低建设项目、工业园区、生产经营活动的风险，提高相应的安全管理水平；另一方面，为政府主管部门进行安全生产监督管理提供科学依据和决策参考。安全评价不仅着重体现了事先预测、预防，也可应用于事中应急救援，以及事后处置管理。以应急预案编制为例，无论是综合应急预案，还是专项应急预案、现场处置方案，都需要评估事故风险，分析存在或可能发生的事故类型、发生的可能性以及严重程度及影响范围等，以确定事故应急处置程序、现场应急处置措施以及应急工作职责分配等。安全评价将一如既往地为落实"安全第一、预防为主、综合治理"的安全生产方针提供重要技术保障、发挥积极有效作用，因而高等院校的安全工程专业相继开设了"安全评价"课程。为满足课程教学与实践的需要，根据煤炭高等教育"十三五"规划发展的要求，我们组织了长期从事安全评价教研工作的老师和专家编写了该书。

本书由湖南科技大学崔辉、施式亮担任主编；河南理工大学牛国庆，天津理工大学胡卫萱，湖南科技大学李润求、李石林、牛会永、周荣义、田兆君、游波、崔燕等参与了本书的编写。

在编写本书过程中，作者参阅了国内多位专家、学者的相关著作和文献资料，并得到湖南科技大学资源环境与安全工程学院领导、同仁的大力支持。在本书出版过程中，中国矿业大学出版社陈红梅编辑给予了热情帮助。本书还得到了国家自然科学基金项目(51774135，51274100)、教育部高等学校特色专业建设点项目(TS11624)、湖南省安全生产财政专项资金项目(湘财企指〔2017〕20号)、湖南省普通高校教学改革研究项目(2016-385)的资助。在此，编写组一并表示衷心的感谢！

由于作者水平有限，编写时间仓促，不妥之处在所难免，敬请广大读者提出宝贵意见。

编　者
2018年8月

目 录

1 绪论 …… 1

1.1 安全评价概述 …… 1

1.2 安全评价与建设项目安全设施“三同时”的关系 …… 3

1.3 安全评价原理 …… 4

1.4 安全评价的限制因素 …… 8

本章思考题 …… 8

2 安全评价依据 …… 9

2.1 法律法规 …… 9

2.2 标准 …… 14

2.3 安全评价规范体系 …… 15

2.4 安全生产法律法规标准制修订重点 …… 16

2.5 应用实践 …… 17

本章思考题 …… 19

3 危险、有害因素辨识与分析 …… 20

3.1 危险源相关基础 …… 20

3.2 危险、有害因素的分类 …… 21

3.3 危险、有害因素的辨识原则与方法 …… 28

3.4 危险、有害因素的辨识 …… 29

3.5 应用实践 …… 50

本章思考题 …… 53

4 重大危险源的辨识 …… 54

4.1 危险化学品重大危险源 …… 54

4.2 危险化学品重大危险源的分级 …… 55

4.3 应用实践 …… 56

本章思考题 …… 57

5 评价单元划分与评价方法选择 …… 58

5.1 评价单元 …… 58

5.2 评价单元划分的原则与方法 …… 58

5.3 典型评价单元划分 …… 60

5.4 评价方法选择 …… 61

5.5 应用实践 …… 63

本章思考题 …… 63

6 定性、定量安全评价 …… 64

6.1 安全检查表分析法 …… 65

6.2 预先危险性分析 …… 71

6.3 作业条件危险性评价法及其改进 …… 75

6.4 危险与可操作性分析 …… 77

6.5 危险度评价法 …… 86

6.6 火灾、爆炸危险指数评价法 …… 87

6.7 故障类型与影响分析 …… 119

6.8 事件树分析 …… 126

6.9 故障树分析 …… 129

6.10 层次分析法 …… 146

6.11 模糊综合评判法 …… 155

本章思考题 …… 157

7 事故后果预测 …… 159

7.1 泄漏 …… 159

7.2 闪蒸 …… 170

7.3 扩散 …… 170

7.4 火灾、爆炸与中毒模型 …… 173

7.5 暴露影响 …… 180

7.6 事故后果预测软件及应用 …… 185

本章思考题 …… 188

8 安全对策措施 …… 189

8.1 安全对策措施概述 …… 189

8.2 安全技术对策措施(通用) …… 190

8.3 安全管理对策措施(通用) …… 240

8.4 事故应急预案(通用) …… 243

8.5 应用实践 …… 247

本章思考题 …… 247

9 安全评价结论与报告编制 …… 248

9.1 安全评价结论 …… 248

9.2 安全评价报告编制 …… 250

9.3 安全预评价 …… 251

9.4 安全验收评价 …… 252

9.5 安全现状评价 …… 255

本章思考题 …… 256

附录　火灾、爆炸危险指数法物质系数和特性 …… 257

参考文献 …… 267

1 绪 论

“十三五”时期，我国仍处于新型工业化、城镇化持续推进的过程中，企业生产经营规模不断扩大，矿山、化工等高危行业比重大，落后工艺、技术、装备和产能大量存在，各类事故隐患和安全风险交织叠加，安全生产基础依然薄弱，安全生产工作面临许多挑战。安全评价作为现代安全管理模式，体现了安全生产“以人为本”和“预防为主”的理念，越来越受到社会的认同，对于安全生产所起的技术支撑作用日益凸显，安全评价的基础知识和技术规范越来越被广泛普及和应用，并已经在煤矿、非煤矿山、危险化学品、烟花爆竹、民用爆炸物品、建筑施工、交通运输、冶金等重点行业（领域）取得了显著的成效。

1.1 安全评价概述

安全评价（safety assessment），也称为风险评价（risk assessment），它既需要安全评价理论的支撑，又需要理论与实际经验的结合，二者缺一不可。

《安全评价通则》（AQ 8001—2007）对安全评价定义如下：以实现工程、系统安全为目的，应用安全系统工程原理和方法，辨识与分析工程、系统、生产经营活动中的危险有害因素，预测发生事故造成职业危害的可能性及其严重程度，提出科学、合理、可行的安全对策措施建议，做出评价结论的活动。安全评价可针对一个特定的对象，也可针对一定区域范围。

从该定义中可知，安全评价与安全系统工程之间的关系非常紧密，安全系统工程的原理和方法是安全评价的基础，安全评价是安全系统工程的具体实践应用。该定义也涵盖了安全评价的基本内容，并强调实施安全评价并不仅针对某个特定的对象，如建设项目、生产经营活动，也适用于一定区域范围，如工业园区等。

1.1.1 安全评价内容

安全评价内容包括：

(1) 前期准备

明确评价对象，备齐有关安全评价所需的设备、工具，收集国内外相关法律、法规、标准、规章、规范等资料。

(2) 辨识与分析危险危害因素

根据评价对象的具体情况，辨识和分析危险、有害因素，确定其存在的部位、方式，以及发生作用的途径和变化规律。

(3) 划分评价单元

评价单元划分应科学、合理，便于实施评价，相对独立且具有明显的特征界限。

(4) 定性、定量评价

根据评价单元的特性，选择合理的评价方法，对评价对象发生事故的可能性及其严重程度进行定性、定量评价。

(5) 对策措施建议

依据危险、有害因素辨识结果与定性、定量评价结果，遵循针对性、技术可行性、经济合理性的原则，提出消除或减弱危险、危害的技术和管理对策措施建议。

对策措施建议应具体翔实、具有可操作性。按照针对性和重要性的不同，措施和建议可分为应采纳和宜采纳两种类型。

(6) 安全评价结论

安全评价机构应根据客观、公正、真实的原则，严谨、明确地做出安全评价结论。

安全评价结论的内容应包括高度概括评价结果，从风险管理角度给出评价对象在评价时与国家有关安全生产的法律、法规、标准、行政规章、规范的符合性结论，给出事故发生的可能性和严重程度的预测性结论及采取安全对策措施后的安全状态等。

1.1.2 安全评价程序

安全评价程序包括：前期准备；辨识与分析危险、有害因素；划分评价单元；定性、定量评价；提出安全对策措施建议；做出安全评价结论；编制安全评价报告。其程序框图见图 1-1。

安全评价机构与建设单位(生产经营单位)签订安全评价合同后，开始实施安全评价程序。安全评价人员编制完成安全评价报告(评审稿)后，建设单位(生产经营单位)组织专家组对评价报告进行评审，提出评审意见，建设单位(生产经营单位)和评价机构进行相应的整改，专家组核查整改情况并签字确认后，安全评价机构提交建设单位(生产经营单位)最终的安全评价报告(备案稿)，报相关安全生产监督管理部门备案，作为第三方出具的技术性咨询文件，可为政府安全生产监管、监察部门、行业主管部门等相关单位对评价对象的安全行为进行法律法规、标准、行政规章、规范的符合性判别所用。

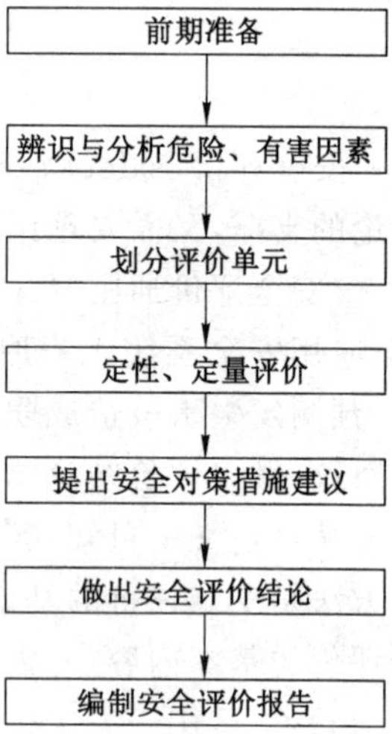

图 1-1　安全评价程序框图

1.1.3 安全评价分类

根据工程、系统的生命周期和评价目的的不同，安全评价主要分为安全预评价、安全验收评价和安全现状评价 3 类。

(1) 安全预评价

安全预评价是指在建设项目可行性研究阶段、工业园区规划阶段或生产经营活动组织实施之前，根据相关的基础资料，辨识与分析建设项目、工业园区、生产经营活动潜在的危险、有害因素，确定其与安全生产法律法规、标准、规范、行政规章的符合性，预测发生事故的可能性和严重程度，提出科学、合理、可行的安全对策措施建议，做出安全评价结论的活动。

(2) 安全验收评价

在建设项目竣工、试生产运行正常或工业园区建设完成后，检查建设项目或工业园区内的安全设施、设备、装置已与主体工程同时设计、同时施工、同时投入生产和使用的情况；安全生产管理措施到位情况；安全生产规章制度健全情况；事故应急救援预案建立情况；审查确定主体工程建设、工业园区建设满足安全生产法律法规、标准、规范、行政规章要求的符合性情况，从整体上确定建设项目、工业园区的运行状况和安全管理情况，做出安全验收评价结论的活动。

(3) 安全现状评价

针对工业园区、生产经营活动的事故风险、安全管理状况进行评价,辨识与分析其存在的危险、有害因素,审查确定其与安全生产法律法规、规范、标准、行政规章要求的符合性情况,预测发生事故或造成职业危害的可能性和严重程度,提出科学、合理、可行的安全对策措施建议,做出安全现状评价结论的活动。

1.2 安全评价与建设项目安全设施"三同时"的关系

建设项目安全设施"三同时"指的是新建、改建、扩建的建设项目安全设施与主体工程同时设计、同时施工、同时投入生产和使用。安全预评价、安全验收评价和安全现状评价与建设项目安全设施"三同时"的关系见图 1-2。

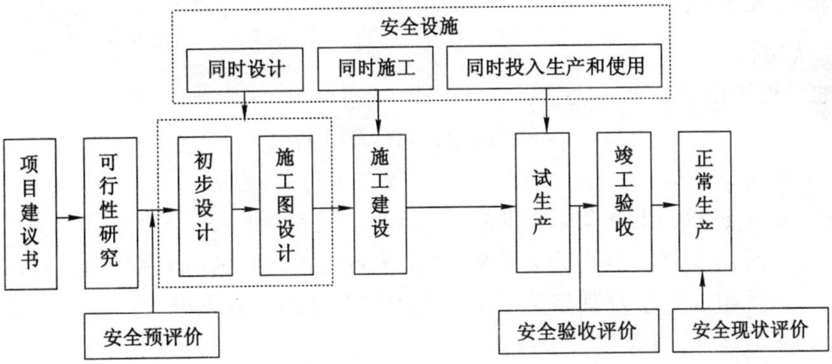

图 1-2 安全评价与建设项目安全设施"三同时"的关系

安全预评价处于建设项目开展可行性研究之后,主要是依据可行性研究报告展开文本评价,是一种预测性评价。预评价形成的安全预评价报告可为政府安全生产监管、监察部门、行业主管部门等相关单位对评价对象的安全行为进行法律法规、标准、规范、规章的符合性判别所用,作为项目报批的文件之一;同时可提供给建设单位(业主)、设计单位等,作为建设项目安全设施设计的重要依据文件之一,在安全设施设计阶段应落实安全预评价所提出的各项安全对策措施,确保建设项目的安全设施"同时设计"。

建设项目施工建设,安全设施"同时施工",项目试生产,则安全设施"同时投入生产和使用"。

安全验收评价是在建设项目试生产运行正常之后、竣工验收之前,审查可行性研究报告、安全预评价、初步设计中安全卫生专篇等对安全生产保障等设备设施的实施情况和相关对策措施建议的落实情况,以及安全对策措施的具体设计、安装施工情况有效保障程度,确保建设项目的安全设施的"同时设计"、"同时施工";同时还需评价安全对策措施在试生产中的合理性、有效性及安全措施的实际运行情况,确保建设项目的安全设施的"同时投入生产和使用"。在安全验收评价中,很重要的内容就是检查建设项目或工业园区内的安全设施、设备、装置与主体工程同时设计、同时施工、同时投入生产和使用的情况,最终形成的安全验收评价报告将作为建设单位(业主)向政府安全生产监督管理机构申请建设项目安全验收审批的重要依据之一。

特别予以注意的是，在《安全评价机构监督管理规定》中，第二十一条第三款规定："建设项目的安全预评价和安全验收评价不得委托同一个安全评价机构。"

安全现状评价是在建设项目正常生产运行后对安全现状进行的全面综合评价，确保建设项目安全设施投入生产和使用的持续性，形成的现状综合评价报告的内容应纳入生产经营单位的安全管理中；同时可作为向安全生产监督管理部门申请领取安全生产许可证、安全生产许可证届满延期的重要依据之一。

1.3 安全评价原理

虽然安全评价的领域、种类、方法、手段种类繁多，并且评价系统的属性、特征及事件的随机性千变万化，各不相同，究其思维方式却是一致的，可归纳为以下 4 个基本原理。

1.3.1 相关性原理

(1) 系统结构

系统的结构可用下列公式表达：

$$E=\max\{f(X,R,C)\} \tag{1-1}$$

式中 E——最优结合效果；

X——系统组成的要素集，即组成系统的所有元素；

R——系统组成要素的相关关系集，即系统各元素之间的所有相关关系；

C——系统组成要素及其相关关系在各阶层上可能的分布形式；

f——X,R,C 的结合效果函数。

对系统的要素集(X)、关系集(R)和层次分布形式(C)的分析，可阐明系统整体的性质。要使系统目标达到最佳程度，只有使上述三者达到最优结合，才能产生最优的结合效果 E。

对系统进行安全评价，就是要寻求 X,R 和 C 的最合理的结合形式，即具有最优结合效果 E 的系统结构形式在对应系统目标集和环境因素约束集的条件，给出最安全的系统结合方式。例如，一个生产系统一般是由若干生产装置、物料、人员(X 集)集合组成的；其工艺过程是在人、机、物料、作业环境结合过程(人控制的物理、化学过程)中进行的(R 集)；生产设备的可靠性、人的行为的安全性、安全管理的有效性等因素层次上存在各种分布关系(C 集)。安全评价的目的，就是寻求系统在最佳生产(运行)状态下的最安全的有机结合。

因此，在评价之前要研究与系统安全有关的系统组成要素，要素之间的相关关系，以及它们在系统各层次的分布情况。例如，要调查、研究构成工厂的所有要素(人、机、物料、环境等)，明确它们之间存在的相互影响、相互作用、相互制约的关系和这些关系在系统的不同层次中的不同表现形式等。

要对系统做出准确的安全评价，必须对要素之间及要素与系统之间的相关形式和相关程度给出量的概念。这就需要明确哪个要素对系统有影响，是直接影响还是间接影响；哪个要素对系统影响大，大到什么程度，彼此是线性相关还是指数相关等。要做到这一点，就要求在分析大量生产运行、事故统计资料的基础上，得出相关的数学模型，以便建立合理的安全评价数学模型。例如，用加权平均法进行生产经营单位安全评价中确定各子系统安全评价的权重系数，实际上就是确定生产经营单位整体与各子系统之间的相关系数。这种权重系数代表了各子系统的安全状况对生产经营单位整体安全状况的影响大小，也代表了各子系统的危险性在生产经营单位整体危险性中的比重。一般地，权重系数都是通过大量事故统计资料的分析，权衡事故发生的可能性大小和事故损失的严重程度而确定下来的。

(2) 因果关系

有因才有果，这是事物发展变化的规律。事物的原因和结果之间存在着类似函数一样的密切关系。例如，研究各个系统之间的依存关系和影响程度，就可以探求其变化的特征和规律，并可以预测其未来状态的发展变化趋势。

事故和导致事故发生的各种原因(危险因素)之间存在着相关关系，表现为依存关系和因果关系。危险因素是原因，事故是结果，事故的发生是由许多因素综合作用的结果。分析各因素的特征、变化规律、影响事故发生和事故后果的程度以及从原因到结果的途径，揭示其内在联系和相关程度，在评价中得出正确的分析结论，并采取恰当的对策措施。例如，可燃气体泄漏爆炸事故是由可燃气体泄漏，与空气混合达到爆炸极限和存在引燃能源三个因素综合作用的结果，而这三个因素又是设计失误、设备故障、安全装置失效、操作失误、环境不良、管理不当等一系列因素造成的，爆炸后果的严重程度又和可燃气体的性质(闪点、燃点、燃烧速度、燃烧热值等)、可燃性气体的爆炸量及空间密闭程度等因素有着密切的关系，在评价中需要分析这些因素的因果关系和相互影响程度，并定量地加以评述。

事故的因果关系是：事故的发生有其原因因素，但不是由单一原因因素造成的，而是由若干个原因因素耦合在一起。当出现符合事故发生的充分必要条件时，事故就必然爆发，多一个原因因素或少一个原因因素事故就不会发生，而每一个原因因素又由若干个二次原因因素构成，依次类推。

消除一次、二次、三次……原因因素，破坏发生事故的充分必要条件，事故就不会产生，这就是采取技术、管理、教育等方面的安全对策措施的理论依据。

在评价系统中，找出事故发展过程中的相互关系，借鉴历史、同类情况的数据、典型案例等，建立起接近真实情况的数学模型，则评价会取得较好的效果，而且越接近真实情况，效果越好，评价得越准确。

1.3.2 类推原理

"类推"又称为"类比"。类推推理是人们经常使用的一种逻辑思维方法，常用来作为推出一种新知识的方法。它是根据两个或两类对象之间存在着某些相同或相似的属性，从一个已知对象还具有某个属性来推出另一个对象具有此种属性的一种推理。它在人们认识世界和改造世界的活动中，有着非常重要的作用，在安全生产、安全评价中同样也有着特殊的意义和重要的作用。其基本模式为：

若 A 与 B 表示两个不同对象，A 有属性 $P_1,P_2,\cdots,P_m,P_n$，B 有属性 $P_1,P_2,\cdots,P_m$，则对象 A 与 B 的推理表示为：

A 有属性 $P_1,P_2,\cdots,P_m,P_n$；

B 有属性 $P_1,P_2,\cdots,P_m$；

所以，B 也有属性 $P_n(n>m)$。

类比推理的结论不是必然的。所以，应用时要注意提高其结论的可靠性，方法如下：

(1) 要尽量多地列举两个或两类对象所共有或共缺的属性。

(2) 两个类比对象所共有或共缺的属性越本质，则推出的结论越可靠。

(3) 两个类比对象共有或共缺的对象与类推的属性之间具有本质和必然的联系,则推出结论的可靠性就高。

类比推理常常被人们用来类比同类装置或类似装置的职业安全的经验、教训,采取相应的对策措施防患于未然,实现安全生产。

类推评价法是经常使用的一种安全评价方法。它不仅可以由一种现象推算另一现象,还可以依据已掌握的实际统计资料,采用科学的估计推算方法来推算得到基本符合实际的所需资料,以弥补调查统计资料的不足,供分析研究用。

类推评价法的种类及其应用领域取决于评价对象事件与先导事件之间联系的性质。如果这种联系可用数字表示,则称为定量类推;如果这种联系关系只能定性处理,则称为定性类推。常用的类推方法有如下:

(1) 平衡推算法

平衡推算法是根据相互依存的平衡关系来推算所缺的有关指标的方法。例如,利用海因里希关于重伤死亡、轻伤、无伤害事故比例 1∶29∶300 的规律,在已知重伤死亡数据的情况下,可推算出轻伤和无伤害事故数据;利用事故的直接经济损失与间接经济损失的比例为 1∶4 的关系,从直接损失推算间接损失和事故总经济损失;利用爆炸破坏情况推算离爆炸中心多远处的冲击波超压(Δp)或爆炸坑(漏斗)的大小,来推算爆炸物的 TNT 当量。这些都是一种平衡推算法的应用。

(2) 代替推算法

代替推算法是利用具有密切联系(或相似)的有关资料、数据,来代替所缺资料、数据的方法。例如,对新建装置的安全预评价,可使用与其类似的已有装置资料、数据对其进行评价;在职业卫生的评价中,人们常常类比同类或类似装置的工业卫生检测数据进行评价。

(3) 因素推算法

因素推算法是根据指标之间的联系,从已知因素的数据推算有关未知指标数据的方法。例如,已知系统事故发生概率 P 和事故损失严重度 S,就可利用风险率 R 与 P 和 S 的关系来求得风险率,即:

$$R = P \times S \tag{1-2}$$

(4) 抽样推算法

抽样推算法是根据抽样或典型调查资料推算系统总体特征的方法。这种方法是数理统计分析中常用的方法,是以部分样本代表整个样本空间来对总体进行统计分析的一种方法。

(5) 比例推算法

比例推算法是根据社会经济现象的内在联系,用某一时期、地区、部门或单位的实际比例,推算另一类似时期、地区、部门或单位有关指标的方法。例如,控制图法的控制中心线的确定,是根据上一个统计期间的平均事故率来确定的。国外各行业安全指标的确定,通常也都是根据前几年的年度事故平均数值来进行确定的。

(6) 概率推算法

概率是指某一事件发生的可能性大小。事故的发生是一种随机事件;任何随机事件在一定条件下是否发生是没有规律的,但其发生概率是一客观存在的定值。因此,根据有限的实际统计资料,采用概率论和数理统计方法可求出随机事件出现各种状态的概率。可以用概率值来预测未来系统发生事故可能性的大小,以此来衡量系统危险性的大小以及安全程度的高低。

美国原子能委员会关于“商用核电站风险评估报告”采用的方法基本上是概率推算法。

1.3.3 惯性原理

任何事物在其发展过程中，从其过去到现在以及延伸至将来，都具有一定的延续性，这种延续性称为惯性。

利用惯性可以研究事物或一个评价系统的未来发展趋势。例如，从一个单位过去的安全生产状况、事故统计资料找出安全生产及事故发展变化趋势，以推测其未来安全状态。

利用惯性原理进行评价时应注意以下两点：

(1) 惯性的大小

惯性越大，影响越大；反之，则影响越小。例如，一个生产经营单位如果疏于管理，违章作业、违章指挥、违反劳动纪律严重，事故就多，若任其发展则会越演越烈，而且有加速的态势，惯性越来越大。对此，必须要立即采取相应对策措施，破坏这种情形，即中止或改变这种不良惯性，才能防止事故的发生。

(2) 互相联系与影响

一个系统的惯性是这个系统内的各个内部因素之间互相联系、互相影响，互相作用按照一定的规律发展变化的一种状态趋势。因此，只有当系统稳定且受外部环境和内部因素的影响产生的变化较小时，其内在联系和基本特征才可能延续下去，该系统所表现的惯性发展结果才基本符合实际。但是，绝对稳定的系统是没有的，因为事物发展的惯性在受外力作用时，可使其加速或减速，甚至改变方向。这样就需要对一个系统的评价进行修正，即在系统主要方面不变、而其他方面有所偏离时，就应根据其偏离程度对所出现的偏离现象进行修正。

1.3.4 量变到质变原理

任何一个事物在发展变化过程中都存在着从量变到质变的规律。同样，在一个系统中，许多有关安全的因素也都存在着量变到质变的规律，在评价一个系统的安全时，也都离不开从量变到质变的原理。例如，许多定量评价方法中，有关危险等级的划分无不一一应用着量变到质变的原理。如道化学公司《火灾、爆炸危险指数评价法》(第七版)中，关于按 F&EI(火灾、爆炸指数)划分的危险等级，从 1～159(含 159)，经过了≤60，61～96，97～127，128～158，≥159 的量变到质变的不同变化层次，即分别为“最轻”级、“较轻”级、“中等”级、“很大”级、“非常大”级；而在评价结论中，“中等”级及其以下的级别是可以接受的，而“很大”级、“非常大”级则是不能接受的。

因此，在安全评价时，考虑各种危险、有害因素对人体的危害以及采用的评价方法进行等级划分等，均需要应用量变到质变的原理。

上述原理是人们经过长期研究和实践总结出来的。在实际评价工作中，人们综合应用基本原理指导安全评价，并创造出各种评价方法，进一步在各个领域中加以运用。

掌握评价的基本原理可以建立正确的思维程序，对于评价人员开拓思路、合理选择和灵活运用评价方法都是十分必要的。由于世界上没有一成不变的事物，评价对象的发展不是过去状态的简单延续，评价的事件也不会是类似事件的机械再现，相似不等于相同。因此，在评价过程中，还应对客观情况进行具体细致的分析，以提高评价结果的准确程度。

1.4　安全评价的限制因素

根据经验和预测技术、方法进行的安全评价在理论和实践上都还存在很多限制，应该认识到在安全评价结果的基础上做出安全管理决策的质量，与对被评价对象的了解程度、对危险可能导致事故的认识程度和采用安全评价方法的准确性等有关。安全评价存在的限制因素主要来自：

1）评价方法

安全评价方法多种多样，各有其适用对象，各有其优缺点，各有其局限性。许多方法是利用过去发生过的事件的概率和危害程度做出推断，往往对高风险性事件更为关注，而高风险事件通常发生概率很小，概率值误差很大。因此，在预测高风险事件危险度时，可能会得出不符合实际的判断。又如，在利用定量评价方法计算绝对风险度时，选取事件的发生频率和事故的严重度的基准标准不准，得出的结果可能会有高达数倍的不准确性。另外，方法的误用也会导致错误的评价结果。

2）评价人员的素质和经验

许多安全评价具有高度主观的性质，评价结果与假设条件密切相关。不同的评价人员使用相同的资料评价同一个对象，由于评价人员的业务素质不同，可能会得出不同的结果。尽管有很多经验性的预测方法，安全评价的质量在很大程度上还取决于判断正确与否，尤其是假设条件。只有训练有素且经验丰富的安全评价从业人员，才能得心应手地使用各种安全评价方法，辅以丰富的经验，得出正确的评价结论。

在很多情况下，由于许多事故在评价前并未发生过，安全评价使用定性方法来确定潜在事故的危险性，依靠评价人员个人或集体的智慧来判断确定可能导致事故的原因及其产生的后果，评价结果的可靠性往往与评价人员的技术素质和经验相关。

本章思考题

1. 简述安全评价的程序。

2. 根据工程、系统的生命周期和评价目的的不同，安全评价分为哪几类？各类之间有何异同？

3. 简述安全评价与建设项目安全设施“三同时”的关系。

2 安全评价依据

安全评价是法律性、政策性很强的一项工作，必须严格依据我国现行的法律法规、标准、规范等依法评价，这些法规、标准在安全评价实践应用时应随法规、标准的修订或新法规、新标准的发布而及时更新。

2.1 法律法规

法律法规包括宪法、法律、行政法规、国务院、部门规章、地方性法规、地方政府规章和有关规范性文件，如图 2-1 所示。

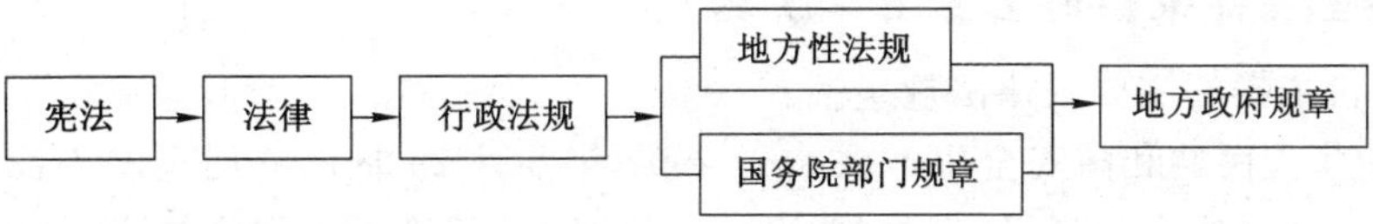

图 2-1 法律法规的层次结构

2.1.1 分类

(1) 宪法：国家的根本法，具有最高的法律地位和法律效力，宪法的许多条文直接涉及安全生产和劳动保护等问题，这些规定既是安全法规制定的最高法律依据，又是安全法规的一种表现形式。

(2) 法律：广义的法律与法同义，狭义的法律则是特指享有国家立法权的国家机关依照一定的立法程序制定和颁布的规范性文件。在我国，只有全国人民代表大会及其常务委员会才有权制定和修订法律，如《中华人民共和国安全生产法》《中华人民共和国职业病防治法》《中华人民共和国消防法》《中华人民共和国矿山安全法》等。

(3) 行政法规：由最高国家行政机关即国务院制定公布的的规范性文件，其名称通常为条例、规定、办法等，如《安全生产许可证条例》《危险化学品管理条例》《烟花爆竹安全管理条例》等。

(4) 地方性法规：由各省、自治区、直辖市的人民代表大会及其常务委员会制定的规范性文件，在本行政区域内有效，其效力低于宪法、法律和行政法规，如《湖南省安全生产条例》和《山东省职业病防治条例》。

(5) 国务院部门规章：国务院的部、委员会和直属机构制定的规章，其效力与地方性法规处于一个级别。例如，国家安全生产监督管理总局发布的《煤矿企业安全生产许可证实施办法》；住房和城乡建设部发布的《建筑施工企业安全生产许可证管理规定》；等等。

(6) 地方政府规章：省、自治区、直辖市人民政府以及省、自治区、直辖市人民政府所在地的市、经济特区所在地的市和国务院批准的较大的市的人民政府制定的规章，具体表现形式有规程、规则、细则、办法、纲要、标准、准则等。例如,湖南省人民政府发布的《湖南省重大安全事故行政责任追究规定》;长沙市人民政府公布实施的《长沙市安全生产监督管理办法》;等等。

在安全评价中选择适用条款时,应根据法律效力依法确定应用,当地方性法规、规章之间不一致时,根据《中华人民共和国立法法》第九十五条,由有关机关依照下列规定的权限裁决:

(一)同一机关制定的新的一般规定与旧的特别规定不一致时,由制定机关裁决;

(二)地方性法规与部门规章之间对同一事项的规定不一致,不能确定如何适用时,由国务院提出意见,国务院认为应当适用地方性法规的,应当决定在该地方适用地方性法规的规定;认为应当适用部门规章的,应当提请全国人民代表大会常务委员会裁决;

(三)部门规章之间、部门规章与地方政府规章之间对同一事项的规定不一致时,由国务院裁决。

根据授权制定的法规与法律规定不一致,不能确定如何适用时,由全国人民代表大会常务委员会裁决。

2.1.2 安全评价依据的主要法律法规

安全评价依据的主要法律法规包括:

(1)《中华人民共和国安全生产法》:于 2002 年 6 月 29 日第九届全国人民代表大会常务委员会第二十八次会议通过,后根据 2009 年 8 月 27 日第十一届全国人民代表大会常务委员会第十次会议《关于修改部分法律的决定》第一次修正,根据 2014 年 8 月 31 日第十二届全国人民代表大会常务委员会第十次会议《关于修改〈中华人民共和国安全生产法〉的决定》第二次修正。其目的是为了加强安全生产工作,防止和减少生产安全事故,保障人民群众生命和财产安全,促进经济社会持续健康发展。涉及安全评价的规定有:依法设立的为安全生产提供技术、管理服务的机构,依照法律、行政法规和执业准则,接受生产经营单位的委托为其安全生产工作提供技术、管理服务(第十三条);矿山、金属冶炼建设项目和用于生产、储存、装卸危险物品的建设项目,应当按照国家有关规定进行安全评价(第二十九条);承担安全评价、认证、检测、检验的机构应当具备国家规定的资质条件,并对其做出的安全评价、认证、检测、检验的结果负责(第六十九条);承担安全评价、认证、检测、检验工作的机构、人员违法的法律责任(第八十九条)。

(2)《中华人民共和国职业病防治法》:于 2001 年 10 月 27 日第九届全国人民代表大会常务委员会第二十四次会议通过,后根据 2011 年 12 月 31 日第十一届全国人民代表大会常务委员会第二十四次会议《关于修改〈中华人民共和国职业病防治法〉的决定》第一次修正,根据 2016 年 7 月 2 日第十二届全国人民代表大会常务委员会第二十一次会议《关于修改〈中华人民共和国职业病防治法〉等六部法律的决定》第二次修正,根据 2017 年 11 月 4 日第十二届全国人民代表大会常务委员会第三十次会议《关于修改〈中华人民共和国会计法〉等十一部法律的决定》第三次修正。其目的是为了预防、控制和消除职业病危害,防治职业病,保护劳动者健康及其相关权益,促进经济社会发展。涉及安全评价相关的规定有:新建、扩建、改建建设项目和技术改造、技术引进项目(以下统称建设项目)可能产生职业病危害的,建设单位在可行性论证阶段应当进行职业病危害预评价。职业病危害预评价报告应当对建设项目可能产生的职业病危害因素及其对工作场所和劳动者健康的影响做出评价,确定危害类别和职业病防护措施(第十七条);建设项目的职业病防护设施所需费用应当纳入建设项目工程预算,并与主体工程同时设计,同时施工,同时投入生产和使用,建设项目在竣工验收前,建设单位应当进行职业病危害控制效果评价(第十八条)。

(3)《中华人民共和国矿山安全法》:于1992年11月7日第七届全国人民代表大会常务委员会第二十八次会议通过,1992年11月7日中华人民共和国主席令第65号公布,后根据2009年8月27日中华人民共和国主席令第18号《全国人民代表大会常务委员会关于修改部分法律的决定》修正,自公布之日起施行。其目的是为了保障矿山生产安全,防止矿山事故,保护矿山职工人身安全,促进采矿业的发展。本法对矿山建设的安全保障、矿山开采的安全保障、矿山企业的安全管理、矿山安全的监督与管理、矿山事故处理及法律责任等做了明确规定。矿山建设工程的安全设施必须和主体工程同时设计、同时施工、同时投入生产和使用。矿山建设工程的设计文件,必须符合矿山安全规程和行业技术规范,并按照国家规定经管理矿山企业的主管部门批准;不符合矿山安全规程和行业技术规范的,不得批准。矿山建设工程安全设施的设计必须有劳动行政主管部门参加审查(第八条)。矿山建设工程必须按照管理矿山企业的主管部门批准的设计文件施工。矿山建设工程安全设施竣工后,由管理矿山企业的主管部门验收,并须有劳动行政主管部门参加;不符合矿山安全规程和行业技术规范的,不得验收,不得投入生产(第十二条)。

(4)《安全生产许可证条例》:于2004年1月7日国务院第34次常务会议通过,2004年1月13日中华人民共和国国务院令第397号公布,自公布之日起施行,根据2013年5月31日国务院第十次常务会议通过,2013年7月18日中华人民共和国国务院令第638号公布,自公布之日起施行的《国务院关于废止和修改部分行政法规的决定》第一次修正,根据2014年7月9日国务院第54次常务会议通过,2014年7月29日中华人民共和国国务院令第653号公布,自公布之日起施行的《国务院关于修改部分行政法规的决定》第二次修正,该条例是根据《中华人民共和国安全生产法》的有关规定,为了严格规范安全生产条件,进一步加强安全生产监督管理,防止和减少生产安全事故而制定的。国家对矿山企业、建筑施工企业和危险化学品、烟花爆竹、民用爆炸物品生产企业实行安全生产许可制度。企业未取得安全生产许可证的,不得从事生产活动(第二条)。企业取得安全生产许可证,应当具备下列安全生产条件:

(一)建立、健全安全生产责任制,制定完备的安全生产规章制度和操作规程;

(二)安全投入符合安全生产要求;

(三)设置安全生产管理机构,配备专职安全生产管理人员;

(四)主要负责人和安全生产管理人员经考核合格;

(五)特种作业人员经有关业务主管部门考核合格,取得特种作业操作资格证书;

(六)从业人员经安全生产教育和培训合格;

(七)依法参加工伤保险,为从业人员缴纳保险费;

(八)厂房、作业场所和安全设施、设备、工艺符合有关安全生产法律、法规、标准和规程的要求;

(九)有职业危害防治措施,并为从业人员配备符合国家标准或者行业标准的劳动防护用品;

(十)依法进行安全评价;

（十一）有重大危险源检测、评估、监控措施和应急预案；

（十二）有生产安全事故应急救援预案、应急救援组织或者应急救援人员，配备必要的应急救援器材、设备；

（十三）法律、法规规定的其他条件。

（5）《危险化学品安全管理条例》：于2002年1月26日中华人民共和国国务院令第344号公布，根据2011年2月16日国务院第144次常务会议修订通过，2011年3月2日中华人民共和国国务院令第591号公布，自2011年12月1日起施行的《危险化学品安全管理条例》第一次修正，根据2013年12月4日国务院第32次常务会议通过，2013年12月7日中华人民共和国国务院令第645号公布，自2013年12月7日起施行的《国务院关于修改部分行政法规的决定》第二次修正。其目的是为了加强危险化学品的安全管理，预防和减少危险化学品事故，保障人民群众生命财产安全，保护环境。该法对危险化学品的生产与储存安全、使用安全、经营安全、运输安全、危险化学品登记与事故应急救援及法律责任等做出了规定。其中：新建、改建、扩建生产、储存危险化学品的建设项目（以下简称建设项目），应当由安全生产监督管理部门进行安全条件审查。建设单位应当对建设项目进行安全条件论证，委托具备国家规定的资质条件的机构对建设项目进行安全评价，并将安全条件论证和安全评价的情况报告报建设项目所在地设区的市级以上人民政府安全生产监督管理部门；安全生产监督管理部门应当自收到报告之日起45日内做出审查决定，并书面通知建设单位。具体办法由国务院安全生产监督管理部门制定。新建、改建、扩建储存、装卸危险化学品的港口建设项目，由港口行政管理部门按照国务院交通运输主管部门的规定进行安全条件审查（第十二条）。申请危险化学品安全使用许可证的化工企业，除应当符合本条例第二十八条的规定外，还应当具备下列条件：

（一）有与所使用的危险化学品相适应的专业技术人员；

（二）有安全管理机构和专职安全管理人员；

（三）有符合国家规定的危险化学品事故应急预案和必要的应急救援器材、设备；

（四）依法进行了安全评价。

（6）《烟花爆竹安全管理条例》：于2006年1月21日中华人民共和国国务院令第455号公布，根据2016年2月6日发布的国务院令第666号《国务院关于修改部分行政法规的决定》修正。其目的是为了加强烟花爆竹安全管理，预防爆炸事故发生，保障公共安全和人身、财产的安全。该法对烟花爆竹生产安全、经营安全、运输安全、燃放安全及法律责任等做出了明确规定。

生产烟花爆竹的企业，应当具备下列条件：

（一）符合当地产业结构规划；

（二）基本建设项目经过批准；

（三）选址符合城乡规划，并与周边建筑、设施保持必要的安全距离；

（四）厂房和仓库的设计、结构和材料以及防火、防爆、防雷、防静电等安全设备、设施符合国家有关标准和规范；

（五）生产设备、工艺符合安全标准；

（六）产品品种、规格、质量符合国家标准；

（七）有健全的安全生产责任制；

（八）有安全生产管理机构和专职安全生产管理人员；

（九）依法进行了安全评价；

（十）有事故应急救援预案、应急救援组织和人员，并配备必要的应急救援器材、设备；

（十一）法律、法规规定的其他条件。

从事烟花爆竹批发的企业，应当具备下列条件：

（一）具有企业法人条件；

（二）经营场所与周边建筑、设施保持必要的安全距离；

（三）有符合国家标准的经营场所和储存仓库；

（四）有保管员、仓库守护员；

（五）依法进行了安全评价；

（六）有事故应急救援预案、应急救援组织和人员，并配备必要的应急救援器材、设备；

（七）法律、法规规定的其他条件。

(7)《煤矿企业安全生产许可证实施办法》，于2015年12月22日国家安全生产监督管理总局局长办公会议审议通过，自2016年4月1日起施行。原国家安全生产监督管理局（国家煤矿安全监察局）2004年5月17日公布、国家安全生产监督管理总局2015年6月8日修改的《煤矿企业安全生产许可证实施办法》同时废止。该法根据《安全生产许可证条例》和有关法律、行政法规，为了规范煤矿企业安全生产条件，加强煤矿企业安全生产许可证的颁发管理工作而制定；同时，该法对煤矿企业安全生产条件、安全生产许可证的申请和颁发、安全生产许可证的监督管理及罚则等做出了明确规定。

(8)《建筑施工企业安全生产许可证管理规定》，于2004年7月5日建设部令第128号发布，根据2015年1月22日住房和城乡建设部令第23号《住房和城乡建设部关于修改〈市政公用设施抗灾设防管理规定〉等部门规章的决定》修正。该规定是根据《安全生产许可证条例》《建设工程安全生产管理条例》等有关行政法规，为了严格规范建筑施工企业安全生产条件，进一步加强安全生产监督管理，防止和减少生产安全事故而指定的。该法对建筑施工企业安全生产条件、安全生产许可证的申请与颁发、监督管理及罚则等做出了明确规定。国家对建筑施工企业实行安全生产许可制度。建筑施工企业未取得安全生产许可证的，不得从事建筑施工活动（第二条）。建筑施工企业取得安全生产许可证，应当具备下列安全生产条件：

（一）建立、健全安全生产责任制，制定完备的安全生产规章制度和操作规程；

（二）保证本单位安全生产条件所需资金的投入；

（三）设置安全生产管理机构，按照国家有关规定配备专职安全生产管理人员；

（四）主要负责人、项目负责人、专职安全生产管理人员经住房城乡建设主管部门或者其他有关部门考核合格；

（五）特种作业人员经有关业务主管部门考核合格，取得特种作业操作资格证书；

（六）管理人员和作业人员每年至少进行一次安全生产教育培训并考核合格；

（七）依法参加工伤保险，依法为施工现场从事危险作业的人员办理意外伤害保险，为从业人员交纳保险费；

（八）施工现场的办公、生活区及作业场所和安全防护用具、机械设备、施工机具及配件符合有关安全生产法律、法规、标准和规程的要求；

（九）有职业危害防治措施，并为作业人员配备符合国家标准或者行业标准的安全防护用具和安全防护服装；

（十）有对危险性较大的分部分项工程及施工现场易发生重大事故的部位、环节的预防、监控措施和应急预案；

（十一）有生产安全事故应急救援预案、应急救援组织或者应急救援人员，配备必要的应急救援器材、设备；

（十二）法律、法规规定的其他条件。

2.2 标　　准

标准本身不属于法，但可以看作是法的延伸。我国的强制性标准具有同样的法律效力，在安全生产工作中起着非常重要的作用。

2.2.1 标准分类

标准根据法律效力分为：

(1) 国家标准：由国务院标准化行政主管部门编制计划，组织草拟，统一审批，编号、发布。国家标准代号为“GB/”。没有国家标准而又需要在全国某个行业范围内统一的技术要求，可以制定行业标准。

(2) 行业标准：由国务院有关行政主管部门编制计划、组织草拟，统一审批、编号、发布，并报国务院标准化行政主管部门备案。行业标准代号安全生产领域可用“AQ/”，石油化工领域可用“SH/”等。行业标准在相应的国家标准实施后，自行废止。对没有国家标准和行业标准而又需要在省、自治区、直辖市范围内统一的工业产品的安全、卫生要求，可以制定地方标准。制定地方标准的项目，由省、自治区、直辖市人民政府标准化行政主管部门确定。

(3) 地方标准：由省、自治区、直辖市人民政府标准化行政主管部门编制计划，组织草拟，统一审批、编号、发布，并报国务院标准化行政主管部门和国务院有关行政主管部门备案。地方标准代号为“DB××/”，如北京地方标准可用“DB11/”。地方标准在相应的国家标准或行业标准实施后，自行废止。企业生产的产品没有国家标准、行业标准和地方标准的，应当制定相应的企业标准，作为组织生产的依据。

(4) 企业标准：由企业组织制定(农业企业标准制定办法另定)，并按省、自治区、直辖市人民政府的规定备案。对已有国家标准、行业标准或者地方标准的，鼓励企业制定严于国家标准、行业标准或者地方标准要求的企业标准，在企业内部适用。企业标准代号通常为“Q/”。

另外还包括国际标准和外国标准。

标准可进一步分为强制性标准和推荐性标准。强制性标准包括国家标准 GB 系列，行业标准 AQ 系列、SH 系列等。强制性标准以外的标准是推荐性标准，推荐性标准包括国家标准 GB/T 系列，行业标准 AQ/T 系列、SH/T 系列等。从事科研、生产、经营的单位和个人，必须严格执行强制性标准。科研、设计、生产中违反有关强制性标准规定的，由标准化行政主管部门或有关行政主管部门在各自的职权范围内责令限期改进，并可通报批评或给予责任者行政处分。

2.2.2 安全评价依据的标准

安全评价依据的标准众多，不同行业会涉及不同的标准，如煤矿安全生产标准体系，危险化学品安全生产标准体系等，不再一一列出，仅在2.5节中涉及相关标准的名录。

应该注意的是，标准处于不断更新中，应注意使用最新版本的标准。

2.3 安全评价规范体系

将涉及具体的"安全评价"内容、格式等要求的法律法规与标准提取出来，可构建安全评价规范体系，如图2-2所示。

1）安全评价通则

《安全评价通则》(AQ 8001—2007)是规范安全评价工作的总纲，也是实施安全评价活动的指南，还是进行评价工作的操作依据。该通则规定了安全评价的管理、程序、内容、报告格式等基本要求，对安全评价机构资质申报审查、安全评价业务分类等做出了相应的规定。

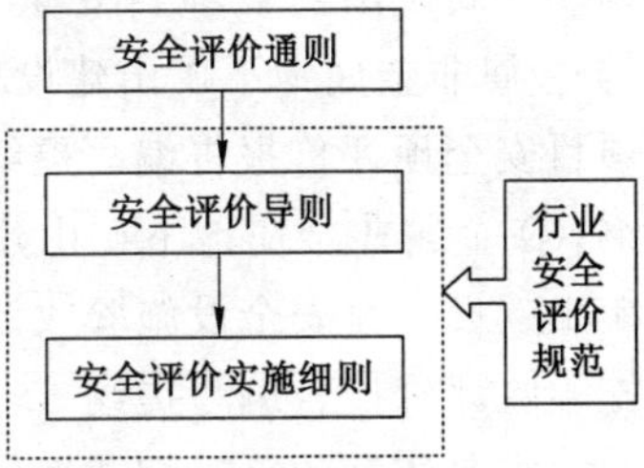

图2-2 安全评价规范体系结构

2）安全评价导则

安全评价按照实施阶段的不同分为三类：安全预评价、安全验收评价和安全现状评价。其中，安全预评价与安全验收评价对应有《安全预评价导则》(AQ 8002—2007)与《安全验收评价导则》(AQ 8003—2007)，这两个导则均依据通则制定，在通则的基础上进行了更为详细的说明，确保安全预、验收评价工作的有效实施。安全现状评价则仍依据AQ 8001—2007开展评价活动。

3）安全评价实施细则

安全评价细则是在某些特殊情况下或特殊要求下根据安全评价通则和导则制定的更为详细的安全评价规范，更利于在安全评价实际工作中参照运用，如《危险化学品建设项目安全评价细则(试行)》。

4）行业安全评价规范

不同高危行业实施安全评价所遵循的规范是不同的。

(1) 危险化学品安全评价

危险化学品生产、储存装置和设施的建设项目设立安全评价(安全预评价)和安全设施竣工验收评价(安全验收评价)应主要遵循《危险化学品建设项目安全评价细则(试行)》(安监总危化〔2007〕255号)，危险化学品生产企业安全现状安全评价则主要依据《危险化学品生产企业安全评价导则(试行)》(安监管危化字〔2004〕127号)，危险化学品经营单位则依据《危险化学品经营单位安全评价导则(试行)》。

(2) 煤矿非煤矿安全评价

煤矿非煤矿安全评价依据包括《煤矿建设项目安全预评价实施细则》(AQ 1095—2014)、《煤矿建设项目安全验收评价实施细则》(AQ 1096—2014)、《煤矿安全评价导则》(煤安监技装字〔2003〕114号)等。

(3) 民用爆破器材

民用爆破器材建设项目安全预评价、安全验收评价、专项安全评价以及生产经营单位安全现状综合评价依据《民用爆破器材安全评价导则》(委爆字〔2004〕31号)。

(4) 城市轨道交通安全评价

城市轨道交通安全评价依据包括《城市轨道交通安全预评价细则》(AQ 8004—2007)、《城市轨道交通安全验收评价细则》(AQ 8005—2007)、《城市轨道交通试运营前安全评价规范》(AQ 8007—2013)等。

(5) 其他

其他行业安全评价依据包括《涂装工程安全评价导则》(AQ 5206—2011)、《民用爆破器材安全评价导则》等。

另外,国家安全监管总局通过印发编写提纲进一步细化安全评价报告,如《关于印发金属非金属矿山建设项目安全评价报告编写提纲的通知》(安监总管一〔2016〕49号)包括:① 金属非金属地下矿山建设项目安全预评价报告编写提纲 ;② 金属非金属露天矿山建设项目安全预评价报告编写提纲;③ 金属非金属矿山尾矿库建设项目安全预评价报告编写提纲;④ 金属非金属地下矿山建设项目安全设施验收评价报告编写提纲;⑤ 金属非金属露天矿山建设项目安全设施验收评价报告编写提纲;⑥ 金属非金属矿山尾矿库建设项目安全设施验收评价报告编写提纲。

需要注意的是,《烟花爆竹经营企业安全评价细则(试行)》、《非煤矿山安全评价导则》、《陆上石油和天然气开采业安全评价导则》等已废止失效。

2.4 安全生产法律法规标准制修订重点

2017年1月12日,国务院办公厅颁布的国办发〔2017〕3号《安全生产"十三五"规划》中,提出完善安全生产法律法规标准体系,包括加强安全生产立法顶层设计,制定安全生产中长期立法规划,增强安全生产法制建设的系统性;建立的健全安全生产法律法规立改废释并举的工作协调机制,实行安全生产法律法规执行效果评估制度;加强安全生产与职业健康法律法规衔接融合;加快制修订社会高度关注、实践急需、条件相对成熟的重点行业领域专项和配套法规;加强安全生产地方性法规建设,推动将生产经营过程中极易导致重特大生产安全事故的违法行为纳入刑事追究范围,提高违法成本;完善安全生产法律法规解读、公众互动交流信息平台,健全普法宣传教育机制。

安全生产法律法规制修订重点:推动《危险化学品安全法》《安全生产法实施条例》《生产安全事故应急条例》《高危粉尘作业与高毒作业职业卫生监督管理条例》《电梯安全条例》等制定工作,以及《中华人民共和国矿山安全法》《中华人民共和国道路交通安全法》《中华人民共和国海上交通安全法》《中华人民共和国消防法》《中华人民共和国铁路法》《安全生产许可证条例》《煤矿安全监察条例》《烟花爆竹安全管理条例》《生产安全事故报告和调查处理条例》《道路交通安全法实施条例》《内河交通安全管理条例》《水库大坝安全管理条例》等修订工作。

安全生产标准制修订重点:建立以强制性标准为主体、推荐性标准为补充的安全生产标准体系。根据安全生产执法结果、事故原因分析和新工艺技术装备应用等情况,及时制修订相关技术标准。鼓励有条件的地区、协会、企业率先制定新产品、新工艺、新业态的安全生产技术标准。支持企业制定高于国家、行业、地方标准的安全生产标准。建立与"一带一路"沿线国家安全生产标准的对标衔接机制。煤矿、非煤矿山、危险化学品、金属冶炼、新型煤化工、高铁运输、城市轨道交通、海洋石油、太阳能发电、地热发电、海洋能发电、城市地下综合管廊、安全防护距离、交通安全设施、个体防护装备、页岩气和煤层气开发、重大事故隐患判定、安全风险分级管控、职业病危害控制、安全生产应急管理、粉尘防爆、化工新工艺准入、油气输送管网建设与运行、风电建设与运行、人工影响天气作业等方面的安全生产标准。

国家安全监管总局依据《安全生产"十三五"规划》制定了《安全生产标准"十三五"发展规划》,进一步推动实施标准化战略,充分发挥标准的技术支撑作用。

可以预见的是,我国的安全生产法律法规标准体系已经进入井喷状态,在实施安全评价时,必须识别和获取适用的最新的法规与标准。

2.5 应用实践

2.5.1 安全评价依据编制要点

编制安全评价报告评价依据时应注意以下内容:

1) 法律法规

列出建设项目安全评价应遵循的现行的有关安全生产法律、行政法规、部门规章、地方性法规、地方政府规章和有关规范性文件,并标注其文号及施行日期。

每个层次内按发布时间顺序列出,列出的法律法规应为最新版本,并标注其文号及实施日期,要有针对性和完整性,要有序排列。

2) 标准规范

列出建设项目安全评价应遵循的国家标准、行业标准、地方标准和有关规范。

按照国家标准、行业标准、地方标准的顺序排列,每个层次内按照发布时间顺序列出。列出的标准规范应为最新版本,并为现行有效。

所列标准应与本建设项目的安全生产相关,在报告中没有引用到的标准规范不列入。

3) 建设项目技术资料

(1) 以安全预评价为例,列出所依据的有关技术资料,包括但不限于下列资料:

① 建设项目可行性研究报告。

② 建设项目地质勘探报告或地质报告。

③ 建设项目矿岩力学性质试验报告等。

(2) 以安全验收评价为例,列出所依据的有关技术资料,包括但不限于下列资料:

① 建设项目《安全设施设计》。

② 建设项目施工图设计资料和设计变更。

③ 建设项目地质勘查报告、地质灾害危险性评估报告。

④ 相关专题研究(试验)报告。

⑤ 建设项目施工记录(含隐蔽工程施工记录及中间验收记录)、竣工报告及竣工图。

⑥ 建设项目施工监理记录和施工监理报告。

技术资料应列出文件名称、编制单位和日期等相关内容。

4) 其他评价依据

安全评价委托书(任务书、合同书)等。

2.5.2 安全评价依据编制示例

某压缩天然气(CNG,compressed natural gas)储配站安全验收评价报告中评价依据摘录如下:

(1) 法律法规

《中华人民共和国安全生产法》,中华人民共和国主席令第十三号,2014 年 12 月 1 日。

《中华人民共和国职业病防治法》,全国人民代表大会常务委员会,2018 年 12 月 29 日修正版。

《安全生产许可证条例》,中华人民共和国国务院令第 653 号,2014 年 7 月 29 日。

《危险化学品安全管理条例》,中华人民共和国国务院令第 645 号,2013 年 12 月 7 日。

《特种设备安全监察条例》,中华人民共和国国务院令第 549 号,2009 年 5 月 1 日。

《非煤矿矿山企业安全生产许可证实施办法》,国家安全生产监督管理总局令第 20 号,2009 年 4 月 30 日。

《关于陆上石油天然气建设项目安全设施设计审查与竣工验收有关事项的通知》,安监总管一〔2006〕151 号。

《关于天然气净化厂等安全生产许可证有关事项的意见》,安监总管一函〔2006〕151 号。

……

(2) 标准

《危险货物分类和品名编号》(GB 6944—2012)。

《危险化学品重大危险源辨识》(GB 18218—2018)。

《建筑设计防火规范》(GB 50016—2014)。

《建筑灭火器配置设计规范》(GB 50140—2005)。

《石油化工企业设计防火规范》(GB 50160—2008)。

《爆炸危险环境电力装置设计规范》(GB 50058—2014)。

《电气装置安装工程爆炸和火灾危险环境电气装置施工及验收规范》(GB 50257—2014)。

《城镇燃气设计规范》(GB 50028—2006)。

《汽车加油加气站设计与施工规范》(2014 年版,GB 50156—2012)。

《石油化工可燃气体和有毒气体检测报警设计规范》(GB 50493—2009)。

《压缩天然气供应站设计规范》(GB 51102—2016)。

《燃气系统运行安全评价标准》(GB/T 50811—2012)。

《爆炸和火灾危险场所防雷装置检测技术规范》(GB/T 32937—2016)。

《安全评价通则》(AQ 8001—2007)。

《安全验收评价导则》(AQ 8002—2007)。

《化工企业静电接地设计规程》(HG/T 20675—90)。

《城镇燃气设施运行、维护和抢修安全技术规程》(CJJ 51—2016)。

……

(3) 其他

建设项目《安全设施设计》。

建设项目施工图设计资料和设计变更。

安全预评价报告。

安全评价委托书(任务书、合同书)。

……

本章思考题

1. 安全评价依据中法律法规体系分为几个层级,分别是什么?
2. 安全评价依据中标准体系分为几个层级?分别是什么?
3. 简述我国现行的安全评价规范体系。
4. 安全预评价与安全验收评价的评价依据有哪些特点?

3　危险、有害因素辨识与分析

危险、有害因素是指可对人造成伤亡、影响人的身体健康甚至导致疾病的因素。还可以进一步区分为：① 危险因素，是指能对人造成伤亡或对物造成突发性损害的因素，强调瞬间作用；② 有害因素，是指能影响人的身体健康，导致疾病，或对物造成慢性损害的因素，强调在一定时间内的积累作用。

通常情况下，危险因素和有害因素二者并不严格加以区分，统称为“危险、有害因素”。

在安全评价中，根据评价对象的具体情况辨识与分析危险、有害因素，确定其存在的部位、方式，以及发生作用的途径和变化规律。

3.1　危险源相关基础

危险、有害因素辨识与分析是基于危险源的相关理论。危险源是指可能导致人身伤害和(或)健康损害的根源、状态或行为，或其组合。危险源一词译自英文单词“Hazard—a source of danger”，即危险的根源。危险源的概念则源自事故致因理论的发展，根据危险源在事故发生、发展过程中的作用，危险源可分为两类：

第一类危险源是指存在能量或危险物质。这是事故发生的前提，没有第一类危险源，即没有能量或危险物质消除，也就无所谓事故，才能真正实现本质安全，但是完全消除危险物质或者不使用能量是不可能的。由于第一类危险源在事故释放的能量或危险物质是导致人员伤害或财物损失的主体，它决定了事故后果的严重程度。

第二类危险源是指导致约束能量或危险物质的措施失效的各种不安全因素。这是事故发生的必要条件，约束能量或危险物质的措施安全有效，即没有第二类危险源的存在，能量或危险物质不会意外释放，导致事故的发生。第二类危险源出现的难易程度决定了事故发生的可能性大小。

以外敷绝缘层的带电导体(图 3-1)为例来解释第一类与第二类危险源。第一类危险源是存在电能，这是事故发生的前提，电压的高低决定发生事故的后果严重程度；第二类危险源是绝缘层由于老化或各种原因发生破损，约束电能的措施失效，这是事故发生的必要条件，绝缘层破损的各种原因出现的难易程度决定了事故发生的可能性。以盛放液氯的钢瓶为例，第一类危险源是存在危险物质(液氯)，液氯的毒性、储存量决定了发生事故的后果严重程度；第二类危险源是钢瓶由于各种原因发生破损导致液氯意外泄漏，钢瓶破损的各种原因出现的难易程度决定了事故发生的可能性。

危险、有害因素的辨识归根到底就是辨识第一类危险源与第二类危险源。相对而言，辨识第一类危险源即确定存在能量或危险物质较为简单，辨识第二类危险源即导致约束能量或危险物质的措施失效的各种不安全因素因为比较隐蔽，且种类数量众多，确定起来难度较大，易有遗漏。

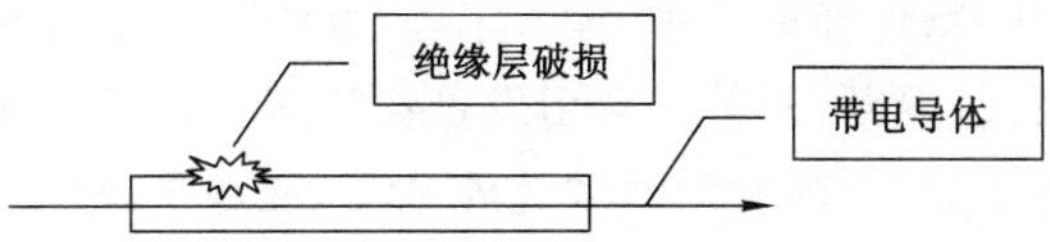

图 3-1 外敷绝缘层的带电导体

3.2 危险、有害因素的分类

评价对象危险、有害因素较为繁杂，可对危险、有害因素进行分类，在安全评价时参照辨识，可确保准确全面，没有遗漏。

危险、有害因素分类的方法多种多样，安全评价中可参照事故类别、按导致事故的直接原因以及职业病类别进行分类。

3.2.1 参照事故类别进行分类

参照事故类别所列的危险、有害因素与企业职工伤亡事故处理(调查、分析、统计)、职工安全教育培训的口径基本一致，已为安全生产监督管理部门、行业主管部门、职业安全卫生管理人员和企业广大职工、安全管理人员所熟悉，易于接受和理解，便于实际应用。其中，参照《企业职工伤亡事故分类标准》(GB 6441—86)，综合考虑起因物、致害物、伤害方式等，将危险、有害因素分为 20 类。

1) 物体打击

物体打击是指失控物体的惯性力造成的人身伤害事故。如落物、滚石、锤击、碎裂、崩块、砸伤等造成的伤害，不包括爆炸、主体机械设备、车辆、起重机械、坍塌等引发的物体打击。

2) 车辆伤害

车辆伤害是指本企业机动车辆引起的机械伤害事故。如机动车辆在行驶中的挤、压、撞车或倾覆等事故，在行驶中上下车、搭乘矿车或放飞车所引起的事故，以及车辆运输挂钩、跑车事故。

3) 机械伤害

机械伤害是指机械设备与工具引起的绞、辗、碰、割、戳、切等伤害。如工件或刀具飞出伤人，切屑伤人，手或身体被卷入，手或其他部位被刀具碰伤，被转动的机构缠压住等。常见伤害人体的机械设备有：胶带运输机、球磨机、行车、卷扬机、干燥车、气锤、车床、辊筒机、混砂机、螺旋输送机、泵、压模机、灌肠机、破碎机、推焦机、榨油机、硫化机、卸车机、离心机、搅拌机、轮碾机、制毡撒料机、滚筒筛等。但属于车辆、起重设备的情况除外。

4) 起重伤害

起重伤害包括各种起重作业引起的机械伤害，但不包括触电，检修时制动失灵引起的伤害，上下驾驶室时引起的坠落式跌倒。

起重伤害事故是指在进行各种起重作业(包括吊运、安装、检修、试验)中发生的重物(包括吊具、吊重或吊臂)坠落、夹挤、物体打击、起重机倾翻、触电等事故，详述如下：

(1) 重物坠落

吊具或吊装容器损坏、物件捆绑不牢、挂钩不当、电磁吸盘突然失电、起升机构的零件故障（特别是制动器失灵、钢丝绳断裂）等都会引发重物坠落。处于高位置的物体具有势能，当坠落时，势能迅速转化为动能，上吨重的吊载意外坠落，或起重机的金属结构件破坏、坠落，都可能造成严重后果。

(2) 起重机失稳倾翻

起重机失稳有两种类型：一是由于操作不当（如超载、臂架变幅或旋转过快等）、支腿未找平或地基沉陷等原因使倾翻力矩增大，导致起重机倾翻；二是由于坡度或风载荷作用，使起重机沿路面或轨道滑动，导致脱轨翻倒。

(3) 挤压

起重机轨道两侧缺乏良好的安全通道或与建筑结构之间缺少足够的安全距离，使运行或回转的金属结构机体对人员造成夹挤伤害；运行机构的操作失误或制动器失灵引起溜车，造成碾压伤害等。

(4) 高处跌落

人员在离地面大于 2 m 的高度进行起重机的安装、拆卸、检查、维修或操作等作业时，从高处跌落造成的伤害。

(5) 触电

起重机在输电线附近作业时，其任何组成部分或吊物与高压带电体距离过近，感应带电或触碰带电物体，都可以引发触电伤害。

(6) 其他伤害

其他伤害是指人体与运动零部件接触引起的绞、碾、戳等伤害；液压起重机的液压元件破坏造成高压液体的喷射伤害；飞出物件的打击伤害；装卸高温液体金属、易燃易爆、有毒、腐蚀等危险品，由于坠落或包装捆绑不牢破损引起的伤害等。

5) 触电

触电是指电流流经人体，造成生理伤害的事故。如人体接触带电的设备金属外壳或裸露的临时线，漏电的手持电动手工工具；起重设备误触高压线或感应带电；雷击伤害；触电坠落等事故。适用于触电、雷击伤害。

6) 淹溺

淹溺是指因大量水经口、鼻进入肺内，造成呼吸道阻塞，发生急性缺氧而窒息死亡的事故。适用于船舶、排筏等设施在航行、停泊、作业时发生的落水事故。

7) 灼烫

灼烫是指强酸、强碱溅到身体引起的灼伤，或因火焰引起的烧伤，高温物体引起的烫伤，放射线引起的皮肤损伤等事故。适用于烧伤、烫伤、化学灼伤、放射性皮肤损伤等伤害，不包括电烧伤以及火灾事故引起的烧伤。

8) 火灾

火灾是指造成人身伤亡的企业火灾事故。不适用于非企业原因造成的火灾，如居民火灾蔓延到企业。此类事故属于消防部门统计的事故。

9) 高处坠落

高处坠落是指出于危险重力势能差引起的伤害事故。适用于脚手架、平台、陡壁施工等高于地面的坠落，也适用于山地面踏空失足坠入洞、坑、沟、升降口、漏斗等情况，但排除以其他类别为诱发条件的坠落。如高处作业时，因触电失足坠落应定为触电事故，不能按高处坠落划分。

10）坍塌

坍塌是指建筑(构筑)物、堆置物等的倒塌以及土石塌方引起的事故。适用于因设计或施工不合理而造成的倒塌，以及土方、岩石发生的塌陷事故，如建筑物倒塌，脚手架倒塌，挖掘沟、坑、洞时土石的塌方等情况；不适用于矿山冒顶片帮事故，或因爆炸、爆破引起的坍塌事故。

11）冒顶片帮

冒顶片帮是指矿井工作面、巷道侧壁由于支护不当、压力过大造成的坍塌，称为片帮；顶板垮落称为冒顶。二者常同时发生，简称为冒顶片帮。适用于矿山、地下开采、掘进及其他坑道作业发生的坍塌事故。

12）透水

透水是指矿山、地下开采或其他坑道作业时，意外水源带来的伤亡事故。适用于井巷与含水岩层、地下含水带、溶洞或与被淹巷道、地面水域相通时，涌水成灾的事故；不适用于地面水害事故。

13）放炮(爆破)

放炮(爆破)指施工时，放炮作业造成的伤亡事故。适用于各种爆破作业，如采石、采矿、采煤、开山、修路、拆除建筑物等工程进行的放炮(爆破)作业引起的伤亡事故。

14）瓦斯爆炸

瓦斯爆炸是指可燃性气体瓦斯、煤尘与空气混合形成了达到燃烧极限的混合物，接触火源时，引起的化学性爆炸事故。主要适用于煤矿，同时也适用于空气不流通，瓦斯、煤尘积聚的场合。

15）火药爆炸

火药爆炸是指火药与炸药在生产、运输、储藏的过程中发生的爆炸事故。适用于火药与炸药生产在配料、运输、储藏、加工过程中，由于振动、明火、摩擦、静电作用，或因炸药的热分解作用，储藏时间过长或因储存火药过多发生的化学性爆炸事故，以及熔炼金属时，废料处理不净，残存火药或炸药引起的爆炸事故。

16）锅炉爆炸

锅炉爆炸是指锅炉发生的物理性爆炸事故。适用于使用工作压力大于 0.7 MPa(表压)、以水为介质的蒸汽锅炉(以下简称锅炉)，但不适用于铁路机车、船舶上的锅炉以及列车电站和船舶电站的锅炉。

17）容器爆炸

容器爆炸容器(压力容器的简称)是指比较容易发生事故，且事故危害性较大的承受压力载荷的密闭装置。容器爆炸是压力容器破裂引起的气体爆炸，即物理性爆炸，包括容器内盛装的可燃性液化气在容器破裂后，立即蒸发，与周围的空气混合形成爆炸性气体混合物，遇到火源时产生的化学爆炸，也称容器的二次爆炸。

18）其他爆炸

凡不属于上述爆炸的事故均列为其他爆炸事故。例如：

(1) 可燃性气体(如煤气、乙炔等)与空气混合形成的爆炸。

(2) 可燃蒸气与空气混合形成的爆炸性气体混合物(如汽油挥发气)引起的爆炸。

(3) 可燃性粉尘以及可燃性纤维与空气混合形成的爆炸性气体混合物引起的爆炸。

(4) 间接形成的可燃气体与空气相混合,或者可燃蒸气与空气相混合(如可燃固体、自燃物品,当其受热、水、氧化剂的作用迅速反应,分解出可燃气体或蒸气与空气混合形成爆炸性气体),遇火源爆炸的事故。

炉膛爆炸,钢水包、亚麻粉尘的爆炸,都属于上述爆炸方面的,亦均属于其他爆炸。

19) 中毒和窒息

中毒和窒息是指人接触有毒物质,如误食有毒食物或呼吸入有毒气体引起的人体急性中毒事故,或在废弃的坑道、暗井、涵洞、地下管道等不通风的地方工作,因为氧气缺乏,突然晕倒,甚至死亡的事故称为窒息。两种现象合为一体,称为中毒和窒息事故。不适用于病理变化导致的中毒和窒息的事故,也不适用于慢性中毒的职业病导致的死亡。

20) 其他伤害

凡不属于上述伤害的事故均称为其他伤害,如扭伤,跌伤,冻伤,野兽咬伤,钉子扎伤等。

3.2.2 按导致事故原因进行分类

根据《生产过程危险和有害因素分类与代码》(GB/T 13861—2009),按可能导致生产过程中危险和有害因素的性质进行分类,共分为 4 大类,分别是人的因素、物的因素、环境因素和管理因素。

1) 人的因素

人的因素是指在生产活动中,来自人员或人为性质的危险和有害因素。

(1) 心理、生理性危险和有害因素

① 负荷超限,包括体力负荷超限(即容易引起疲劳、劳损、伤害等的负荷超限)、听力负荷超限、视力负荷超限以及其他负荷超限等。

② 健康状况异常,指伤、病期等。

③ 从事禁忌作业。

④ 心理异常,包括情绪异常、冒险心理、过度紧张以及其他心理异常等。

⑤ 辨识功能缺陷,包括感知延迟、辨识错误以及其他辨识功能缺陷等。

⑥ 其他心理、生理性危险和有害因素等。

(2) 行为性危险和有害因素

① 指挥错误,包括指挥失误、违章指挥以及其他指挥错误等。

② 操作错误,包括误操作、违章操作以及其他操作错误等。

③ 监护失误。

④ 其他行为性危险和有害因素等。

2) 物的因素

物的因素是指机械、设备、设施、材料等方面存在的危险和有害因素。

(1) 物理性危险和有害因素

① 设备、设施、工具、附件缺陷,包括强度不够、刚度不够、稳定性差、密封不良、耐腐蚀性差、应力集中、外形缺陷、外露运动件、操纵器缺陷、制动器缺陷、控制器缺陷、以及设备、设施、工具、附件其他缺陷等。

② 防护缺陷,包括无防护、防护装置、设施缺陷、防护不当、支撑不当、防护距离不够、以

及其他防护缺陷等。

③ 电危害，包括带电部位裸露、漏电、雷电、静电和杂散电流、电火花、以及其他电危害等。

④ 噪声危害，包括机械性噪声、电磁性噪声、流体动力性噪声以及其他噪声等。

⑤ 振动危害，包括机械性振动、电磁性振动、流体动力性振动以及其他振动危害等。

⑥ 电离辐射，包括 X 射线、γ 射线、α 粒子、β 粒子、中子、质子、高能电子束等。

⑦ 非电离辐射，包括紫外辐射、激光辐射、微波辐射、超高频辐射、高频电磁场、工频电场等。

⑧ 运动物危害，包括抛射物、飞溅物、坠落物、反弹物、土/岩滑动、料堆(垛)滑动、气流卷动、以及、其他运动物危害等。

⑨ 明火，略。

⑩ 高温物质，包括高温气体、高温液体、高温固体、其他高温物质等。

⑪ 低温物质，包括低温气体、低温液体、低温固体、其他低温物质等。

⑫ 信号缺陷，包括无信号设施、信号选用不当、信号位置不当、信号不清、信号显示不准、其他信号缺陷等。

⑬ 标志缺陷，包括无标志、标志不清晰、标志不规范、标志选用不当、标志位置缺陷、其他标志缺陷等。

⑭ 有害光照，略。

⑮ 其他物理性危险和有害因素等。

(2) 化学性危险、有害因素

① 爆炸品。

② 压缩气体和液化气体。

③ 易燃液体。

④ 易燃固体、自然物品和遇湿易燃物品。

⑤ 氧化剂和有机过氧化物。

⑥ 有毒品。

⑦ 放射性物品。

⑧ 腐蚀品。

⑨ 粉尘与气溶胶。

⑩ 其他化学性危险和有害因素等。

(3) 生物性危险和有害因素

① 致病微生物，包括细菌、病毒、真菌以及其他致病微生物等。

② 传染病媒介物。

③ 致害动物。

④ 致害植物。

⑤ 其他生物性危险和有害因素等。

3) 环境因素

环境因素是指生产作业环境中的危险和有害因素。

(1) 室内作业场所环境不良

① 室内地面滑。
② 室内作业场所狭窄。
③ 室内作业场所杂乱。
④ 室内地面不平。
⑤ 室内梯架缺陷。
⑥ 地面、墙和天花板上的开口缺陷。
⑦ 房屋地基下沉。
⑧ 室内安全通道缺陷。
⑨ 房屋安全出口缺陷。
⑩ 采光照明不良房屋安全出口缺陷。
⑪ 作业场所空气不良。
⑫ 室内温度、湿度、气压不适。
⑬ 室内给排水不良。
⑭ 室内涌水。
⑮ 其他室内作业场所环境不良等。
(2) 室外作业场地环境不良
① 恶劣气候与环境。
② 作业场地和交通设施湿滑。
③ 作业场地狭窄。
④ 作业场地杂乱。
⑤ 作业场地不平。
⑥ 航道狭窄、有暗礁或险滩。
⑦ 脚手架、阶梯和活动梯架缺陷。
⑧ 地面开口缺陷。
⑨ 建筑物和其他结构缺陷。
⑩ 门和围栏缺陷。
⑫ 作业场地基础下沉。
⑬ 作业场地安全通道缺陷。
⑭ 作业场地安全出口缺陷。
⑮ 作业场地光照不良。
⑯ 作业场地空气不良。
⑰ 作业场地温度、湿度、气压不适。
⑱ 作业场地涌水。
⑲ 其他室外作业场地环境不良等。
(3) 地下(含水下)作业环境不良
① 隧道/矿井顶面缺陷。
② 隧道/矿井正面或侧壁缺陷。
③ 隧道/矿井地面缺陷。
④ 地下作业面空气不良。

⑤ 地下火。

⑥ 冲击地压。

⑦ 地下水。

⑧ 水下作业供氧不当。

⑨ 其他地下(含水下)作业环境不良等。

(4) 其他作业环境不良

① 强迫体位。

② 综合性作业环境不良。

③ 以上未包括的其他作业环境不良等。

4) 管理因素

管理因素是指管理和管理责任缺失所导致的危险和有害因素。

(1) 职业安全卫生组织机构不健全

(2) 职业安全卫生责任制未落实

(3) 职业安全卫生管理规章制度不完善

① 建设项目“三同时”制度未落实。

② 操作规程不规范。

③ 事故应急预案及响应缺陷。

④ 培训制度不完善。

⑤ 其他职业安全卫生管理规章制度不健全等。

(4) 职业安全卫生投入不足

(5) 职业健康管理不完善

(6) 其他管理因素缺陷等

3.2.3 参照职业病危害因素分类

参照《职业病危害因素分类目录》国卫疾控发〔2015〕92 号，将职业病危害因素分为粉尘、化学因素、物理因素、放射性因素、生物因素、其他因素共 6 类。

参照国卫疾控发〔2013〕48 号《职业病分类和目录》，职业病具体可分为 10 大类：

1) 职业性尘肺病及其他呼吸系统疾病

(1) 尘肺病

包括矽肺、煤工尘肺、石墨尘肺、炭黑尘肺、石棉肺、滑石尘肺、水泥尘肺、云母尘肺、陶工尘肺、铝尘肺、电焊工尘肺、铸工尘肺，以及根据《尘肺病诊断标准》和《尘肺病理诊断标准》可以诊断的其他尘肺病。

(2) 其他呼吸系统疾病

包括过敏性肺炎、棉尘病、哮喘、金属及其化合物粉尘肺沉着病(锡、铁、锑、钡及其化合物等)、刺激性化学物所致慢性阻塞性肺疾病、硬金属肺病。

2) 职业性皮肤病

包括接触性皮炎、光接触性皮炎、电光性皮炎、黑变病、痤疮、溃疡、化学性皮肤灼伤、白斑，以及根据《职业性皮肤病的诊断总则》可以诊断的其他职业性皮肤病。

3) 职业性眼病

包括化学性眼部灼伤、电光性眼炎、白内障(含辐射性白内障、三硝基甲苯白内障)。

4）职业性耳鼻喉口腔疾病

包括噪声聋、铬鼻病、牙酸蚀病、爆震聋。

5）职业性化学中毒

包括铅及其化合物中毒(不包括四乙基铅)、汞及其化合物中毒、锰及其化合物中毒、镉及其化合物中毒、铍病、铊及其化合物中毒、钡及其化合物中毒、钒及其化合物中毒、磷及其化合物中毒、砷及其化合物中毒、铀及其化合物中毒、砷化氢中毒、氯气中毒、二氧化硫中毒、光气中毒、氨中毒、偏二甲基肼中毒、氮氧化合物中毒、一氧化碳中毒、二硫化碳中毒、硫化氢中毒、磷化氢、磷化锌、磷化铝中毒、氟及其无机化合物中毒、氰及腈类化合物中毒、四乙基铅中毒、有机锡中毒、羰基镍中毒、苯中毒、甲苯中毒、二甲苯中毒、正己烷中毒、汽油中毒、一甲胺中毒、有机氟聚合物单体及其热裂解物中毒、二氯乙烷中毒、四氯化碳中毒、氯乙烯中毒、三氯乙烯中毒、氯丙烯中毒、氯丁二烯中毒、苯的氨基及硝基化合物(不包括三硝基甲苯)中毒、三硝基甲苯中毒、甲醇中毒、酚中毒、五氯酚(钠)中毒、甲醛中毒、硫酸二甲酯中毒、丙烯酰胺中毒、二甲基甲酰胺中毒、有机磷中毒、氨基甲酸酯类中毒、杀虫脒中毒、溴甲烷中毒、拟除虫菊酯类中毒、铟及其化合物中毒、溴丙烷中毒、碘甲烷中毒、氯乙酸中毒、环氧乙烷中毒，以及上述条目未提及的与职业有害因素接触之间存在直接因果联系的其他化学中毒。

6）物理因素所致职业病

包括中暑、减压病、高原病、航空病、手臂振动病、激光所致眼(角膜、晶状体、视网膜)损伤、冻伤。

7）职业性放射性疾病

包括外照射急性放射病、外照射亚急性放射病、外照射慢性放射病、内照射放射病、放射性皮肤疾病、放射性肿瘤(含矿工高氡暴露所致肺癌)、放射性骨损伤、放射性甲状腺疾病、放射性性腺疾病、放射复合伤、根据《职业性放射性疾病诊断标准(总则)》可以诊断的其他放射性损伤。

8）职业性传染病

包括炭疽、森林脑炎、布鲁氏菌病、艾滋病(限于医疗卫生人员及人民警察)、莱姆病。

9）职业性肿瘤

包括石棉所致肺癌、间皮瘤，联苯胺所致膀胱癌，苯所致白血病，氯甲醚、双氯甲醚所致肺癌，砷及其化合物所致肺癌、皮肤癌，氯乙烯所致肝血管肉瘤，焦炉逸散物所致肺癌，六价铬化合物所致肺癌，毛沸石所致肺癌、胸膜间皮瘤，煤焦油、煤焦油沥青、石油沥青所致皮肤癌，β一萘胺所致膀胱癌。

10）其他职业病

包括金属烟热、滑囊炎(限于井下工人)、股静脉血栓综合征、股动脉闭塞症或淋巴管闭塞症(限于刮研作业人员)。

3.3 危险、有害因素的辨识原则与方法

3.3.1 危险、有害因素的辨识原则

1）科学性

危险、有害因素的识别是分辨、识别、分析确定系统内存在的危险，而并非研究防止事故

发生或控制事故发生的实际措施。它是预测安全状态和事故发生途径的一种手段，这就要求进行危险、有害因素识别必须要有科学的安全理论做指导，使之能真正揭示系统安全状况危险、有害因素存在的部位、存在的方式、事故发生的途径及其变化的规律，并予以准确描述，以定性、定量的概念清楚地显示出来，用严密的合乎逻辑的理论予以解释清楚。

2）系统性

危险、有害因素存在于生产活动的各个方面，因此要对系统进行全面、详细地剖析、研究系统和系统及子系统之间的相关和约束关系。分清主要危险、有害因素及其相关的危险、有害性。

3）全面性

识别危险、有害因素时不要发生遗漏，以免留下隐患，要从厂址、自然条件、总图运输、建构筑物、工艺过程、生产设备装置、特种设备、公用工程、安全管理系统，设施，制度等各方面进行分析、识别；不仅要分析正常生产运转、操作中存在的危险、有害因素，还要分析、识别开车、停车、检修，装置受到破坏及操作失误情况下的危险、有害后果。

4）预测性

对于危险、有害因素，还要分析其触发事件，即危险、有害因素出现的条件或设想的事故模式。

3.3.2 危险、有害因素的辨识方法

根据评价对象的属性和范围，选择不同的辨识方法。

1）直观经验分析方法

适用于有可供参考的先例、有以往经验可以借鉴的系统

（1）对照、经验法

对照有关标准、法规、检查表或依靠分析人员的观察分析能力，借助于经验和判断能力直观对评价对象的危险、有害因素进行分析的方法。

（2）类比方法

利用相同或相似工程系统或作业条件的评价经验和各类数据的统计资料来类推、分析评价对象的危险、有害因素。

（3）案例法

收集国内外相同或相似工程系统发生的事故的原因和后果，收集相类似的工艺条件、设备发生事故的原因和后果，从而对评价对象的危险、有害因素进行分析的方法。

2）系统安全分析方法

系统安全分析方法常用于复杂、没有事故经历的新开发系统，主要使用事件树、事故树等方法。

3.4 危险、有害因素的辨识

3.4.1 总图布置及建构筑物的危险、有害因素的辨识

1）厂址

从厂址的工程地质、地形地貌、水文、气象条件、周围环境、交通运输条件、自然灾害、消

防支持等方面分析、识别。

2）总平面布置

从功能分区、防火间距和安全间距、风向、建筑物朝向、危险有害物质设施、动力设施（氧气站、乙炔气站、压缩空气站、锅炉房、液化石油气站等）、道路、储运设施等方面进行分析、识别。

3）道路及运输

从运输、装卸、消防、疏散、人流、物流、平面交叉运输和竖向交叉运输等几方面进行分析、识别。

4）建构筑物

从厂房的生产火灾危险性分类，耐火等级、结构、层数、占地面积、防火间距、安全疏散等方面进行分析识别。

从库房储存物品的火灾危险性分类、耐火等级、结构、层数、占地面积、防火间距、安全疏散等方面进行分析识别。

3.4.2 生产工艺过程的危险、有害因素的辨识

尽管现代生产过程千差万别，但如果能够通过事先对危险、有害因素的识别，找出可能存在的危险、危害，就能够对所存在的危险、危害采取相应的措施（如修改设计，增加安全设施等），从而可以大大提高生产过程和系统的安全性。

现代科学技术高度发展的今天，由于装置的大型化，过程的自动化，一旦发生事故，后果相当严重。因此，发现问题要比解决问题更重要，即在过程的设计阶段就要进行危险、有害性分析，并通过对设计、安装、试车、开车、停车、正常运行、抢修等阶段的危险、有害性分析，识别出生产全过程中所有危险、有害性，然后研究安全对策措施，这是保证系统安全的重要手段。

1）对新建、改建、扩建项目设计阶段危险、有害因素的识别

从以下6个方面进行分析识别：

(1) 对设计阶段是否通过合理的设计，尽可能从根本上消除危险、有害因素的发生进行考查。例如是否采用无害化工艺技术，以无害物质代替有害物质并实现过程自动化等，否则就可能存在危险。

(2) 当消除危险、有害因素有困难时，对是否采取了预防性技术措施来预防或消除危险、危害的发生进行考查。例如：是否设置安全阀、防爆阀（膜）；是否有有效的泄压面积和可靠的防静电接地、防雷接地、保护接地，漏电保护装置等。

(3) 当无法消除危险或危险难以预防的情况下，对是否采取了减少危险、危害的措施进行考查。例如：是否设置防火堤、涂防火涂料；是否是敞开或半敞开式的厂房；防火间距、通风是否符合国家标准的要求等；是否以低毒物质代替高毒物质；是否采取了减震、消声和降温措施等。

(4) 当在无法消除、预防、减弱的情况下，对是否将人员与危险、有害因素隔离等进行考查。例如，是否实行遥控、设隔离操作室、安全防护罩、防护屏、配备劳动保护用品等。

(5) 当操作者失误或设备运行一旦达到危险状态时，对是否能通过联锁装置来终止危险、危害的发生进行考查。例如，锅炉极低水位时停炉联锁和冲剪压设备光电联锁保护等。

(6) 在易发生故障和危险性较大的地方，对是否设置了醒目的安全色、安全标志和声、光警示装置等进行考查。例如，厂内铁路或道路交叉路口、危险品库、易燃易爆物质区等。

2) 对安全现状综合评价可针对行业和专业的特点及行业和专业制定的安全标准、规程进行分析、识别

针对行业和专业的特点，可利用各行业和专业制定的安全标准、规程进行分析、识别。例如原劳动部曾会同有关部委制定了冶金、电子、化学、机械、石油化工、轻工、塑料、纺织、建筑、水泥、制浆造纸、平板玻璃、电力、石棉、核电站等一系列安全规程、规定，评价人员应根据这些规程、规定、要求对被评价对象可能存在的危险有害因素进行分析和识别。例如，涂装作业安全、焊接与切割安全、氯乙烯安全技术规程、氧气及相关气体安全技术等对相应的被评价对象可能存在的危险、有害因素进行分析和识别。

(1) 以化工、石油化工为例，工艺过程的危险、有害性识别有以下几种情况：

① 存在不稳定物质的工艺过程，这些不稳定物质有原料、中间产物、副产物品、添加物或杂质等。

② 含有易燃物料而且在高温、高压下运行的工艺过程。

③ 含有易燃物料且在冷冻状况下运行的工艺过程。

④ 在爆炸极限范围内或接近爆炸性混合物的工艺过程。

⑤ 有可能形成尘、雾爆炸性混合物的工艺过程。

⑥ 有剧毒、高毒物料存在的工艺过程。

⑦ 储有压力能量较大的工艺过程。

(2) 对于一般的工艺过程也可以按以下原则进行工艺过程的危险、有害性识别。

① 能使危险物的良好防护状态遭到破坏或者损害的工艺。

② 工艺过程参数(如反应的温度、压力、浓度、流量等)难以严格控制并可能引发事故的工艺。

③ 工艺过程参数与环境参数具有很大差异，系统内部或者系统与环境之间在能量的控制方面处于严重不平衡状态的工艺。

④ 一旦脱离防护状态后的危险物会引起或极易引起大量积聚的工艺和生产环境，例如含危险气、液的排放，尘、毒严重的车间内通风不良等。

⑤ 有产生电气火花、静电危险性或其他明火作业的工艺，或有炽热物、高温熔融物的危险工艺或生产环境。

⑥ 能使设备可靠性降低的工艺过程，如低温、高温、振动和循环负荷疲劳影响等。

⑦ 由于工艺布置不合理较易引发事故的工艺。

⑧ 在危险物生产过程中有强烈机械作用影响(如摩擦、冲击、压缩等)的工艺。

⑨ 容易产生混合危险的工艺或者有使危险物出现配伍禁忌可能性的工艺，见表 3-1 至表 3-3。

⑩ 其他危险工艺。

表 3-1　　混合危险配伍

物质 A	物质 B	可能发生的某些现象	物质 A	物质 B	可能发生的某些现象
氧化剂	可燃物	生成爆炸性混合物	过氧化氢溶液	胺类	爆炸
氯酸盐	酸	混触发火	醚	空气	生成爆炸性的有机过氧化物
亚氯酸盐	酸	混触发火	烯烃	空气	生成爆炸性的有机过氧化物
次氯酸盐	酸	混触发火	氯酸盐	铵盐	生成爆炸性的铵盐
铬酸	可燃物	混触发火	亚硝酸盐	铵盐	生成不稳定的铵盐
高锰酸钾	可燃物	混触发火	氯酸钾	红磷	生成对冲击、摩擦敏感的爆炸物
高锰酸钾	浓硫酸	爆炸	乙炔	铜	生成对冲击、摩擦敏感的铜盐
四氯化铁	碱金属	爆炸	苦味酸	铅	生成对冲击、摩擦敏感的铅盐
硝机化合物	碱	生成高感度物质	浓硝酸	胺类	混触发火
亚硝机化物	碱	生成高感度物质	过氧化钠	可燃物	混触发火
碱金属	水	混触发火	亚硝胺	酸	混触发火

表 3-2　　会发生激烈反应的不相容配伍

物质 A	物质 B	物质 A	物质 B
醋酸	铬酸、硝酸、含氢氧基的化合物、乙二醇、过氯酸、过氧化物、高锰酸盐	氢氟酸及氟化氢	氨或氨的水溶液
丙酮	浓硝酸和浓硫酸混合物	过氧化氢	铜、铬、铁、大多数金属或它们的盐、任何易燃液体、可燃物、苯胺、硝基甲烷
乙炔	氯、溴、铜、银、氟及汞	硫化氢	发烟硝酸、氧化性气体
碱金属和碱土金属，如钠、钾、锂、镁、钙、铝粉	二氧化碳、四氯化碳及其他烃类氯化物（火场中有物质 A 时禁用水、泡沫及干粉、可用干砂灭火）	碘	乙炔、氨（无水的或水溶液）
无水的氨	汞氯、次氯酸钙、碘、溴和氟	硝基烷烃	无机碱、胺
硝酸铵	酸、金属粉、易燃液体、氯酸盐	草酸	银、汞
苯胺	硝酸、过氧化氢	氧	油、脂、氢、易燃的液体、易燃气体和可硝化物质、纸、硬纸板、破布
氧化钙	水	过氯酸	酸酐、铋和其合金、醇、纸、木、脂、油
溴	氨、乙炔、丁二烯、丁烷和其他石油气、氢、钠的碳化物、松节油、苯及金属粉屑	有机过氧化物	酸（有机或无机），避免摩擦，冷藏

续表 3-2

物质 A	物质 B	物质 A	物质 B
活性炭	次氯酸钙	黄磷	空气、氧
氯酸盐	氨、乙炔	氯酸钾	酸(同氯酸盐)
铬酸	醋酸、萘、樟脑、甘油、松节油、醇及其他易燃液体	过氯酸钾	酸(同过氯酸)
氯	氨、乙炔、丁二烯、丁烷和其他石油气、氢、钠的碳化物、松节油、苯及金属粉屑	高锰酸钾	甘油、乙二醇、苯甲醛、硫酸
二氧化氯	氨、甲烷、磷化氢	银	乙炔、草酸、酒石酸、雷酸、铵化合物
铜	乙炔、过氧化氢	钠	同碱金属
氟	与每种物品隔离	硝酸钠	硝酸铵及其铵盐
肼(联氨)	过氧化氢、硝酸、其他氧化剂	过氧化钠	任何可氧化的物质,如乙醇、甲醇、冰醋酸、酸酐、苯甲醛、二硫化碳、甘油、乙二醇、醋酸乙酯、醋酸甲酯及糠醛
烃(苯、丁烷、丙烷、汽油、松节油等)	氟、氯、溴、铬酸、过氧化物	硫酸	氯酸盐、过氯酸盐、高锰酸盐
氢氰酸	硝酸、碱		

表 3-3　　混合产生有毒物的不相容配伍

物质 A	物质 B	产生的有毒物	物质 A	物质 B	产生的有毒物
含砷化合物	还原剂	砷化三氢	亚硝酸盐	酸	过氧化氢
叠(迭)氮化合物	酸	叠氮化氢	磷	苛性碱或还原剂	磷化氢
氰化物	酸	氰化氢	硒化物	还原剂	硒化氢
硝酸盐	硫酸	二氧化氮	硫化物	酸	硫化氢
次氯酸盐	酸	氯或次氯酸	碲化物	还原剂	碲化氢
硝酸	铜、黄铜、重金属	二氧化氮			

3)根据典型的单元过程(单元操作)进行危险有害因素的识别

典型的单元过程是各行业中具有典型特点的基本过程或基本单元,如化工生产过程的氧化还原、硝化、电解、聚合、催化、裂化、氯化、磺化、重氮化、烷基化等;石油化工生产过程的催化裂化、加氢裂化、加氢精制乙烯、氯乙烯、丙烯腈、聚氯乙烯等;电力生产过程的锅炉制粉系统、锅炉燃烧系统、锅炉热力系统、锅炉水处理系统、锅炉压力循环系统、汽轮机系统、发电机系统等。

这些单元过程的危险、有害因素已经归纳总结在许多手册、规范、规程和规定中,通过查阅均能得到。这类方法可以使危险、有害因素的识别比较系统,避免遗漏。

单元操作过程中的危险性是由所处理物料的危险性决定的。

当处理易燃气体物料时,要防止爆炸性混合物的形成。特别是负压状态下的操作,要防止混入空气而形成爆炸性混合物。

当处理易燃固体或可燃固体物料时,要防止形成爆炸性粉尘混合物。

当处理含有不稳定物质的物料时，要防止不稳定物质的积聚或浓缩。

下列单元操作有使不稳定物质积聚或浓缩的可能：蒸馏、过滤、蒸发、分筛、萃取、结晶、再循环、旋转、回流、凝结、搅拌、升温等。例如：

(1) 不稳定物质减压蒸馏时，若温度超过某一极限值，有可能发生分解爆炸。

(2) 粉末筛分时容易产生静电，而干燥的不稳定物质筛分时，细微粉尘飞扬，可能在某些部位积聚而易发生危险事故。

(3) 反应物料循环使用时，可能造成不稳定物质的积聚而使危险性增大。

(4) 反应液静置过程中，以不稳定物质为主的相，可能分离在上层或下层。不分层时，所含不稳定的物质也有可能在某些部位相对集中。在搅拌含有有机过氧化物等不稳定物质的反应混合物时，如果搅拌停止而处于静置状态，那么所含不稳定物质的溶液就附在壁上，若溶液蒸发，不稳定物质被浓缩，往往会成为自燃的火源。

(5) 在大型设备中进行反应，如果含有回流操作时，则危险物品有可能在回流操作中被浓缩。

(6) 在不稳定物质的合成过程中，搅拌是重要因素。在采用间歇式的反应操作中，化学反应速度很快。在大多数情况下，加料速度与设备的冷却能力是相适应的，这时反应是一种扩散控制，应使加入的原料立刻反应掉。如果搅拌能力差，反应速度慢，加进的原料过剩，则造成未反应的部分积蓄在反应系统中；如果再强力搅拌，所积存的物料一齐反应，使体系的温度急剧上升，则造成反应无法控制，导致事故的发生。

(7) 若使含有不稳定物质的物料升温，有可能引起突发性放热爆炸。如果在低温下将两种能发生放热反应的液体混合，然后再升温引发反应是很危险的。

3.4.3 设备或装置的危险、有害因素的辨识

1) 工艺设备、装置的危险、有害因素识别

(1) 设备本身是否能满足工艺的要求。这包括标准设备是否由具有生产资质的专业工厂所生产；特种设备的设计、生产、安装、使用是否具有相应的资质或许可证。

(2) 是否具备相应的安全附件或安全防护装置，如安全阀、压力表、温度计、液压计、阻火器、防爆阀等。

(3) 是否具备指示性安全技术措施，如超限报警、故障报警、状态异常报警等。

(4) 是否具备紧急停车的装置。

(5) 是否具备检修时不能自动投入，不能自动反向运转的安全装置。

2) 专业设备的危险、有害因素识别

(1) 化工设备的危险、有害因素识别

① 有足够的强度。

② 密封安全可靠。

③ 安全保护装置必须配套。

④ 适用性强。

(2) 机械加工设备的危险、有害因素识别

可以根据机械分类对照相应的标准、规程进行查对：

① 通用机械参照《机械安全设计通则风险评估与风险减小》(GB/T 15706—2012)等。

② 施工机械参照《施工机械安全技术规程 第一册 单斗挖掘机》(SLJJ 1-1-1981)等。

③ 土方机械参照《土方机械安全 第1部分:通用要求》(GB 25684.1—2010)等。

④ 纺织机械参照《纺织机械安全要求 第3部分:非织造布机械》(GB/T 17780.3—2012)等。

⑤ 农林机械参照《农林机械安全 第2部分:自卸挂车》(GB 10395.2—2010)等。

3) 电气设备的危险、有害因素识别

电气设备的危险、有害因素识别应紧密结合工艺的要求和生产环境的状况来进行,一般可考虑从以下几方面进行识别:

(1) 电气设备的工作环境是否属于爆炸和火灾危险环境,是否属于粉尘、潮湿或腐蚀环境。在这些环境中工作时,对电气设备的相应要求是否满足。

(2) 电气设备是否具有国家指定机构的安全认证标志,特别是防爆电器的防爆等级。

(3) 电气设备是否为国家颁布的淘汰产品。

(4) 用电负荷等级对电力装置的要求。

(5) 电气火花引燃源。

(6) 触电保护、漏电保护、短路保护、过载保护、绝缘、电气隔离、屏护、电气安全距离等是否可靠。

(7) 是否根据作业环境和条件选择安全电压,安全电压值和设施是否符合规定。

(8) 防静电、防雷击等电气联结措施是否可靠。

(9) 管理制度方面的完善程度。

(10) 事故状态下的照明、消防、疏散用电及应急措施用电的可靠性。

(11) 自动控制系统的可靠性,如不间断电源、冗余装置等。

4) 特种机械的危险、有害因素识别

(1) 起重机械

有关机械设备的基本安全原理对于起重机械都适用,这些基本原理有:设备本身的制造质量应该良好,材料坚固,具有足够的强度而且没有明显的缺陷。所有的设备都必须经过测试,而且进行例行检查,以保证其完整性。应使用正确设备。

起重机械主要的危险、有害因素有:

① 翻倒:由于基础不牢、超机械工作能力范围运行和运行时碰到障碍物等原因造成。

② 超载:超过工作载荷、超过运行半径等。

③ 碰撞:与建筑物、电缆线或其他起重机相撞。

④ 基础损坏:设备置放在坑或下水道的上方,支撑架未能伸展,未能支撑于牢固的地面。

⑤ 操作失误:由于视界限制、技能培训不足等造成。

⑥ 负载失落:负载从吊轨或吊索上脱落。

(2) 厂内机动车辆

厂内机动车辆应该制造良好、没有缺陷,载重量、容量及类型应与用途相适应。车辆所使用的动力的类型应当是经过检查的,因为作业区域的性质可能决定了应当使用某一特定类型的车辆。在不通风的封闭空间内不宜使用内燃发动机的动力车辆,因为要排出有害气体。车辆应加强维护,以免重要部件(如刹车、方向盘及提升部件)发生故障。任何损坏均需报告并及时修复。操作员的头顶上方应有安全防护措施。应按制造者的要求来使用厂内机动车辆及其附属设备。

厂内机动车辆主要的危险、有害因素有：

① 翻倒：提升重物动作太快，超速驾驶，突然刹车，碰撞障碍物，在已有重物时使用前铲，在车辆前部有重载时下斜坡，横穿斜坡或在斜坡上转弯、卸载，在不适的路面或支撑条件下运行等，都有可能发生翻车。

② 超载：超过车辆的最大载荷。

③ 碰撞：与建筑物、管道、堆积物及其他车辆之间的碰撞。

④ 楼板缺陷：楼板不牢固或承载能力不够。在使用车辆时，应查明楼板的承重能力（地面层除外）。

⑤ 载物失落：如果设备不合适，会造成载荷从叉车上滑落的现象。

⑥ 爆炸及燃烧：电缆线短路、油管破裂、粉尘堆积或电池充电时产生氢气等情况下，都有可能导致爆炸及燃烧。运载车辆在运送可燃气体时，本身也有可能成为火源。

⑦ 乘员：在没有乘椅及相应设施时，不应载有乘员。

(3) 传送设备

最常用的传送设备有胶带输送机、滚轴和齿轮传送装置，其主要的危险、有害因素有：

① 夹钳：肢体被夹入运动的装置中。

② 擦伤：肢体与运动部件接触而被擦伤。

③ 卷人伤害：肢体绊卷到机器轮子、带子之中。

④ 撞击伤害：不正确的操作或者物料高空坠落造成的伤害。

5) 锅炉及压力容器（含气瓶，下同）的危险、有害因素识别

锅炉及压力容器是广泛用于工业生产、公用事业和人民生活的承压设备，包括：锅炉、压力容器和压力管道。我国将涉及生命安全、危险性较大的锅炉、压力容器和压力管道等定为特种设备，即在安全上有特殊要求的设备，国家对其设计、制造、安装和使用等各环节实行安全监察。

在《特种设备安全监察条例》第七章附则中，给出了锅炉、压力容器和压力管道的定义。

(1) 锅炉

锅炉是指利用各种燃料、电或者其他能源，将所盛装的液体加热到一定的参数，并承载一定压力的密闭设备，其范围规定为容积大于等于 30 L 的承压蒸汽锅炉；出口水压大于等于 0.1 MPa（表压），且额定功率大于等于 0.1 MW 的承压热水锅炉；有机热载体锅炉。

(2) 压力容器

压力容器，是指盛装气体或者液体，承载一定压力的密闭设备，其范围规定为最高工作压力大于等于 0.1 MPa（表压），且压力与容积的乘积大于等于 2.5 MPa · L 的气体、液化气体和最高工作温度高于或者等于标准沸点的液体的固定式容器和移动式容器；盛装公称工作压力大于等于 0.2 MPa（表压），且压力与容积的乘积大于等于 1.0 MPa · L 的气体、液化气体和标准沸点等于小于 60 ℃液体的气瓶；氧舱等。

(3) 压力管道

压力管道是指利用一定的压力，用于输送气体或者液体的管状设备，其范围规定为最高工作压力大于或者等于 0.1 MPa（表压）的气体、液化气体、蒸汽介质或者可燃、易爆、有毒、有腐蚀性、最高工作温度高于或者等于标准沸点的液体介质，且公称直径大于 25 mm 的

管道。

锅炉及压力容器的主要的危险、有害因素有：锅炉压力容器内具有一定温度的带压工作介质、承压元件的失效、安全保护装置失效等3类(种)。由于安全防护装置失效或(和)承压元件的失效，使锅炉压力容器内的工作介质失控，从而导致事故的发生。

常见的锅炉压力容器失效有泄漏和破裂爆炸。所谓泄漏，是指工作介质从承压元件内向外漏出或其他物质由外部进入承压元件内部的现象。如果漏出的物质是易燃、易爆、有毒物质，不仅可以造成热(冷)伤害，还可能引发火灾、爆炸、中毒、腐蚀或环境污染。所谓破裂爆炸，是指承压元件出现裂缝、开裂或破碎现象。承压元件最常见的破裂形式有韧性破裂、脆性破裂、疲劳破裂、腐蚀破裂和蠕变破裂等。

6) 登高装置的危险、有害因素识别

主要的登高装置有：梯子、活梯、活动架，脚手架(通用的或塔式的)，吊笼、吊椅，升降工作平台，动力工作平台。其主要的危险、有害因素有：

(1) 登高装置自身结构方面的设计缺陷。

(2) 支撑基础下沉或毁坏。

(3) 不恰当地选择了不够安全的作业方法。

(4) 悬挂系统结构失效。

(5) 因承载超重而使结构损坏。

(6) 因安装、检查、维护不当而造成结构失效。

(7) 因为不平衡造成的结构失效。

(8) 所选设施的高度及臂长不能满足要求而超限使用。

(9) 由于使用错误或者理解错误而造成的不稳。

(10) 负载爬高。

(11) 攀登方式不对或脚上穿着物不合适、不清洁造成跌落。

(12) 未经批准使用或更改作业设备。

(13) 与障碍物或建筑物碰撞。

(14) 电动、液压系统失效。

(15) 运动部件卡住。

下面选择几种装置说明危险、有害因素识别，其他有关装置的危险、有害因素识别可查阅相关的标准规定。

(1) 梯子

① 首先，考虑有没有更加稳定的其他代用方法。其次，要考虑工作的性质，持续的时间，作业的高度(如何才能达到这一高度，在作业高度上需要何种装备及材料)，作业的角度与立脚的空间以及梯子的类型与结构是否合理。

② 用肉眼检查梯子是否完好而且不滑。

③ 在高度不及5 m且需要用登高设备时，由一个人检查梯子顶部的防滑保障设施，由另一人检查梯子底部或腿的防滑措施。

④ 要保证由梯子登上作业平台时或者到达作业点时，其踏脚板与作业点的高度相同，而梯子应至少高过这一点1 m，除非有另外的扶手。

⑤ 在每间隔9 m时，应设有一个可供休息的立足点。

⑥ 梯子正确的立足角，大致是75°(相当于水平及垂直长度的比例为1∶4)。

⑦ 梯子竖框应当平衡，其上、下两方的支持应当合适。

⑧ 梯子应定期检查，除了在标志处外，不应喷漆。

⑨ 不能修复再使用的梯子应当销毁。

⑩ 金属的(或木头已湿的)梯子导电，不应当置于或者拿到靠近动力线的地方。

(2) 通用脚手架

脚手架结构是由钢管或其他型材做成，常用的有3种类型：一是独立扎起的脚手架，它是一个临时性的结构，与它所靠近的结构之间是独立的，如系于另一个结构也仅是为了增加其稳定性；二是要依靠建筑物(通常是正在施工的建筑物)来提供结构支撑的脚手架；三是鸟笼状的脚手架，它是一个独立的结构，空间较大，有一个单独的工作平台，通常是用于内部工作的。

安装及使用时主要的危险、有害因素有：

① 设计的机构要能保证其承载能力。

② 基础要能保证承担所加的载荷。

③ 脚手架结构元件的质量及保养情况良。

④ 脚手架的安装是由有资格的人或者是在其主持下完成的，其安装与设计相一致、设计与要求的负载相一致，符合有关标准。

⑤ 所有的工作平台应铺设完整的地板，在平台的边缘应有扶手、防护网或者其他防止坠落的保护措施，防止人员或物料从平台上落下。

⑥ 提供合适的、安全的方法，使人员、物料等到达工作平台。

⑦ 所有置于工作平台上的物料应安全堆放，且不能超载。

⑧ 对于已完成的结构，未经允许不应改动。

⑨ 对结构要有检查，首次是在建好之后，然后是在适当的时间间隔内，通常是周检，检查的详情应有记录并予以保存。

(3) 升降工作平台

此类设施一般由3部分组成：柱或塔(用来支持平台或箱体)、平台(用来载人或设备)和底盘(用来支持塔或者柱)。

升降工作平台在安装及使用时主要的危险、有害因素有：

① 未经培训的人员不得安装、使用或拆卸设备。

② 要按照制造商的说明来检查、维护及保养设备。

③ 要有水平的、坚实的基础面，在有外支架时，在测试及使用前，外支架要伸开。

④ 只有经过认证的人员才能从事维修及调试工作。

⑤ 设备的安全工作载荷要清楚标明在操作人员容易看见的地方，不允许超载。

⑥ 仅当有足够空间时，才能启动升降索。

⑦ 作业平台四周应有防护栏，并提供适当的进出装置。

⑧ 只能因紧急情况而不是工作目的来使用应急系统。

⑨ 使用地面围栏，禁止未经批准人员进入作业区。

⑩ 要防止接触过顶动力线，为此要事先检查，并与其保持规定的距离。

7) 危险化学品包装物的危险、有害因素识别

(1) 包装的结构是否合理、有一定的强度，防护性能是否好，包装的材质、形式、规格、方法和单件质量(重量)是否与所装危险货物的性质和用途相适应，以便于装卸、运输和储存。

(2) 包装的构造和封闭形式是否能承受正常运输条件下的各种作业风险，不应因温度、湿度或压力的变化而发生任何渗(撒)漏，包装表面不允许黏附有害的危险物质。

(3) 包装与内装物直接接触部分是否有内涂层或进行防护处理，包装材质是否与内装物发生化学反应而形成危险产物或导致削弱包装强度；内容器是否固定。

(4) 盛装液体的容器是否能经受在正常运输条件下产生的内部压力。灌装时，是否留有足够的膨胀余量(预留容积)。除另有规定外，能否保证在温度 55 ℃时内装液体不致完全充满容器。

(5) 包装封口是否根据内装物性质采用严密封口、液密封口或气密封口。

(6) 盛装需浸湿或加有稳定剂的物质时，其容器封闭形式是否能有效地保证内装液体(水、溶剂和稳定剂)的百分比，在储运期间保持在规定的范围以内。

(7) 有降压装置的包装，其排气孔设计和安装是否能防止内装物泄漏和外界杂质进入，排出的气体量不得造成危险和污染环境。

(8) 复合包装的内容器和外包装是否紧密贴合；外包装是否有擦伤内容器的凸出物。

(9) 盛装爆炸品包装的附加危险、有害因素识别：

① 盛装液体爆炸品容器的封闭形式是否具有防止渗漏的双重保护。

② 除内包装能充分防止爆炸品与金属物接触外，铁钉和其他没有防护涂料的金属部件是否能穿透外包装。

③ 双重卷边接合的钢桶，金属桶或以金属做衬里的包装箱是否能防止爆炸物进入隙缝；钢桶或铝桶的封闭装置是否有合适的垫圈。

④ 包装内的爆炸物质和物品，包括内容器，必须衬垫受实，在运输中不得发生危险性移动。

⑤ 盛装有对外部电磁辐射敏感的电引发装置的爆炸物品，包装应具备防止所装物品受外部电磁辐射源影响的功能。

3.4.4　作业环境的危险、有害因素的辨识

作业环境中的危险、有害因素主要有危险物品、工业噪声与振动、温度与湿度和辐射等。

1) 危险物品的危险、有害因素识别

生产中的原料、材料、半成品、中间产品、副产品以及储存、运输中的物质分别以气、液、固态存在，它们在不同的状态下分别具有相对应的物理、化学性质及危害特性。因此，了解并掌握这些危险物品(在安全生产领域内危险物品多称为危险化学品)固有的危害特性是进行危害识别、分析、评价的基础。

危险物品的危害特性可从危险化学品安全技术说明书中获取，危险化学品安全技术说明书主要由成分/组成信息、危险性概述、理化特性、毒理学资料、稳定性和反应活性等内容构成。例如，甲醇的危险有害识别见表 3-4。

表 3-4　　甲醇危险有害识别

<table>
<tr><td rowspan="3">标识</td><td>中文名:甲醇、木酒精</td><td colspan="2">英文名:Methyl alcohol; Methanol</td></tr>
<tr><td>分子式:CH_3OH</td><td>分子量:32.04</td><td>UN 编号:1230</td></tr>
<tr><td>危规号:32058</td><td>RTECS 号:PC1400000</td><td>CAS 号:67-56-1</td></tr>
<tr><td rowspan="6">理化性质</td><td colspan="3">性状:无色澄清的液体,有刺激性气味</td></tr>
<tr><td>熔点:−97.8 ℃</td><td colspan="2">溶解性:溶于水,可混溶于醇、醚等多种有机溶剂</td></tr>
<tr><td>沸点:64.8 ℃</td><td colspan="2">相对密度(水=1):0.79</td></tr>
<tr><td>饱和蒸气压:13.33 kPa(21.2℃)</td><td colspan="2">相对密度(空气=1):1.11</td></tr>
<tr><td>临界温度:240 ℃</td><td colspan="2">燃烧热:727.0 kJ/mol</td></tr>
<tr><td>临界压力:7.95 MPa</td><td colspan="2">最小引燃能量:0.215 mJ</td></tr>
<tr><td rowspan="7">燃烧爆炸危险性</td><td>燃烧性:易燃</td><td colspan="2">燃烧分解产物:CO、CO_2</td></tr>
<tr><td>闪点:11 ℃</td><td colspan="2">聚合危害:不聚合</td></tr>
<tr><td>爆炸极限:5.5%~44.0%</td><td colspan="2">稳定性:稳定</td></tr>
<tr><td>自燃温度:385 ℃</td><td colspan="2">禁忌物:酸类、酸酐、强氧化剂、碱金属</td></tr>
<tr><td colspan="3">危险特性:易燃,其蒸气与空气可形成爆炸性混合物。遇明火、高热能引起燃烧爆炸。与氧化剂接触发生化学反应或引起燃烧。其蒸气比空气重,能在较低处扩散到相当远的地方,遇明火会引着回燃</td></tr>
<tr><td colspan="3">爆炸性气体的分类、分级、分组:ⅡAT_2</td></tr>
<tr><td colspan="3">灭火方法:尽可能将容器从火场移至空旷处。喷水保持火场容器冷却,直至灭火结束。灭火剂:抗溶性泡沫、雾状水、干粉、二氧化碳等</td></tr>
<tr><td>毒性</td><td colspan="3">接触限值:中国 PC-TWA:25 mg/m^3(皮)　PC-STEL:50 mg/m^3(皮)
美国 TLV-TWA(ACGIH):262 mg/m^3(200 ppm)(皮)
TLV-STEL(ACGIH):328 mg/m^3(250 ppm)(皮)</td></tr>
<tr><td>对人体危害</td><td colspan="3">对中枢神经系统有麻醉作用;对视神经和视网膜有特殊选择作用,引起病变;急性中毒:短时大量吸入出现轻度眼及上呼吸道刺激症状,经一段时间潜伏期后出现头痛、头晕、乏力、眩晕、酒醉感、意识朦胧,甚至昏迷,视神经及视网膜病变,可有视物模糊、复视等,重者失明。慢性影响:神经衰弱综合征,自主神经功能失调,黏膜刺激,视力减退等</td></tr>
<tr><td>急救</td><td colspan="3">吸入后脱离现场至新鲜空气处,保持呼吸畅通,呼吸困难时给输氧,呼吸停止时进行人工呼吸;皮肤接触时,脱去被污染的衣着,用肥皂水和清水彻底冲洗皮肤;就医</td></tr>
<tr><td>防护</td><td colspan="3">工程控制:严加密闭,加强通风。个体防护:接触蒸气时,应佩戴防毒面具。紧急事态抢救或逃生时,建议佩戴正压自给式呼吸器。穿防静电工作服;戴橡胶手套;戴化学安全防护眼镜。其他:工作现场禁止吸烟、进食和饮水。工作后,淋浴更衣</td></tr>
<tr><td>泄漏处理</td><td colspan="3">人员迅速撤离污染区至上风处,并隔离至气体散尽,切断火源;建议应急处理人员戴自给式呼吸器,穿一般消防服</td></tr>
<tr><td>储运</td><td colspan="3">储存于阴凉、通风仓库内,室内温度小于 30 ℃;远离火种、热源,防日光直射;与氧化剂分开存放。储存间内的照明、通风等设施应采用防爆型。禁止用易产生火花的机械设备和工具;灌装时注意流速,且有接地装置</td></tr>
</table>

进行危险物品的危险、有害性识别与分析时,危险物品分为以下 9 类:

(1) 易燃、易爆物质:引燃、引爆后在短时间内释放出大量能量的物质由于具有迅速地释放能量的能力产生危害，或者是因其爆炸或燃烧而产生的物质造成危害（如有机溶剂）。

(2) 有害物质：人体通过皮肤接触或吸入、咽下后，对健康产生危害的物质。

(3) 刺激性物质：对皮肤及呼吸道有不良影响（如丙烯酸酯）的物质。有些人对刺激性物质反应强烈，且可引起过敏反应。

(4) 腐蚀性物质：用化学的方式伤害人身及材料的物质（如强酸、强碱）。

腐蚀性物质的危险有害性包括两个方面：一是对人的化学灼伤。腐蚀性物质作用于皮肤、眼睛或进入呼吸系统、食道而引起表皮组织破坏，甚至死亡；二是腐蚀性物质作用于物质表面如设备、管道、容器等而造成腐蚀、损坏。

腐蚀性物质可分为无机酸、有机酸、无机碱、有机碱、其他有机和无机腐蚀物质5类。腐蚀的种类则包括电化学腐蚀和化学腐蚀两大类。

腐蚀的危险与有害因素主要包括以下几类：

① 腐蚀造成管道、容器、设备、连接部件等损坏。轻则造成跑、冒、滴、漏，易燃易爆及毒性物质缓慢泄漏；重则由于设备强度降低发生裂破，造成易燃易爆及毒性物质大量泄漏，导致火灾爆炸或急性中毒事故的发生。

② 腐蚀使电气仪表受损，动作失灵，使绝缘损坏，造成短路，产生电火花导致事故发生。

③ 腐蚀性介质对厂房建筑、基础、构架等会造成损坏，严重时可发生厂房倒塌事故。

④ 当腐蚀发生在内部表面时，肉眼不能发现，会形成更大的隐患，如石油化工设备由于测厚漏项而造成设备或管道破裂导致火灾爆炸事故的发生。

(5) 毒性物质是指经吞食、吸入或与皮肤接触后可能造成死亡或严重受伤或损害人类健康的物质。

毒性物质危险有害因素的识别如下：

① 毒物是指以较小剂量作用于生物体能使生理功能或机体正常结构发生暂时性或永久性病理改变，甚至死亡的物质。毒性物质的毒性与物质的溶解度、挥发性和化学结构等有关。一般而言，溶解度越大其毒性越大，因其进入体内溶于体液、血液、淋巴液、脂肪及类脂质的数量多、浓度大，生化反应强烈所致；挥发性强的毒物，挥发到空气中的分子数多，浓度高，与身体表面接触或进入人体的毒物数量多，毒性大；物质分子结构与其毒性也存在一定关系，如脂肪族烃系列中碳原子数越多，毒性越大；含有不饱和键的化合物化学流行性（毒性）较大。

② 职业性接触毒物是指劳动者在职业活动中接触的以原料、成品、半成品、中间体、反应副产物和杂质等形式存在，并可经呼吸道、经皮肤或经口进入人体而对劳动者健康产生危害的物质。在《职业性接触毒物危害程度分级》(GBZ 230—2010)中，职业性接触毒物危害程度分级是以毒物的急性毒性、扩散性、蓄积性、致癌性、生殖毒性、致敏性、刺激与腐蚀性、实际危害后果与预后9项指标为基础的定级标准，分为：Ⅰ级——极度危害；Ⅱ级——高度危害；Ⅲ级——中度危害；Ⅳ级——轻度危害。

该分级标准是职业性接触毒物危害程度分级的技术依据，也是工作场所职业病危害分级、有毒作业分级和建设项目职业病危害分类管理的重要技术依据，适用于常见职业性接触毒物的分级；同时，该分级标准还是职业卫生监督管理部门实施职业卫生分类管理、职业卫生技术服务机构开展职业病危害评价的重要技术法规依据。

③ 国家安监总局会同国务院工业和信息化、公安、环境保护、卫生、质量监督检验检疫、

交通运输、铁路、民用航空、农业主管部门制定了《危险化学品目录(2015 版)》,于 2015 年 5 月 1 日起实施。其中剧毒化学品定义为具有剧烈急性毒性危害的化学品,包括人工合成的化学品及其混合物和天然毒素,还包括具有急性毒性易造成公共安全危害的化学品。剧烈急性毒性判定界限:急性毒性类别 1,即满足下列条件之一:大鼠实验,经口 $LD_{50} \leqslant 5$ mg/kg,经皮 $LD_{50} \leqslant 50$ mg/kg,吸入(4 h)$LC_{50} \leqslant 100$ mL/m^3(气体)或 0.5 mg/L(蒸气)或 0.05 mg/L(尘、雾)。经皮 LD_{50} 的实验数据,也可使用兔实验数据。《危险化学品目录(2015 版)》中共收录了 148 种剧毒化学品。

(6) 致癌、致突变及致畸物质:阻碍人体细胞的正常发育生长,致癌物造成或促使不良细胞(如癌细胞)的发育,造成非正常胎儿的生长,产生死婴或先天缺陷;致突物干扰细胞发育,造成后代的变化。

(7) 造成缺氧的物质:蒸气或其他气体,造成空气中氧气成分的减少或者阻碍人体有效地吸收氧气(如二氧化碳、一氧化碳及氰化氢)。

(8) 麻醉物质:如有机溶剂等,麻醉作用使脑功能下降。

(9) 氧化剂:在与其他物质,尤其是易燃物接触时导致放热反应的物质。

(10) 生产性粉尘

生产过程中,如果在粉尘作业环境中长时间工作吸入粉尘,就会引起肺部组织纤维化、硬化,丧失呼吸功能,导致尘肺病。尘肺病是无法治愈的职业病;粉尘还会引起刺激性疾病、急性中毒或癌症;爆炸性粉尘在空气中达到一定的浓度(爆炸下限浓度)时,遇火源会发生爆炸。

① 生产性粉尘主要产生在开采、破碎、粉碎、筛分、包装、配料、混合、搅拌、散粉装卸及输送除尘等生产过程。对其识别应该包括以下内容:

A. 根据工艺、设备、物料、操作条件,分析可能产生的粉尘种类和部位。

B. 用已经投产的同类生产厂、作业岗位的检测数据或模拟实验测试数据进行类比识别。

C. 分析粉尘产生的原因,粉尘扩散传播的途径,作业时间,粉尘特性来确定其危害方式和危害范围。

② 爆炸性粉尘的危险性主要表现为:

A. 与气体爆炸相比,其燃烧速度和爆炸压力均较低,但因其燃烧时间长、产生能量大,所以破坏力和损害程度大。

B. 爆炸时粒子一边燃烧一边飞散,可使可燃物局部严重炭化,造成人员严重烧伤。

C. 最初的局部爆炸发生之后,会扬起周围的粉尘,继而引起二次爆炸、三次爆炸,扩大伤害。

D. 与气体爆炸相比,易于造成不完全燃烧,从而使人发生一氧化碳中毒。

③ 爆炸性粉尘的识别包括:

A. 形成爆炸性粉尘的 4 个必要条件:粉尘的化学组成和性质;粉尘的粒度和粒度分布;粉尘的形状与表面状态;粉尘中的水分。

可据此来辨识是否为爆炸性粉尘。

注:固体可燃物及某些常态下不燃的物质如金属、矿物等经粉碎达到一定程度成为高度分散物系,具有极高的比表面自由焓,此时表现出不同于常态的化学活性。

B. 爆炸性粉尘爆炸的条件为：可燃性和微粉状态；在空气中（或助燃气体）搅拌，悬浮式流动；达到爆炸极限；存在点火源。

2）工业噪声与振动的危险、有害因素识别

噪声能引起职业性噪声聋或引起神经衰弱、心血管疾病及消化系统等疾病的高发，会使操作人员的失误率上升，严重的会导致事故发生。工业噪声可以分为机械噪声、空气动力性噪声和电磁噪声 3 类。

噪声危害的识别主要根据已掌握的机械设备或作业场所的噪声确定噪声源、声级和频率。

振动危害有全身振动和局部振动，可导致中枢神经、自主神经功能紊乱、血压升高，也会导致设备、部件的损坏。

振动危害的识别则应先找出产生振动的设备，然后根据国家标准，参照类比资料确定振动的危害程度。

3）温度与湿度的危险、有害因素识别

（1）温度、湿度的危险、危害

① 高温除能造成灼伤外，高温、高湿环境影响劳动者的体温调节，水盐代谢及循环系统、消化系统、泌尿系统等。当热调节发生障碍时，轻者影响劳动能力，重者可引起别的病变（如中暑）。水盐代谢的失衡可导致血液浓缩、尿液浓缩、尿量减少，这样就增加了心脏和肾脏的负担，严重时引起循环衰竭和热痉挛。在比较分析中发现，高温作业工人的高血压发病率较高，而且随着工龄的增加而增加。高温还可以抑制中枢神经系统，使工人在操作过程中注意力分散，肌肉工作能力降低，有导致工伤事故的危险。另外，低温可引起冻伤。

② 温度急剧变化时，因热胀冷缩，造成材料变形或热应力过大，会导致材料破坏，在低温下金属会发生晶型转变，甚至引起破裂而引发事故。

③ 高温、高湿环境会加速材料的腐蚀。

④ 高温环境可使火灾危险性增大。

（2）生产性热源

① 工业炉窑，如冶炼炉、焦炉、加热炉、锅炉等。

② 电热设备，如电阻炉、工频炉等。

③ 高温工件（如铸锻件）、高温液体（如导热油、热水）等。

④ 高温气体，如蒸汽、热风、热烟气等。

（3）温度、湿度危险、危害的识别方法

① 了解生产过程的热源、发热量、表面绝热层的有无，表面温度，与操作者的接触距离等情况。

② 是否采取了防灼伤、防暑、防冻措施，是否采取了空调措施。

③ 是否采取了通风（包括全面通风和局部通风）换气措施；是否有作业环境温度、湿度的自动调节、控制。

4）辐射的危险有害因素识别

随着科学技术的进步，在化学反应、金属加工、医疗设备、测量与控制等领域，接触和使用各种辐射能的场合越来越多，存在着一定的辐射危害。辐射主要分为电离辐射（如 α 粒子、β 粒子、γ 粒子和中子、χ 粒子）和非电离辐射（如紫外线、射频电磁波、微波等）两类。

电离辐射危害由 α,β,χ,γ 粒子和中子的极高剂量的放射性作用所造成。

非电离辐射(射频辐射)危害主要表现为射频致热效应和非致热效应两个方面。

3.4.5 与手工操作有关的危险、有害因素的辨识

在从事手工操作,搬、举、推、拉及运送重物时,有可能导致的伤害有:椎间盘损伤,韧带或筋损伤,肌肉损伤,神经损伤,疝气,挫伤、擦伤、割伤等。其危险有害因素识别分述如下:

(1) 远离身体躯干拿取或操纵重物。

(2) 超负荷的推、拉重物。

(3) 不良的身体运动或工作姿势,尤其是躯干扭转、弯曲、伸展取东西。

(4) 超负荷的负重运动,尤其是举起或搬下重物的距离过长,搬运重物的距离过长。

(5) 负荷有突然运动的风险。

(6) 手工操作的时间及频率不合理。

(7) 没有足够的休息及恢复体力的时间。

(8) 工作的节奏及速度安排不合理。

3.4.6 运输过程的危险、有害因素的辨识

原料、半成品及成品的储存和运输是企业生产不可缺少的环节,这些物质中,有不少是易燃、可燃等危险化学品,一旦发生事故,必然造成重大的经济损失。危险化学品在运输过程中多称为危险货物,根据《危险货物分类和品名编号》(GB 6944—2012)、《危险货物品名表》(GB 12268—2012)、《化学品分类和危险性公示 通则》(GB 13690—2009)等,分为 9 类。

第 1 类:爆炸品

第 1.1 项:有整体爆炸危险的物质和物品;

第 1.2 项:有迸射危险,但无整体爆炸危险的物质和物品;

第 1.3 项:有燃烧危险并有局部爆炸危险或局部迸射危险或这两种危险都有,但无整体爆炸危险的物质和物品;

第 1.4 项:不呈现重大危险的物质和物品;

第 1.5 项:有整体爆炸危险的非常不敏感物质;

第 1.6 项:无整体爆炸危险的极端不敏感物品。

第 2 类:气体

第 2.1 项:易燃气体;

第 2.2 项:非易燃无毒气体;

第 2.3 项:毒性气体。

第 3 类:易燃液体

第 4 类:易燃固体、易于自燃的物质、遇水放出易燃气体的物质

第 4.1 项:易燃固体;

第 4.2 项:易于自燃的物质;

第 4.3 项:遇水放出易燃气体的物质。

第 5 类:氧化性物质和有机过氧化物

第 5.1 项:氧化性物质;

第5.2项：有机过氧化物。

第6类：毒性物质和感染性物质

第6.1项：毒性物质；

第6.2项：感染性物质。

第7类：放射性物质

第8类：腐蚀性物质

第9类：杂项危险物质和物品

1）爆炸品储运危险因素识别

（1）爆炸品的危险特性

① 敏感易爆性：通常能引起爆炸品爆炸的外界作用有热、机械撞击、摩擦、冲击波、爆轰波、光、电等。某一爆炸品的起爆能越小，则敏感度越高，其危险性也就越大。

② 遇热危险性：爆炸品遇热达到一定的温度即自行着火爆炸。一般爆炸品的起爆温度较低，如雷汞为165 ℃、苦味酸为200 ℃。

③ 机械作用危险性：爆炸品受到撞击、振动、摩擦等机械作用时就会爆炸着火。

④ 静电火花危险：爆炸品是电的不良导体。在包装、运输过程中容易产生静电，一旦发生静电放电会引起爆炸。

⑤ 火灾危险：绝大多数爆炸都伴有燃烧。爆炸时可形成数千度的高温，会造成重大火灾。

⑥ 毒害性：绝大多数爆炸品爆炸时会产生CO，CO_2，NO，NO_2，HCN，N_2等有毒或窒息性气体，从而引起人体中毒、窒息。

（2）爆炸品储运危险因素识别

① 从单个仓库中最大允许储存量的要求进行识别。

② 从分类存放的要求方面去识别。

③ 从装卸作业是否具备安全条件的要求去识别。

④ 从铁路运输的安全要求是否具备进行识别。

⑤ 从公路运输的安全条件是否具备进行识别。

⑥ 从水上运输的安全条件是否具备进行识别。

⑦ 从爆炸品储运作业人员是否具备资质、知识进行识别。

2）易燃液体储运危险因素识别

根据易燃液体的储运特点和火灾危险性的大小，《建筑设计防火规范》（GB 50016—2014）将其分为甲、乙、丙3类：

甲类，闪点<28 ℃；乙类，28 ℃≤闪点<60 ℃；丙类，闪点≥60 ℃。

（1）易燃液体的危险特性

① 易燃性：闪点越低，越容易点燃，火灾危险性就越大。

② 易产生静电：易燃液体中多数都是电介质，电阻率高，易产生静电积聚，火灾危险性较大。

③ 流动扩散性。

（2）易燃液体储运危险因素识别

① 整装易燃液体的储存危险识别：

a. 从易燃液体的储存状况、技术条件方面去识别其危险性。

b. 从易燃液体储罐区、堆垛的防火要求方面去识别其危险性。

② 散装易燃液体储存危险识别：散装易燃液体储存危险的识别，宜从防泄漏、防流散，防静电、防雷击、防腐蚀、装卸操作、管理等方面识别其危险性。

③ 整装易燃液体运输危险识别：

a. 整装易燃液体运输危险的识别主要包括以下 4 类：装卸作业中的危险，公路运输中的危险，铁路运输中的危险，水路运输中的危险。

b. 整装易燃液体水路运输危险的识别主要应从装载量、配装位置、桶与桶之间、桶与舱板和舱壁之间的安全要求方面进行识别。

④ 散装易燃液体运输危险识别：

a. 公路运输防泄漏、防溅洒、防静电、防雷击、防交通事故及装卸操作等方面去识别。

b. 铁路运输的编组隔离、溜放连挂、运行中的急刹车、安全附件、装卸操作方面的危险识别。

c. 水路运输的危险识别。

d. 管道输送的危险识别。

3）易燃固体、易于自燃的物质、遇水放出易燃气体的物质储运危险识别

（1）易燃固体

易燃固体种类繁多、数量极大，分为容易燃烧或摩擦可能引燃或助燃的固体，可能发生强烈放热反应的自反应物质，不充分稀释可能发生爆炸的固态退敏爆炸品。

易燃固体的危险特性为：燃点低；与氧化剂作用易燃易爆；与强酸作用易燃易爆；受摩擦撞击易燃；本身或其燃烧产物有毒；阴燃性。

（2）易于自燃的物质

易于自燃的物质包括发火物质，自热物质。易于自燃的物质不需外界火源，会在常温空气中由物质自发的物理和化学作用放出热量，如果散热受到阻碍，就会蓄积而导致温度升高，达到自燃点而引起燃烧。其自行的放热方式有氧化热、分解热、水解热、聚合热、发酵热等。

（3）遇水放出易燃气体的物质

这类物质是指与水相互作用易变成自燃物质或能放出危险数量的易燃气体的物质。

遇水放出易燃气体的物质的危险特性为：

① 活泼金属及合金类、金属氢化物类、硼氢化物类、金属粉末类的物品遇湿反应剧烈放出 H_2 和大量热，致使 H_2 燃烧爆炸。

② 金属碳化物类、有机金属化合物类，如 K_4C，Na_4C，Ca_2C，Al_4C_3 等遇温会放出 C_2H_2，CH_4 等极易着火爆炸的物质。

③ 金属磷化物与水作用会生成易燃、易爆、有毒的 PH_3。

④ 金属硫化物遇湿会生成有毒的可燃的 H_2S 气体。

⑤ 生石灰、无水氯化铝、过氧化钠、苛性钠、发烟硫酸、氯磺酸、三氯化磷等遇水会放出大量热，会将邻近可燃物引燃。

4）毒性物质储运危险识别

(1) 毒性物质的分类

① 无机剧毒、有毒物品:氰及其化合物,如 KCN,NaCN 等;砷及其化合物,如 As_2O_3 等;硒及其化合物,如 SeO_2 等;汞、锑、铍、氟、铯、铅、钡、磷、碲及其化合物。

② 有机剧毒、有毒物品:卤代烃及其卤化物类,如氯乙醇、二氯甲烷等;有机金属化合物类,如二乙基汞、四乙基铅等;有机磷、硫、砷及腈、胺等化合物类,如对硫磷、丁腈等;某些芳香环、稠环及杂环化合物类,如硝基苯、糠醛等;天然有机毒品类,如鸦片、尼古丁等;其他有毒品,如硫酸二甲酯、正硅酸甲酯等。

(2) 毒性物质的危险特性

① 氧化性:在无机有毒物品中,汞和铅的氧化物大都具有氧化性,与还原性强的物质接触,易引起燃烧爆炸,并产生毒性极强的气体。

② 遇水、遇酸分解性:大多数毒害品遇酸或酸雾分解并放出有毒的气体,有的气体还具有易燃和自燃危险性,有的甚至遇水会发生爆炸。

③ 遇高热、明火、撞击会发生燃烧爆炸:芳香族的二硝基氯化物、萘酚、酚钠等化合物遇高热、撞击等都可能引起爆炸并分解出有毒气体,遇明火会发生燃烧爆炸。

④ 闪点低、易燃:目前,列入危险货物的毒性物质中,大多数具有火灾危险,其中还包括易燃液体,部分闪点极低。

⑤ 遇氧化剂发生燃烧爆炸:大多数有火灾危险的毒害品,遇氧化剂都能发生反应,此时遇火就会发生燃烧爆炸。

(3) 毒性物质的储存危险识别

① 储存技术条件方面的危险因素有:

a. 是否针对毒性物质具有的危险特性,如易燃性、腐蚀性、挥发性、遇湿反应性等采取相应的措施。

b. 是否采取分离储存、隔开储存和隔离储存的措施。

c. 毒性物质包装及封口方面的泄漏危险。

d. 储存温度、湿度方面的危险。

e. 操作人员作业中失误等危险因素。

f. 作业环境空气中毒性气体浓度方面的危险。

② 储存毒害物品库房的危险因素识别,有:

a. 防火间距方面的危险因素。

b. 耐火等级方面的危险因素。

c. 防爆措施方面的危险因素。

d. 潮湿的危险因素。

e. 腐蚀的危险因素。

f. 疏散的危险因素。

g. 占地面积与火灾危险等级要求方面的危险因素。

(4) 毒害品运输危险识别

① 毒性物质配装原则方面的危险因素。

② 毒性物质公路运输方面的危险因素。

③ 毒性物质铁路运输方面的危险因素:溜放的危险;连挂时的速度的危险;编组中的

危险。

④ 毒性物质水路运输方面的危险因素：装载位置方面的危险；容器封口的危险；易燃毒害品的火灾危险。

3.4.7 建筑和拆除过程的危险、有害因素的辨识

1）建筑过程的危险、有害因素识别

在建筑过程中的危险、有害因素集中于“四害”，即高处坠落、物体打击、机械伤害和触电伤害。建筑行业还存在职业卫生问题，首先是尘肺病，此外还有因寒冷、潮湿的工作环境导致的早衰、短寿，因过热气候，长期户外工作导致的皮肤癌，因重复的手工操作过多导致的外伤，以及因噪声造成的听力损失。

2）拆除过程的危险、有害因素识别

在拆除过程中的危险、有害因素是建筑物、构筑物过早倒塌以及从工作地点和进入通道上坠落，根本原因是工作不按严格、适用的计划和程序进行。

3.4.8 矿山作业的危险、有害因素的辨识

由于开采方式和开采矿石性质的不同，矿山作业的危害有很大差异。一般按开采方式和开采矿石性质的不同，将矿山分为 4 类：煤矿井、非煤矿井、露天煤矿和非煤露天矿。煤矿井的井下作业是最危险的作业之一，也是施工作业最复杂、危险因素最多的作业场所。

采矿业中事故的普遍性和严重性随矿物的性质和类型而异。采煤业死亡事故的发生率大大高于其他矿业，采煤业的伤害率也显著高于其他采矿业。在同一采矿业中，地下采矿的事故率比地面露天开采要高，地下开采的死亡和非死亡事故率一般比地面或露天开采高1～2 倍。

在矿山作业中，5 种最常见的危险、有害因素依次为材料搬运、人员滑跌或坠落、机械设备、拖曳和运输、坍塌和滑坡。这 5 种危险、有害因素占全部危险、有害因素的 80%，其余 20%的危险、有害因素主要是矿井火灾、瓦斯或粉尘爆炸、水危害、炸药和爆破事故、中毒和窒息等。

1）材料搬运

当工人在移动、提举、搬运、装载和存放材料、供应品、矿石或废料时发生的事故，主要是使用不安全的工作方法和判断失误引起的。对工人加强安全培训和教育，使用正确的提举、装载和搬运技术是防止这些作业事故的最有效方法。在地下矿井、地面矿场以及选矿厂中搬运事故是最容易发生的事故之一。

在矿山作业中，特别容易发生材料运输事故的作业有：井下的巷道支护及支护拆除作业；井下的工作面支护和支护拆除作业；材料、矿石的装卸作业；材料、矿石的运输作业；掘进作业；开采作业；狭窄空间的其他作业。

2）人员滑跌或坠落

人员滑跌或坠落也是采矿业中容易发生的事故之一。进行作业安全教育，检查作业场所的管理和防护措施等情况，是防止此类事故发生的重要手段。容易发生人员滑跌和坠落的场所主要有：露天矿山的台阶；立井或斜井的人行道；立井或斜井的平台；露天矿山的行人坡道；积水的采、掘工作面；倾角较大的采、掘工作面。

3）机械伤害

在操作机器、移动设备、用机械运输、在机械周围工作时发生的事故占伤残事故的第三位，这类事故既普遍又严重。随着采矿工业机械化程度的提高，特别是大型和重型机械进入采矿场所，机械对其操作和周围人员伤害的可能性在增大。因此，对工人进行细致的操作规程培训，使他们获得必要的能力和安全意识，自觉遵守作业操作规程，是非常必要的。同时，进行必要的技术检查和维护，以确保任何外露的转动部件都得到妥善的防护、机械的任何部分完好无缺陷，也是预防该类事故发生的必要手段。

4）拖曳伤害

在各类运输设备上都可能发生，如胶带输送机、链条输送机、轨道矿车、提升运输机、卡车和其他车辆等。对工人进行安全运输作业教育，以及对设备进行彻底的检查和维修是控制这类危险所必需的。

5）岩层坍塌

岩层坍塌包括：巷道的片帮和冒顶；露天工作面的片帮；矿井工作面的片帮和冒顶；露天的滑坡等。

片帮和冒顶是地下开采中最严重的事故，也是最普遍的事故之一。片帮和滑坡事故也发生在露天矿场和采石场。在选择井下峒室或巷道的顶板和测壁的支护材料时，必须使支护材料具有一定的强度并适应岩石的特性，才能达到控制岩石片帮、冒顶的作用。安全教育、技术检查和安全可靠的坑巷支护施工方法对减少这类事故都是十分重要的。

6）瓦斯和粉尘爆炸

在煤炭开采过程中，特别是在井下采煤过程中，易燃和爆炸性煤尘、瓦斯的危害始终存在。瓦斯或煤尘爆炸事故一旦发生，一般会造成灾难性的后果。因此，预防瓦斯和煤尘爆炸事故是十分重要的。

防止瓦斯和煤尘爆炸事故发生的根本措施是：防止瓦斯和煤尘在空气中的浓度达到爆炸极限浓度和严格控制引爆源。较容易发生瓦斯积聚的场所（地点）主要有：井下采煤工作面的上（下）隅角；高瓦斯煤层的煤巷掘进工作面；井下工作面的采空区；高瓦斯煤层工作面的垮落区；发生瓦斯突出后的瓦斯积聚区；井下独头掘进煤巷工作面；通风不良的井下其他场所；出现逆温气候条件时的深凹露天采煤工作面。

7）矿井水灾

水的涌入是井下作业区灾难性事故。加强井下的探水和堵水，小煤矿及废井的管理和控制，这些是控制这种事故的主要办法。

8）爆炸事故

每个矿山应以国家法规为根据，对炸药制的储存与使用订出妥善的安全规划，以及在有瓦斯或煤尘危险区域进行爆破时的预防措施。

在潮湿的或含有某种爆炸性气体的环境中使用的电气或电气设备是危险因素，电气设备和装置的设计须符合特殊的安全规定。

9）其他危险、有害因素

手工工具使用不当，物件或材料跌落，气焊和电弧焊或切割，酸性或碱性物质的灼伤，飞溅颗粒物等。

3.5 应用实践

3.5.1 危险、有害因素辨识要点

在安全评价中，使用较多是第一种方法，即参照事故类别进行分类，通过20类事故辨识危险因素；而有害因素则多使用第二种方法，即利用导致事故原因进行分类，如《生产过程危险和有害因素分类与代码》(GB/T 13861—2009)中的噪声危害、振动危害、电离辐射、非电离辐射、高温物质、低温物质等，有害因素也可采用第三种方法即参照职业病危害因素进行辨识。

3.5.2 危险、有害因素辨识示例

1）以危险化学品安全评价为例

其危险、有害因素辨识与分析首先是物质固有的危险、有害因素辨识与分析，这相当于确定第一类危险源，确定原料、中间产品、产品、副产品是否属于危险化学品，分析其危险化学品安全技术说明书，然后结合生产工艺过程和设备装置进一步辨识与分析危险、有害因素，最后辨识与分析环境(如高低温、噪声等微观作业环境，自然灾害等宏观作业环境)危险、有害因素。

2）以公路桥梁和隧道工程施工安全评价为例

我国交通运输部2011年发布的《公路桥梁和隧道工程施工安全风险评估指南(试行)》中，附录2给出公路桥梁工程主要施工作业活动与典型事故类型对照表，附录3给出公路隧道工程钻爆法施工作业活动与典型事故类型对照表，在进行公路桥梁和隧道工程施工安全评价时，可作为参考来辨识公路桥梁和隧道工程施工中的危险、有害因素。本书摘录了公路桥梁工程主要施工作业活动与典型事故类型对照表，见表3-5。

表3-5　　公路桥梁工程主要施工作业活动与典型事故类型对照表

事故类型 / 施工作业	坍塌	起重伤害	物体打击	高处坠落	机械伤害	触电	淹溺	车辆伤害	中毒窒息	容器爆炸
深基坑施工	○		○	○						
人工挖孔灌注桩	○		○	○					○	
水上机械钻孔灌注桩		○	○			○	○			○
沉井基础施工		○		○			○			
墩塔模板法施工	○	○	○	○						
模板、支架和拱架安装与拆除	○		○	○						
钢筋工程作业			○		○	○				○
砌体工程施工	○		○	○	○					
猫道施工			○	○	○					
满堂脚手架现浇法作业	○	○	○	○	○					

续表 3-5

事故类型 / 施工作业	坍塌	起重伤害	物体打击	高处坠落	机械伤害	触电	淹溺	车辆伤害	中毒窒息	容器爆炸
顶推法作业				○	○					
悬臂拼装法作业	○	○	○	○						
悬臂现浇法作业	○	○	○	○						
满堂拱架法作业	○		○	○						
劲性骨架法作业	○	○	○	○						
缆索吊装法作业	○		○	○						
转体安装作业	○				○					
架桥机安装作业	○			○						
浮吊安装作业		○	○	○						
模板、支架和拱架安装与拆除	○		○	○						
临时设施（塔吊、龙门架等）拆除	○		○	○						
防护栏、隔离墩施工				○	○	○				
桥面防水施工				○	○					
桥面与人行道铺装				○	○					

3）以建筑施工安全评价为例

（1）高处坠落

最易发生在建筑物的周边、各种孔洞，包括楼层周边、屋面周边、地方公共楼梯临边、消防预留洞、电缆预留洞口、电梯井口、风井临边、电梯门等处，另外，脚手架施工，施工电梯，货用升降机，施工塔吊在安装、拆除、使用过程，模板安装、拆除，施工吊装过程或其他作业也可能发生高处坠落。

（2）物体打击

施工现场过程中经常会有很多物体从上面落下，击中下面或旁边的作业人员即产生物体打击事故。凡在施工现场作业的人，都有被击中的可能，特别是在一个垂直平面下的上下交叉作业，最易发生物体打击事故。

（3）触电

触电事故主要是设备、机械、工具等漏电，电线老化破损，违章使用电气用具，对在施工现场周围的线路不采取保护措施等造成的。建筑施工工地条件比较恶劣，如风吹、雨淋、日晒、水溅等均是不利条件，加之工地上机动车辆的运行和机械设备的应用，极易发生对电气设备的撞击和振动，易导致电气故障的发生。工地的供电线路属临时线路，大部分为架空或明敷设线路，现场施工作业人员大多数属非电气人员，缺乏用电安全知识，在工作中往往受雨淋、水溅，使皮肤潮湿，导致阻抗下降，几个因素促使触电事故较易发生。

建筑工地一般不属于总等电位连接保护区，当实行由低压电网供电且又采用 TN-C 系统时，发生电击危险隐患更大。即使建筑工地实施了总等电位连接，当电气设备金属外壳发生故障带压时，人员触及设备外壳时极易发生电击事故。

(4) 机械伤害

主要是指垂直运输机械设备(如施工电梯、物料提升机等)、吊装设备(如塔吊等)、各类桩机、钢筋加工机械、拉直机、弯曲机、电焊机、搅拌机、各类气瓶及手持电动工具等在使用过程中，因缺少防护和保险装置对操作者造成的伤害。

(5) 坍塌

主要是指在土方施工时不按要求放坡或支护没有施工方案、支护不到位而造成土方坍塌，模板施工、脚手架施工、拆除工程、钢结构或构筑物施工也可能发生整体或部分坍塌。另外，在基础施工中，毗邻建筑无保护措施，会造成毗邻建筑坍塌事故。

(6) 火灾

主要是指火灾隐患，施工现场一旦发生火灾，不仅会烧毁未建成建筑物和其周围建筑物，而且会造成重大人员伤亡后果。

① 施工现场临时建筑物布局不合理：

a. 由于施工现场的局限性，办公室、员工休息室、宿舍、仓库等建筑物多为三、四级耐火等级的，相互毗邻或“一”字形排列，一旦失火，后果严重。

b. 易燃可燃材料多，建筑工地堆放的建筑材料存在大量易燃、可燃物质。如各种木料、油漆等。

c. 建筑工地现场的消防安全条件较差，没有配备必要的消防器材，随意堆放建筑材料，堵塞消防车道，甚至于在明火作业区堆放易燃可燃材料。

d. 部分建筑物未经消防部门审核，擅自施工，部分已通过消防审批，而施工单位按照建设单位意图擅自改变局部平面设计，还有一些单位装修时遮挡消防设施，减少安全出口、疏散出口和疏散走道设计净宽度和数量，从而留下先天性火灾隐患。

② 施工现场管理混乱。

a. 施工现场用电量大、电气线路敷设不规范。随着机械化水平的提高，施工现场机械化操作和用电量大幅度增加，违章安装电气设备、私拉乱接电气线路现象较为严重，也有直接将配电装置安装在可燃材料木制构件上。

b. 普遍存在违章使用明火的现象。施工期间，经常使用电焊、气焊和明火来熬制沥青，进行电焊、气焊的工作人员无证上岗，操作时不采取必要的安全措施，甚至在火灾危险场地没有事先办理动火审批手续，特别是一些改扩建以及建筑内部装饰装修工程，没有严格的消防安全管理，甚至边经营边施工，不计后果。

c. 施工单位忽略烟头等点火源管理。施工现场办公室、民工宿舍、建筑材料堆场可燃、易燃物较多，并且雇用临时工、外来人员吸烟的随意性强，一旦将烟头丢弃在火灾危险处，时间一长，极易造成火灾。

d. 忽视易燃易爆化学品的管理。施工单位经常使用氧气、乙炔等易燃气体，食堂临时采用液化石油气作为燃料，一旦使用方法不当，易造成易燃易爆化学品泄漏，遇明火，易造成群死群伤火灾事故。

(7) 粉尘

建筑施工现场主要存在含游离态的二氧化硅粉尘、水泥尘(硅酸盐)、木棉屑、电焊烟尘、金属粉尘等,受影响人群包括混凝土搅拌司机、水泥上料工、材料试验工、石工、风钻工、炮工、出渣工、电气焊工等。

(8) 毒物

施工过程中会涉及焊接和切割作业。焊接过程中可形成多种有毒有害气体,主要有臭氧、氮氧化物、一氧化碳、氟化氢等。这些有毒有害提起对呼吸道、肺组织有强烈的刺激、腐蚀作用,浓度高时会引起急性中毒,长期低浓度接触会引起慢性中毒。

(9) 噪声和振动

a. 建筑施工过程及构件加工过程中,存在多种无规则的音调及杂乱声音。建筑施工现场主要的噪声来源于搅拌机、空压机、电动机、钢筋加工机械、木工加工机械等,施工现场噪声通常会超过控制值 85 dB,达到 96~100 dB。

b. 建筑施工中可能产生振动影响的设备主要有:混凝土振动棒、凿岩机、风钻、打桩机、推土机、挖掘机等。振动的频率、加速度和振幅是造成人体局部振动和全身振动影响最重要的因素。

噪声与振动相结合作用于人体,造成损伤。

本章思考题

1. 什么是危险因素?什么是有害因素?对比二者有何异同?

2. 危险、有害因素分类的方法有哪些?

4 重大危险源的辨识

4.1 危险化学品重大危险源

我国重大危险源的辨识目前主要依据《危险化学品重大危险源辨识》(GB 18218—2018)。在该标准中,危险化学品重大危险源(major hazard installations for dangerous chemicals)是指长期地或临时地生产、储存、使用和经营危险化学品,且危险化学品的数量等于或超过临界量的单元。单元(unit)则是指涉及危险化学品的生产、储存装置、设施或场所,分为生产单元和储存单元。其中,生产单元(production unit)是指危险化学品的生产、加工及使用等的装置及设施,当装置及设施之间有切断阀时,以切断阀作为分隔界限划分为独立的单元;储存单元(storage unit)是用于储存危险化学品的储罐或仓库组成的相对独立的区域,储罐区以罐区防火堤为界限划分为独立的单元,仓库以独立库房(独立建筑物)为界限划分为独立的单元。

(1) 生产单元、储存单元内存在的危险化学品为单一品种时,则该危险化学品的数量即为单元内危险化学品的总量,若等于或超过相应的临界量,则定为重大危险源。

(2) 生产单元、储存单元内存在的危险化学品为多品种时,则按式(4-1)计算:

$$S=\frac{q_1}{Q_1}+\frac{q_2}{Q_2}+\cdots+\frac{q_n}{Q_n}\geqslant 1 \tag{4-1}$$

式中 S——辨识指标;

$q_1,q_2,\cdots,q_n$——每种危险化学品实际存在量,t;

$Q_1,Q_2,\cdots,Q_n$——与各危险化学品相对应的临界量,t。

若满足式(4-1),则定义为重大危险源。

依据 GB 18218—2018 辨识时应注意的事项如下:

(1) 辨识的统一性

为保证重大危险源辨识的统一性,危险化学品单位厂区内存在多个(套)危险化学品的生产装置、设施或场所并且相互之间的边缘距离小于 500 m 时,都应按一个单元来进行重大危险源辨识。

【例 4-1】 某化工厂有以下物质:生产厂房内有硝酸铵(含可燃物为 0.25%)1.5 t,硝酸铵(含可燃物为 0.05%)暂存于仓库 30 t,另露天堆放硝酸铵肥料 100 t,试问该化工厂是否构成重大危险源。

解 查 GB 18218—2018 中表 1,可知含可燃物为 0.25%硝酸铵、含可燃物为 0.05%硝酸铵、硝酸铵基化肥相对应的临界量分别为 5 t,50 t,200 t,综合考虑厂房、库房和露天堆场,计算如下:

$$1.5/5+30/50+100/200=0.3+0.6+0.5=1.4>1$$

故该化工厂构成重大危险源。

(2) 危险化学品辨识必须准确

同样的物质由于含量不同或性质变化可能存在不同的临界量，如例 4-1 中涉及的硝酸铵(含可燃物>0.2%)、硝酸铵(含可燃物≤0.2%)和硝酸铵基化肥属于不同的危险类别，因此有不同的临界量。

再如，氯化氢(无水)属于辨识范围内物质，而盐酸不属于。

(3) 辨识的完整性

辨识不仅是确认是否属于重大危险源，更主要是了解和掌握企业中高危险性的危险化学品种类、数量和分布情况。

(4) 临界量最小原则

一种危险化学品常具有多种危险性，按临界量小的确定 。

(5) 数量最大原则

危险化学品存量按数量最大的原则确定。

对于存放危险化学品的储罐，危险化学品存量是该危险化学品储罐最大容积所对应的危险化学品数量。

对于其他容器、设备或仓储间，危险化学品存量是容器、设备或仓储区存放危险化学品的实际最大存量与设计最大存量中的较大者。

(6) 混合物数量的确定

对于属于混合物(包括溶液)数量按其整体数量确定，不按混合物中纯物质的数量确定。但应特别注意如果由于混合物组分或溶液浓度变化，导致该混合物(包括溶液)的整体危险性(与纯物质相比)发生重大变化时，则应确定该混合物是否还属于 GB 18218—2018 表 1 或表 2 中辨识范围内的危险化学品。如果属于，则按标准规定确定临界量；如果已不属于，则该混合物的数量不予考虑。

如果混合物(包括溶液)中所有危险化学品的质量分数低于 1%，则该混合物数量不予考虑。

4.2 危险化学品重大危险源的分级

我国重大危险源的监督管理目前主要依据国家安全生产监督管理总局令第 40 号《危险化学品重大危险源监督管理暂行规定》。在该规定中，重大危险源根据其危险程度分为一级、二级、三级和四级，其中一级为最高级别。

(1) 分级指标

采用单元内各种危险化学品实际存在(在线)量与其在 GB 18218—2018 中规定的临界量比值，经校正系数校正后的比值之和 R 作为分级指标。

(2) R 的计算方法

$$R = \alpha\left(\beta_1 \frac{q_1}{Q_1} + \beta_2 \frac{q_2}{Q_2} + \cdots + \beta_n \frac{q_n}{Q_n}\right) \tag{4-2}$$

式中 $q_1, q_2, \cdots, q_n$——每种危险化学品实际存在(在线)量，t；

$Q_1, Q_2, \cdots, Q_n$——与各危险化学品相对应的临界量，t；

$\beta_1, \beta_2, \cdots, \beta_n$——与各危险化学品相对应的校正系数；

α——该危险化学品重大危险源厂区外暴露人员的校正系数。

(3) 校正系数 β 的取值

根据单元内危险化学品的类别不同，设定校正系数 β 值，见表 4-1 和表 4-2。

表 4-1　校正系数 β 取值表

危险化学品类别	毒性气体	爆炸品	易燃气体	其他类危险化学品
β	见表 4-2	2	1.5	1

注：危险化学品类别依据《危险货物品名表》中分类标准确定。

表 4-2　常见毒性气体校正系数 β 值取值表

毒性气体名称	一氧化碳	二氧化硫	氨	环氧乙烷	氯化氢	溴甲烷	氯
β	2	2	2	2	3	3	4
毒性气体名称	硫化氢	氟化氢	二氧化氮	氰化氢	碳酰氯	磷化氢	异氰酸甲酯
β	5	5	10	10	20	20	20

注：未在表 4-2 中列出的有毒气体可按 $\beta=2$ 取值，剧毒气体可按 $\beta=4$ 取值。

(4) 校正系数 α 的取值

根据重大危险源的厂区边界向外扩展 500 m 范围内常住人口数量，设定厂外暴露人员校正系数 α 值，见表 4-3。

表 4-3　校正系数 α 取值表

厂外可能暴露人员数量/人	α	厂外可能暴露人员数量/人	α
≥100	2.0	1～29	1.0
50～99	1.5	0	0.5
30～49	1.2		

(5) 分级标准

根据计算出来的 R 值，按表 4-4 确定危险化学品重大危险源的级别。

表 4-4　危险化学品重大危险源级别和 R 值的对应关系

危险化学品重大危险源级别	R 值	危险化学品重大危险源级别	R 值
一级	$R \geqslant 100$	三级	$50 > R \geqslant 10$
二级	$100 > R \geqslant 50$	四级	$R < 10$

4.3 应用实践

我国目前针对危险化学品重大危险源行政监管依据的主要是"一标一令"，即 GB 18218—2018 和《危险化学品重大危险源监督管理暂行规定》。另外，在危险化学品重大危险源安全监控上，还包括《危险化学品重大危险源安全监控通用技术规范》(AQ 3015—2010)、《危险化学品重大危险源 罐区现场安全监控装备设置规范》(AQ 3016—2010)等行业标准。

交通运输部令 2012 年第 9 号《港口危险货物安全管理规定》有涉及对储存剧毒化学品以及储存数量构成重大危险源的其他危险货物的作业管理要求，危险货物港口经营人应当根据有关规定，进行重大危险源辨识，确定重大危险源级别，实施分级管理，并登记建档。《港口危险货物重大危险源监督管理办法》(交水发〔2013〕274 号)则进一步规定港口危险货物重大危险源是指参照 GB 18218—2018 辨识确定，其附件"1、港口重大危险源分级方法，2、可容许风险值"同《危险化学品重大危险源监督管理暂行规定》中附件"1、危险化学品重大危险源分级方法，2、可容许风险标准"。

特别注意的是，〔2004〕56 号文《关于开展重大危险源监督管理工作的指导意见》与〔2005〕125 号文《关于规范重大危险源监督与管理工作的通知》已由国家安全生产监督管理总局宣布失效，不再作为行政管理的依据。

在非危险化学品领域内，尚无国家标准，仅有行业标准、地方标准，以及部分省、自治区、直辖市政府与安全生产监督管理部门等发布的规章，如国家能源局发布的《水电水利工程施工重大危险源辨识及评价导则》(DL/T 5274—2012)、河北省质量技术监督局发布的《煤矿矿井重大危险源辨识与分级》(DB13/T 2258—2015)、《金属非金属地下矿山重大危险源辨识与分级》(DB13/T 2259—2015)、《尾矿库重大危险源辨识与分级》(DB13/T 2260—2015)、《烟花爆竹、烟火药重大危险源辨识与分级》(DB13/T 2263—2015)以及《河北省重大危险源监督管理规定》(河北省人民政府令〔2009〕第 12 号)、《河北省重大危险源分级评定办法》(冀安监管应急〔2013〕93 号)等。

在非危险化学品领域内，还可使用重大生产安全事故隐患判定的概念来实施辨识，如《金属非金属矿山重大生产安全事故隐患判定标准(试行)》《烟花爆竹生产经营单位重大生产安全事故隐患判定标准(试行)》《煤矿重大生产安全事故隐患判定标准》《工贸行业重大生产安全事故隐患判定标准(2017 版)》等。重大生产安全事故隐患的判定、及时整改，可有效防范遏制重特大生产安全事故。

在安全评价中，首先判定是否构成重大危险源，后确定分级，可为重大生产安全事故隐患的判定提供参考，在《化工和危险化学品生产经营单位重大生产安全事故隐患判定标准(试行)》中明确规定，当构成一级、二级重大危险源的危险化学品罐区未实现紧急切断功能，涉及毒性气体、液化气体、剧毒液体的一级、二级重大危险源的危险化学品罐区未配备独立的安全仪表系统时，可判定为重大生产安全事故隐患。因此，可进一步延伸判定是否构成重大生产安全事故隐患，如果构成，则应督促生产经营单位及时消除重大生产安全事故隐患。

本章思考题

1. 什么是危险化学品重大危险源，如何实施分级？
2. 概述我国重大危险源监管现状。

5 评价单元划分与评价方法选择

5.1 评价单元

在危险、有害因素分析的基础上，根据评价目标和评价方法的需要，将系统分成有限个确定范围的单元进行评价，该范围称为评价单元。

作为评价对象的一个建设项目、装置（系统），一般是由相对独立、相互联系的若干部分（子系统、单元）组成，各部分的功能、含有的物质、存在的危险因素与有害因素、危险性与危害性、安全指标等均不尽相同，整体评价难以实现，可按一定原则将评价对象分成若干有限、确定范围的单元分别进行评价，再综合为整个系统的评价。

将系统划分为不同类型的评价单元进行评价，不仅可以简化评价工作、减少评价工作量、避免遗漏，而且由于能够得出各评价单元危险性（危害性）的比较概念，避免了以最危险单元的危险性（危害性）来表征整个系统的危险性（危害性）、夸大整个系统的危险性（危害性）的可能性，从而提高了评价的准确性，降低了采取对策措施的安全投资费用。

美国道化学公司《火灾、爆炸指数评价法》中指出："多数工厂是由多个单元组成，在计算该类工厂的火灾爆炸指数时，只选择那些对工艺有影响的单元进行评价，这些单元可称为评价单元"，其评价单元定义与上述概念实质上是一致的。

5.2 评价单元划分的原则与方法

划分评价单元是为评价目标和评价方法服务的，要便于评价工作的进行，有利于提高评价工作的准确性。评价单元一般以生产工艺、工艺装置、物料的特点和特征与危险、有害因素的类别、分布有机结合进行划分，还可以按评价的需要将一个评价单元再划分为若干子评价单元或更细致的单元。由于至今尚无一个明确通用的"规则"来规范单元的划分方法，因此会出现不同的评价人员对同一个评价对象划分出不同的评价单元的现象；同时，由于评价目标不同、各评价方法均有自身特点，只要达到评价的目的，评价单元划分并不要求绝对一致。

常用的评价单元划分原则和方法：

1）以危险、有害因素的类别为主划分评价单元

（1）综合评价单元

对工艺方案、总体布置及自然条件、社会环境对系统影响等综合方面危险、有害因素的分析和评价，宜将整个系统作为一个评价单元。

（2）将具有共性危险因素、有害因素的场所和装置划为一个单元

① 按危险因素类别各划为一个单元，再按工艺、物料、作业特点（即其潜在危险因素不

同)划分成子单元分别评价。例如:炼油厂可将火灾爆炸作为一个评价单元,按馏分、催化重整、催化裂化、加氢裂化等工艺装置和储罐区划分成子评价单元,再按工艺条件、物料的种类(性质)和数量更细分为若干评价单元。

② 将存在起重伤害、车辆伤害、高处坠落等危险因素的各码头装卸作业区作为一个评价单元;有毒危险品、散粮、矿砂等装卸作业区的毒物、粉尘危害部分则列入毒物、粉尘有害作业评价单元;燃油装卸作业区作为一个火灾爆炸评价单元,其车辆伤害部分则在通用码头装卸作业区评价单元中评价。

③ 进行安全评价时,宜按有害因素(有害作业)的类别划分评价单元。例如,将噪声、辐射、粉尘、毒物、高温、低温、体力劳动强度危害的场所各划为一个评价单元。

2) 以装置和物质特征划分评价单元

下列评价单元划分原则并不是孤立的,是有内在联系的,划分评价单元时应综合考虑各方面因素进行划分。

应用火灾爆炸指数法、单元危险性快速排序法等评价方法进行火灾爆炸危险性评价时,除按下列原则外还应依据评价方法的有关具体规定划分评价单元。

(1) 按装置工艺功能划分

例如:原料储存区域;反应区域;产品蒸馏区域;吸收或洗涤区域;中间产品储存区域;产品储存区域;运输装卸区域;催化剂处理区域;副产品处理区域;废液处理区域;通入装置区的主要配管桥区;其他(过滤、干燥、固体处理、气体压缩等)区域。

(2) 按布置的相对独立性划分

① 以安全距离、防火墙、防火堤、隔离带等与(其他)装置隔开的区域或装置部分可作为一个单元。

② 储存区域内通常以一个或共同防火堤(防火墙、防火建筑物)内的储罐、储存空间作为一个单元。

(3) 按工艺条件划分评价单元

按操作温度、压力范围的不同划分单元;按开车、加料、卸料、正常运转、检修等不同作业条件划分单元。

(4) 按储存、处理危险物品的潜在化学能、毒性和危险物品的数量划分评价单元。

① 一个储存区域内(如危险品库)储存不同危险物品,为了能够正确识别其相对危险性,可作不同单元处理。

② 为避免夸大评价单元的危险性,评价单元的可燃、易燃、易爆等危险物品最低限量为 2 270 kg 或 2.73 m^3,小规模实验工厂上述物质的最低限量为 454 kg 或 0.545 m^3。该限制为道化学公司《火灾、爆炸危险指数评价法》(第七版)的要求,其他评价方法如 ICI 蒙德火灾、爆炸危险指数计算法,没有此限制。

(5) 根据以往事故资料

将发生事故能导致停产、波及范围大、造成巨大损失和伤害的关键设备作为一个单元;将危险性大且资金密度大的区域作为一个单元;将危险性特别大的区域、装置作为一个单元;将具有类似危险性潜能的单元合并为一个大单元。

5.3 典型评价单元划分

(1) 安全验收评价单元划分

根据《安全验收评价导则》(AQ 8003—2007)第4条,安全验收评价主要从以下方面进行评价:评价对象前期(安全预评价、可行性研究报告、初步设计中安全卫生专篇等)对安全生产保障等内容的实施情况和相关对策措施建议的落实情况;评价对象的安全对策措施的具体设计、安装施工情况有效保障制度;评价对象的安全措施在试投产中的合理有效性和安全措施的实际运行情况;评价对象的安全管理制度和事故应急救援预案的建立与实际开展和演练有效性。第4.3条,评价单元可按以下内容划分:法律、法规等方面的符合性;设施、设备、装置及工艺方面的安全性;物料、产品安全性能;公用工程、辅助设施配套性周边环境适应性和应急救援有效性;人员管理和安全培训方面充分性等。

(2) 危险化学品建设项目设立安全评价单元划分

根据《危险化学品建设项目安全评价细则(试行)》第6.4.2.1条,根据建设项目的实际情况和安全评价的需要,可以将建设项目外部安全条件、总平面布置、主要装置(设施)、公用工程划分为评价单元。

(3) 危险化学品建设项目安全设施竣工验收安全评价单元划分

根据《危险化学品建设项目安全评价细则(试行)》第7.4.1条,评价单元划分同危险化学品建设项目设立安全评价单元划分。

(4) 城市轨道交通安全预评价单元划分

根据《城市轨道交通安全预评价细则》(AQ 8004—2007)有关内容,评价单元可划分为:城市轨道交通工程劳动安全初步评价单元,城市轨道交通工程安全检查表分析评价单元,城市轨道交通工程地下车站及区间火灾安全分析评价单元,以及城市轨道交通工程地下车站及区间围岩稳定性分析评价单元。

(5) 城市轨道交通安全验收评价单元划分

根据《城市轨道交通安全验收评价细则》(AQ 8005—2007)有关内容,评价单元可划分为:城市轨道交通各系统安全检查表评价单元,城市轨道交通工程常规防护设备设施评价单元,城市轨道交通工程防火防爆安全措施评价单元,城市轨道交通工程电气安全措施评价单元,城市轨道交通工程特种设备监督检验机理及强制检测设备检查评价单元,城市轨道交通工程试运行情况评价单元以及城市轨道交通安全运营管理评价单元。

(6) 金属非金属地下矿山建设项目安全预评价单元划分

根据《金属非金属地下矿山建设项目安全预评价报告编写提纲》第3条,评价单元一般划为:总平面布置、自然灾害、开拓、提升和运输、采掘、通风、供配电设施、防排水与防灭火、排土场(废石场)、安全避险"六大系统"、安全管理(改建或扩建工程)和重大危险源辨识等。

(7) 金属非金属地下矿山建设项目安全设施验收评价单元划分

根据《金属非金属地下矿山建设项目安全设施验收评价报告编写提纲》第3条,验收评价单元一般划为:安全设施"三同时"程序、矿床开采、提升运输系统、井下防治水与排水系统、通风系统、充填、供配电、井下供水和消防系统、安全避险"六大系统"、总平面布置、个人安全防护、安全标志、安全管理等单元。

5.4 评价方法选择

评价单元划分后，应认真分析评价单元的特点，根据要实现的安全评价目标，对每个评价单元选择合适的评价方法开展定性定量安全评价。

在安全评价中如果使用了不适用的安全评价方法，不仅浪费工作时间，影响评价工作正常开展，而且导致评价结果严重失真，使安全评价失败。因此，在安全评价中，合理选择安全评价方法是十分重要的。

5.4.1 安全评价方法的选择原则

选择安全评价方法应遵循充分性、适应性、系统性、针对性和合理性的原则。

(1) 充分性原则

充分性是指在选择安全评价方法之前，应该充分分析评价的系统，掌握足够多的安全评价方法，并充分了解各种安全评价方法的优缺点、适应条件和范围，同时为安全评价工作准备充分的资料。也就是说，在选择安全评价方法之前，应准备好充分的资料，供选择时参考和使用。

(2) 适应性原则

适应性是指选择的安全评价方法应该适应被评价的系统。被评价的系统可能是由多个子系统构成的复杂系统，评价的重点各子系统可能有所不同，各种安全评价方法都有其适应的条件和范围，应该根据系统和子系统、工艺的性质和状态，选择适应的安全评价方法。

(3) 系统性原则

系统性是指安全评价方法与被评价的系统所能提供安全评价初值和边值条件应形成一个和谐的整体。也就是说，安全评价方法获得的可信的安全评价结果，是必须建立真实、合理和系统的基础数据之上的，被评价的系统应该能够提供所需的系统化数据和资料。

(4) 针对性原则

针对性是指所选择的安全评价方法应该能够提供所需的结果。由于评价的目的不同，需要安全评价提供的结果可能是危险有害因素识别、事故发生的原因、事故发生概率、事故后果、系统的危险性等；另外，安全评价方法能够给出所要求的结果才能被选用。

(5) 合理性原则

在满足安全评价目的、能够提供所需的安全评价结果的前提下，应该选择计算过程最简单、所需基础数据最少和最容易获取的安全评价方法，使安全评价工作量和要获得的评价结果都合理，避免安全评价出现无用的工作和不必要的麻烦。

5.4.2 安全评价方法的选择过程

在选择安全评价方法时，首先应详细分析被评价的系统，明确通过安全评价要达到目标，即通过安全评价需要给出哪些安全评价结果；然后应收集尽量多的安全评价方法，将安全评价方法进行分类整理；明确被评价的系统能够提供的基础数据、工艺和其他资料；最后根据安全评价要达到的目标以及所需的基础数据、工艺和其他资料，选择适用的安全评价方法。

有一条典型的评价方法选择路径可供参考：首先对所有的评价单元使用安全检查表法；

然后针对其中涉及工艺(装置)单元采用预先危险分析法(PHA)或作业条件危险性评价法(LEC)等进行初步分析,分别确定危险等级,对于危险等级较高的工艺(装置)单元进一步选用其他评价方法,如针对化学危险有害因素可采用火灾爆炸指数法(DOW 法)、沸腾液体扩展为蒸气云爆炸(BLEVE)等进行定量风险评价。针对机械设备危险有害因素,可采用故障树分析法(FTA)、故障类型与影响分析(FMEA)等进行风险评价。

5.4.3 选择安全评价方法应注意的问题

选择安全评价方法时,应根据安全评价的特点、具体条件和需要,针对被评价系统的实际情况、特点和评价目标,经过认真地分析、比较。必要时,根据评价目标的要求选择几种安全评价方法进行安全评价,互相补充、分析综合和相互验证,以提高评价结果的可靠性。在选择安全评价方法时,应该特别注意以下几方面的问题。

(1) 充分考虑被评价的系统特点

根据被评价的系统规模、组成、复杂程度、工艺类型、工艺过程、工艺参数,以及原料、中间产品、产品、作业环境等情况的特点,选择安全评价方法。

随着被评价的系统规模、复杂程度的增大,有些评价方法的工作量、工作时间和费用相应地增大,甚至超过容许的条件。在这种情况下,有些评价方法即使很适合,也不能采用。

任何安全评价方法都有一定的适用范围和条件。如危险指数评价法一般都适用于化工类工艺过程(系统)的安全评价,故障类型和影响因素分析适用于机械、电气系统的安全评价,而故障树评价法适用于分析基本的事故致因因素等。

一般而言,对危险性较大的系统可采用系统的定性、定量安全评价方法,工作量也较大,如故障树、危险指数评价法、TNT 当量法等。反之,可采用经验的定量安全评价方法或直接引用分级(分类)标准进行评价,如安全检查表、直观经验法或直接引用高处坠落危险性分级标准等。

被评价系统若同时存在几类危险、有害因素,往往需要用几种安全评价方法分别进行评价。对于规模大、复杂、危险性高的系统,首先用简单的定性安全评价方法进行评价,然后再对重点部位(设备或设施)采用系统的定性或定量安全评价方法进行评价。

(2) 评价的具体目标和要求的最终结果

在安全评价中,由于评价目标不同,要求的评价最终结果是不同的,如查找引起事故的基本危险有害因素、由危险有害因素分析可能发生的事故、评价系统的事故发生可能性、评价系统的事故严重程度、评价系统的事故危险性、评价某危险有害因素对发生事故的影响程度等,因此需要根据被评价目标选择适用的安全评价方法。

(3) 评价资料的占有情况

如果被评价系统技术资料、数据齐全,可进行定性、定量评价并选择合适的定性、定量评价方法。反之,如果是一个正在设计的系统、缺乏足够的数据资料或工艺参数不全,则只能选择较简单的、需要数据较少的安全评价方法。

(4) 安全评价的人员

安全评价人员的知识、经验、习惯,对安全评价方法的选择是十分重要的。

一个企业进行安全评价的目的是为了提高全体员工的安全意识,树立“以人为本”的安全理念,全面提高企业的安全管理水平。安全评价需要全体员工的参与,使他们能够识别出与自己作业相关的危险有害因素,找出事故隐患。这时应采用较简单的安全评价方法,并且便于员工掌握和使用，同时还要能够提供危险性的分级，因此作业条件危险性分析方法或类似评价方法是适用的。

一个企业为了某项工作的需要，请专业的安全评价机构进行安全评价，参加安全评价的人员都是专业的安全评价人员，他们有丰富的安全评价工作积累，掌握很多安全评价方法，甚至有专用的安全评价软件。因此，可以使用定性、定量安全评价方法对评价的系统进行深入的分析和系统地安全评价。

5.5 应用实践

某压缩天然气(CNG，compressed natrual gas)储配站安全验收评价中，评价单元依据5.3节内容可整合划分为：

(1) 法律法规符合性单元。

(2) 装置、设备、设施及工艺单元。

(3) 公用工程及辅助设施单元。

(4) 安全生产管理及应急救援单元。

针对所有单元整体采用定性的评价方法—安全检查表法，其中装置、设备、设施及工艺单元危险性较高，继续采用故障树分析法和蒸气云爆炸模型的评价方法对危险、有害因素导致事故发生的可能性及其严重程度进行定量评价。

各单元划分及评价方法如表5-1所示。

表 5-1 评价单元及评价方法

序号	评价方法 评价单元	安全检查表	故障树分析法	蒸气云爆炸模型
1	法律法规符合性单元	√		
2	装置、设备、设施及工艺单元	√	√	√
3	公用工程及辅助设施单元	√		
4	安全生产管理及应急救援单元	√		

本章思考题

1. 安全验收评价对于单元划分有何要求？

2. 选择安全评价方法应注意的问题有哪些？

6 定性、定量安全评价

根据评价单元的特性，选择合理的评价方法，对评价对象发生事故的可能性及其严重程度进行定性、定量评价。

定性安全评价方法主要是根据经验和直观判断能力对生产系统的工艺、设备、设施、环境、人员和管理等方面的状况进行定性的分析。其特点是容易理解、便于掌握，评价过程简单，但定性安全评价方法往往依靠经验，带有一定的局限性，安全评价结果有时因参加评价人员的经验和经历等有相当的差异，同时由于安全评价结果不能给出量化的危险度，所以不同类型的对象之间安全评价结果缺乏可比性。

定量安全评价方法是运用基于大量的实验结果和广泛的事故资料统计分析获得的指标或规律（数学模型），对生产系统的工艺、设备、设施、环境、人员和管理等方面的状况进行定量的计算，安全评价的结果是一些定量的指标，如事故发生的概率、事故的伤害（或破坏）范围、定量的危险性、事故致因因素的关联度（或重要度）等。

按照安全评价给出的定量结果的类别不同，定量安全评价方法还可以分为概率风险评价法、伤害（或破坏）范围评价法和危险指数评价法。

（1）概率风险评价法

概率风险评价法是根据事故的基本致因因素的事故发生概率，应用数理统计中的概率分析方法，求取事故致因因素的关联度（或重要度）或整个评价系统的事故发生概率的安全评价方法。故障类型及影响分析、事故树分析、逻辑树分析、概率理论分析、马尔可夫模型分析、模糊矩阵法、统计图表分析法等都可以由基本致因因素的事故发生概率计算整个评价系统的事故发生概率。

概率风险评价法是建立在大量的实验数据和事故统计分析基础之上的，评价结果的可信程度较高；同时，由于能够直接给出系统的事故发生概率，因此便于各系统可能性大小的比较。特别是对于同一个系统，概率风险评价法可以给出发生不同事故的概率、不同事故致因因素的重要度，便于不同事故可能性和不同致因因素重要性的比较。但该类评价方法要求数据准确、充分，分析过程完整，判断和假设合理，特别是需要准确地给出基本致因因素的事故发生概率，显然这对一些复杂、存在不确定因素的系统是十分困难的。因此，该类评价方法不适应基本致因因素不确定或基本致因因素事故概率不能给出的系统。但是，随着计算机在安全评价中的应用，模糊数学理论、灰色系统理论和神经网络理论已经应用到安全评价之中，弥补了该类评价方法的一些不足，扩大了概率风险评价法的应用范围。

（2）伤害（或破坏）范围评价法

伤害（或破坏）范围评价法是根据事故的数学模型，应用计算数学方法，求取事故对人员的伤害范围或对物体的破坏范围的安全评价方法。液体泄漏模型、气体泄漏模型、气体绝热扩散模型、池火火焰与辐射强度评价模型、火球爆炸伤害模型、爆炸冲击波超压伤害模型、蒸气云爆炸超压破坏模型、毒物泄漏扩散模型和锅炉爆炸伤害 TNT 当量法都属于伤害（或破坏)范围评价法。

伤害(或破坏)范围评价法是应用数学模型进行计算,只要计算模型以及计算所需要的初始值和边界值选择合理,就可以获得可信的评价结果。评价结果是事故对人员的伤害范围或(和)对物体的破坏范围,评价结果直观、可靠,可用于危险性分区,同时还可以进一步计算伤害区域内的人员及其人员的伤害程度,以及破坏范围物体损坏程度和直接经济损失。但该类评价方法计算量比较大,一般需要使用计算机进行计算,特别是计算的初始值和边界值的选取往往比较困难,而且评价结果对评价模型、初始值和边界值的依赖性很大,评价模型、初始值和边界值选择稍有不当或偏差,评价结果就会出现较大的失真。因此,该类评价方法适用于系统的事故模型、初始值和边界值比较确定的安全评价。

(3) 危险指数评价法

危险指数评价法应用系统的事故危险指数模型,根据系统及其物质、设备(设施)和工艺的基本性质与状态,采用推算的办法,逐步给出事故的可能损失、引起事故发生或使事故扩大的设备、事故的危险性以及采取安全措施的有效性等安全评价方法。常用的危险指数评价法有:道化学公司火灾爆炸危险指数评价法,蒙德火灾爆炸毒性指数评价法,易燃、易爆、有毒重大危险源评价法。

在危险指数评价法中,由于指数的应用,使得诸如系统结构复杂、难以用概率计算事故可能性的问题通过划分评价单元的办法得到了解决。该方法将有机联系的复杂系统按照一定的原则划分为相对独立的若干个评价单元,针对评价单元逐步推算事故可能损失和事故危险性以及采取安全措施的有效性,再比较不同评价单元的评价结果,确定系统最危险的设备和条件。评价指数值同时含有事故发生可能性和事故后果两方面的因素,避免了事故概率和事故后果难以确定的缺点。该类评价方法的缺点是,采用的安全评价模型对系统安全保障设施(或设备、工艺)功能的重视不够,评价过程中的安全保障设施(或设备、工艺)的修正系数,一般只与设施(或设备、工艺)的设置条件和覆盖范围有关,而与设施(或设备、工艺)的功能多少、优劣等无关。特别是忽略了系统中的危险物质和安全保障设施(或设备、工艺)间的相互作用关系,而且给定各因素的修正系数后,这些修正系数只是简单地相加或相乘,忽略了各因素之间的重要度的不同。因此,只要系统中危险物质的种类和数量基本相同,系统工艺参数和空间分布基本相似,即使不同系统服务年限有很大不同而造成实际安全水平已经有了很大的差异,该类评价方法评价的结果基本相同,从而导致该类评价方法的灵活性和敏感性较差。

本章总结了共计 11 种在安全评价中常用的定性、定量评价方法,其中定量评价方法中的伤害(或破坏)范围评价法单列于第 7 章,供评价人员参考,当然也可选用本书以外的其他方法。

6.1　安全检查表分析法

安全检查表分析(safety checklist analysis,SCA)是将一系列分析项目列出检查表进行分析,以确定系统的状态,这些检查项目可以包括设备、设施、工艺、操作、管理等各个方面,通常用于检查各种规范和标准的执行情况。安全检查表可应用于项目的设计、施工、运行和报废的各个阶段,在安全评价中应用非常广泛,具体应用于安全评价时也有着自己的特点。

1）规定使用的安全检查表

部分具有行业特点的较为成熟的安全检查表已被编入现行规章或标准中，可以针对所评价的对象直接使用，并根据安全检查表的要求确定评价结果。

例如，在安监管管二字〔2003〕38 号《关于印发〈危险化学品经营单位安全评价导则（试行）〉的通知》中，应使用危险化学品经营单位安全评价现场检查表（表 6-1）对现场设施、装置、防护措施和管理措施进行评价。

表 6-1　　危险化学品经营单位安全评价现场检查表（摘录）

项目	检查内容	类别	检查记录	结论
安全管理制度	1. 有各级各类人员的安全管理责任制	A		
	2. 有健全的安全管理（包括教育培训、防火、动火、用火、检修、废弃物处理）制度，经营剧毒化学品的需有剧毒化学品的管理内容（包括剧毒物品的“双人双锁”制等）	A		
	3. 有完善的经营、销售（包括采购、出入库登记、验收、发放、出售等）管理制度，经营剧毒化学品的需有剧毒化学品的管理内容（包括销售剧毒化学品的登记和查验准购证等）	A		
	4. 建立安全检查（包括巡回检查、夜间和节假日值班）制度	B		
	5. 有符合国家标准《易燃易爆性商品储藏养护技术条件》（GB 17914—1999）、《腐蚀性商品储藏养护技术条件》（GB 17915—1999）、《毒害性商品储藏养护技术条件》（GB 17916—1999）的仓储物品储藏养护制度	B		
	6. 有各岗位（包括装卸、搬运、劳动保护用品的佩戴和防火花工具使用等）安全操作规程	A		
	7. 有事故应急救援措施；构成重大危险源的，建立事故应急救援预案，内容一般包括：应急处理组织与职责、事故类型和原因、事故防范措施、事故应急处理原则和程序、事故报警和报告、工程抢险和医疗救护、演练等	B		

注：类别栏标注“A”的，属否决项；类别栏标注“B”的，属非否决项。

评价结果应根据如下原则进行判定：

（1）根据现场实际确定的检查项目全部合格的，为符合安全要求。

（2）A 项中有一项不合格，视为不符合安全要求。

（3）B 项中有 5 项以上不合格的，视为不符合安全要求；B 项不合格的少于 5 项（含 5 项），但不超过实有 B 项总数的 20%，为基本符合安全要求。

（4）对 A、B 项中的不合格项，均应采取措施进行整改，整改后必须由评价机构认定，能基本达到安全要求的，也视为基本符合安全要求。

又如，苏安监〔2006〕62 号《关于下发〈加油站安全评价导则（试行）〉等五类安全评价导则的通知》中，根据《加油站安全评价导则（试行）》，应使用附录 A 中加油站安全评价现场检查表（表 6-2），且安全检查表的检查结果汇总至表 6-3 中。

表 6-2　　加油站安全评价现场检查表(摘录)

类别	项目	检 查 内 容	类别	检查记录	结论
安全管理	安全管理制度	1. 安全教育培训制度	A		
		2. 安全检查制度	A		
		3. 消防安全管理制度	A		
		4. 安全用电、用火管理制度	A		
		5. 电器、设备安全管理制度	A		
		6. 重大危险源管理制度	A		
		7. 事故应急救援预案	A		
		8. 值班制度	B		
		9. 水上加油船安全规定	B		
		10. 岸基加油站安全规定	B		
	安全生产责任制	1. 主要负责人安全生产职责	A		
		2. 安全管理人员安全生产职责	A		
		3. 计量员、加油员安全生产职责	B		
		4. 电工安全生产职责	B		
		5. 机修工安全生产职责	B		
	安全操作规程	1. 接卸油作业操作规程	A		
		2. 配、发电操作规程	A		
		3. 加油操作规程	A		
		4. 计量操作规程	A		
		5. 水上储运作业防火操作规程	A		
		6. 水上加油站收油规程	A		
	安全组织	1. 设立安全管理机构或配备专职安全管理人员	A		
		2. 建立应急救援组织，定期组织预案演练	B	已建立应急救援组织，无演练相关记录	不合格
	从业人员资格	1. 主要负责人安全资格证书	A		
		2. 安全管理人员执业资格证书	A		
		3. 特种作业人员操作资格证	A		
		4. 从业人员培训上岗证	B		

续表 6-2

类别	项目	检查内容	类别	检查记录	结论
总图布置	站址选择	1. 在城市建成区不应建一级加油站和一级加油加气合建站	A		
		2. 加油站的设置及等级,应符合《汽车加油加气站设计与施工规范》表3.0.3的规定	A		
		3. 加油站的油罐、加油机和通气管管口与站外建、构筑物的防火距离,不应小于《汽车加油加气站设计与施工规范》表4.0.4的规定	A		
		4. 按原《小型石油库及汽车加油站设计规范》(GB 50156—92)建设的加油站在改造时,若经增加油气回收系统,其油罐、加油机和通气管管口与站外建、构筑物的防火间距仍不能满足要求时,则加油站的汽油罐应加装阻隔防爆装置。阻隔防爆装置的选用和安装,应当符合《汽车加油(气)站、轻质燃油和液化石油气汽车罐车用阻隔防爆储罐技术要求》的规定	A		
		5. 加油站的站址选择,应符合城镇规划、环境保护和防火安全的要求	B		
	平面布置	1. 加油站的围墙设置应符合《汽车加油加气站设计与施工规范》中的规定: ① 加油站的工艺设施与站外建、构筑物之间的距离小于或等于25 m以及小于或等于表4.0.4至表4.0.7中的防火距离的1.5倍时,相邻一侧应设置高度不低于2.2 m的非燃烧实体围墙。 ② 加油站的工艺设施与站外建、构筑物之间的距离大于表4.0.4至表4.0.7中的防火距离的1.5倍,且大于25 m时,相邻一侧应设置隔离墙,隔离墙可为非实体围墙。 ③ 面向进、出口道路的一侧宜设置非实体围墙,或开敞	A		
		2. 车辆入口和出口应分开设置	A		
		3. 加油加气站内设施之间的防火距离,不应小于《汽车加油加气站设计与施工规范》表5.0.8规定	A		
		4. 加油加气站内不应建地下和半地下室	A		
		5. 站区内停车场和道路应符合下列规定: ① 单车道宽度不应小于3.5 m,双车道宽度不应小于6 m。 ② 站内的道路转弯半径按行驶车型确定,且不宜小于9 m;道路坡度不应大于6%,且宜坡向站外;在汽车槽车卸车停车位处,宜按平坡设计。 ③ 站内停车场和道路路面不应采用沥青路面	B		
		6. 加油岛及汽车加油场地宜设罩棚,罩棚应采用非燃烧材料制作,其有效高度不应小于4.5 m,罩棚边缘与加油机或加气机的平面距离不宜小于2 m	B		
		7. 加油岛的设计应符合下列规定: ① 加油岛应高出停车场的地坪0.15～0.2 m。 ② 加油岛的宽度不应小于1.2 m。 ③ 加油岛上的罩棚支柱距岛端部不应小于0.6 m	B		
		8. 加油加气站内可种植草坪、设置花坛,但不得种植油性植物	B		

续表 6-2

类别	项目	检 查 内 容	类别	检查记录	结论
总图布置	暖通建筑	1. 爆炸危险区域内的房间应采取通风措施，并应符合下列规定： ① 采用强制通风时，通风设备的通风能力在工艺设备工作期间应按每小时换气 15 次计算，在工艺设备非工作期间应按每小时换气 5 次计算。 ② 采用自然通风时，通风口总面积不应小于 300 cm^2/m^2（地面），通风口不应少于 2 个，且应靠近可燃气体积聚的部位设置	A		
		2. 加油站内的站房及其他附属建筑物的耐火等级不应低于二级。当罩棚顶棚的承重构件为钢结构时，其耐火极限可为 0.25 h，顶棚其他部分不得采用燃烧体建造。	A		
		3. 加油站内建筑物的门、窗应向外开。有爆炸危险的建筑物，应按现行国家标准《建筑设计防火规范》的有关规定，采取泄压措施	A		
		4. 爆炸危险区域内房间的地坪应采用不发火花地面；位于爆炸危险区域的操作井、排水井应采取防渗漏和防火花的措施	A		
		5. 站房可由办公室、值班室、营业室、控制室和小商品（限于食品、饮料、润滑油、汽车配件等）便利店等组成。不得在《汽车加油加气站设计与施工规范》规定的防火距离内设经营性的住宿、餐饮、娱乐和洗车等设施。燃煤锅炉房、燃煤厨房与站房合建时，应单独设对外出入口，与站房之间的隔墙应为防火墙	B		
		6. 设置在站房内的热水锅炉间，应符合下列要求： ① 锅炉间应设耐火极限不低于 3 h 的隔墙与其他房间隔开。 ② 锅炉间的门窗不宜直接朝向加油机、加气机，卸油点、卸气点及通气管管口、放散管管口。 ③ 锅炉宜选用额定供热量不大于 140 kW 的小型锅炉。 ④ 当采用燃煤锅炉时，宜选用具有除尘功能的自然通风型锅炉。锅炉烟囱出口应高出屋顶 2 m 及以上，且应采取防止火星外逸的有效措施。 ⑤ 当采用燃气热水器采暖时，热水器应设有排烟系统和熄火保护等安全装置	B		
		7. 加油站室内外采暖管道宜直埋敷设，当采用管沟敷设时，管沟应充沙填实，进出建筑物处采取隔断措施	B		
	消防设施及给排水	1. 灭火器材配置应符合下列规定： ① 每 2 台加油机设置不少于 2 只 4 kg 手提式干粉灭火器或 1 只 4 kg 手提式干粉灭火器和 1 只 6 L 泡沫灭火器。加油机不足 2 台按 2 台计算。 ② 地上储罐应设 35 kg 推车式干粉灭火器 2 个。当两种介质储罐之间的距离超过 15 m 时，应分别设置。 ③ 地下储罐应设 35 kg 推车式干粉灭火器 1 个。当两种介质储罐之间的距离超过 15 m 时，应分别设置。 ④ 泵、压缩机操作间（棚）应按建筑面积每 50 m^2 设 8 kg 手提式干粉灭火器 1 只，总数不应少于 2 只。 ⑤ 一、二级加油站应配置灭火毯 5 块，沙子 2 m^3；三级加油站应配置灭火毯 2 块，沙子 2 m^3。 ⑥ 其余建筑的灭火器材配置应符合现行国家标准《建筑灭火器配置设计规范》的规定	A		

续表 6-2

类别	项目	检查内容	类别	检查记录	结论
总图布置	消防设施及给排水	2. 加油站的排水应符合下列规定： ① 站内地面雨水可散流排出站外。当雨水有明沟排到站外时，在排出围墙之前，应设置水封装置。 ② 加油站或加油和加气合建站的排出建筑物或围墙的污水，在建筑物墙外或围墙内应分别设水封井。水封井的水封高度不应小于 0.25 m。水封井应设沉泥段，沉泥段高度不应小于 0.25 m。 ③ 清洗油罐的污水应集中收集处理，不应直接进入排水管道。 ④ 排出站外的污水应符合国家有关的污水排放标准。 ⑤ 加油站不应采用暗沟排水	B		
	安全标志	1. 安全标志(如禁火、禁烟；禁用移动通信工具等)	A		
		2. 交通标志(如进、出口及限速、限高、车道指示等)	A		

注：① 类别栏标注“A”的属否决项；类别栏标注“B”的属非否决项。

② 符合安全要求的条件是：根据现场实际确定的检查项目中，A 项全部符合，且 B 项中不符合项不超过 B 项实际检查项数的 10%(含 10%)。

③ 不符合安全要求的条件是：经整改后 A 项中有不符合，或者 B 项的不符合项超过 B 项实际检查项数的 10%。

表 6-3　　检查结果汇总表

类别 / 单元	A 项				B 项			
	总项	检查项	符合	不符合	总项	检查项	符合	不符合
安全管理								
总图布置								
工艺及设施								
电气装置								
加油卸油作业								
合　计								

2）推荐使用的安全检查表

在《危险化学品生产企业安全评价导则(试行)》中推荐使用的安全检查表格式见表 6-4，在其他安全评价中也可使用该安全检查表格式。

表 6-4　　安全检查表

序号	填写内容 / 检查项目	检查结果	依据	实际情况	备注
1	安全生产条件	是/否或有/无	国家有关规定和标准的具体条款	事实记录	说明
2					

3）应用实践

安全检查表的检查项目、依据的具体内容应由安全评价人员运用自己的经验，根据国家有关法律、法规、规章和标准自行编制。所编制的安全检查表应特别注意防止漏项或给出无法回答的问题。

开展安全评价时，依据自行编制的安全检查表逐项依法检查，简要记录说明实际情况，并做出每一项“是/否”的检查结果。对全部安全检查表的检查结果进行整合，按照不符合项的性质和数量得出评价结论。通常情况下，不符合项数量在全部检查项目中的比例应低于10％，此时可以判定符合安全运行条件。

对于安全检查表中的不合格项，均应提出相应的安全对策措施：当检查项目属于“必须”，“应”等强制性条款时，提出必须整改的安全对策措施，被评价单位应采取措施进行整改，整改后必须由评价机构认定；当检查项目属于“宜”等非强制性条款时，可提出持续改进的安全对策措施。

安全评价中的安全对策措施的提出主要来源于安全检查表的检查结果（不合格项），在安全评价中要特别重视安全检查表的应用，建议对所有评价单元均使用安全检查表实施安全评价。

6.2 预先危险性分析

6.2.1 概述

预先危险性分析（preliminary hazard analysis，PHA）又称初步危险分析，主要用于对危险物质和装置的主要工艺区域等进行分析。它常被用于评价项目、装置等开发初期阶段的物料、装置、工艺过程以及能量失控时可能出现的危险性类别、条件及可能造成的后果，作宏观的概略分析，其目的是辨识系统中潜在的危险有害因素，确定其危险等级，防止这些危险有害因素失控导致事故的发生。

6.2.2 方法基础

1）预先危险分析经过的步骤

（1）通过经验判断、技术诊断或其他方法调查确定危险源（危险因素存在于哪个子系统中），对所需分析系统的生产目的、物料、装置及设备、工艺过程、操作条件以及周围环境等进行充分详细的调查了解。

（2）根据过去的经验教训及同类行业生产中发生的事故（或灾害）情况，对系统的影响、损坏程度，类比判断所要分析的系统中可能出现的情况，查找能够造成系统故障、物质损失和人员伤害的危险性，分析事故（或灾害）的可能类型。

（3）对确定的危险源分类，制成预先危险性分析表。

（4）转化条件，即研究危险因素转变为危险状态的触发条件和危险状态转变为事故（或灾害）的必要条件，并进一步寻求对策措施，检验对策措施的有效性。

（5）已知各类危险性划分为4个等级（表6-5），据此进行危险性分级，排列出重点和轻、重、缓、急次序，以便处理。

（6）制定事故（或灾害）的预防性对策措施。

表 6-5　　危险性等级划分表

级别	危险程度	可能导致的后果
Ⅰ	安全的	不会造成人员伤亡及系统损坏
Ⅱ	临界的	处于事故的边缘状态，暂时还不至于造成人员伤亡、系统损坏或降低系统性能，但应予以排除或采取控制措施
Ⅲ	危险的	会造成人员伤亡和系统损坏，要立即采取防范对策措施
Ⅳ	灾难性的	造成人员重大伤亡及系统严重破坏的灾难性事故，必须予以果断排除并进行重点防范

2）预先危险分析应用要点

（1）应考虑工艺特点，列出其危险性和危险状态

包括：原料、中间和最终产品，及它们的反应活性，操作环境，装置设备，设备布置，操作活动（测试、维修等），系统之间的连接，各单元之间的联系以及防火及安全设备。

（2）评价组在完成预先危险分析过程中应考虑的因素

① 危险设备和物料，如燃料、高反应活性物质、有毒物质、爆炸、高压系统、其他储运系统；

② 设备与物料之间与安全有关的隔离装置，如物料的相互作用、火灾、爆炸的产生和发展、控制、停车系统。

③ 影响设备和物料的环境因素，如地震、振动、洪水、极端环境温度、静电、放电、湿度。

④ 操作、测试、维修及紧急处置规程，如人为失误的重要性、操作人员的作用、设备布置、可接近性，人员的安全保护。

⑤ 辅助设施，如储槽、测试设备、公用工程。

⑥ 与安全有关的设备，如调节系统、备用、灭火及人员保护设备。

（3）获取装置设计标准、设备说明、材料说明及其他资料

预先危险分析需要分析组收集装置或系统的有用资料以及其他可靠的资料。危险分析组应尽可能从不同渠道汲取相关经验，包括相似设备的危险性分析、相似设备的操作经验等。由于预先危险分析主要是项目发展的初期（概念设计阶段）识别危险，装置的资料是有限的。然而，为了让预先危险分析达到预期的目的，分析人员必须至少写出工艺过程的概念设计说明书。因此，必须知道过程所包含的主要化学物品、反应、工艺参数，以及主要设备的类型（如容器、反应器、换热器等）。此外，装置需要完成的基本操作和操作目标的说明，有助于确定设备的危险类型和操作环境。

（4）应用实践

预先危险分析特别适用于安全预评价，在安全验收评价和安全现状评价中也可应用。在安全评价中可以首先对所有工艺单元（装置）进行初步的预先危险性分析，分别确定危险等级，对于危险等级为Ⅲ（危险的）、Ⅳ（灾难性的）的工艺单元（装置）可选择其他评价方法继续进行风险评价。

6.2.3　示例

针对某乙烯厂环氧乙烷/乙二醇（EO/EG）装置进行预先危险分析，结果见表 6-6。

表 6-6　　EO/EG 装置生产阶段预先危险分析表

系统:EO/EG 装置 编号:1			名称:预先危险分析表				制表者: 制表单位:
潜在事故	危险因素	触发事件（1）	发生条件	触发事件（2）	事故后果	危险等级	防范措施
火灾、爆炸	环氧乙烷、乙二醇、乙烯、甲烷等易燃易爆气体或液体	1. 设备故障泄漏： ① 氧气混合器破裂； ② 氧化反应器破裂； ③ 乙二醇反应器破裂； ④ 储槽、容器破裂； ⑤ 储罐超量溢出； ⑥ EO 精制塔及洗涤塔、汽提塔等塔类破裂； ⑦ 换热器破裂； ⑧ EO 球罐破裂。 2. 阀门管线泄漏： ① 阀门破裂； ② 管线破裂； ③ 设备与管线连接处泄漏； ④ 阀门与管线连接处泄漏； 3. EO 灌装站泄漏： ① EO 槽车破裂； ② EO 槽车超装； ③ 灌装阀门失控，阀门关不及时或关不严； ④ 灌装接头处泄漏。 4. 泵、压缩机泄漏： ① 泵、压缩机破裂； ② 泵、压缩机动密封处泄漏； ③ 泵、压缩机与管线连接处泄漏	点火源、气体或可燃蒸气浓度达爆炸极限	1. 明火源： ① 点火吸烟； ② 加热炉、火炬明火； ③ 焊接或维修设备，时违章动火； ④ 外来人员带入火种； ⑤ 其他火源。 2. 火花： ① 穿带钉子皮鞋； ② 用钢制工具敲打设备、管线产生撞击火花； ③ 电器火花； ④ 静电放电； ⑤ 雷击； ⑥ 车辆未戴防火罩，启动时排烟带出火花。 3. 高热	设备损坏、人员伤亡、停产、造成严重经济损失	Ⅳ	1. 控制与消除火源： ① 厂区内严禁吸烟，禁止携带火种，穿带有钉子皮鞋进入易燃易爆区域； ② 动火必须按动火审批手续进行，并采取严格的防范措施； ③ 使用防爆型电器，手电应防爆，进入罐内使用的照明应用安全电压和防爆灯； ④ 应用青铜或镀铜工具，用钢制工具时，严禁敲打、撞击或抛掷； ⑤ 按规定要求进行防静电和安装避雷针； ⑥ 进入生产区的机动车辆必须佩戴防火罩。 2. 加强管理，严格工艺纪律： ① 在厂区范围内，建立禁火区，按照“170 公约”和《危险化学品安全管理条例》，在厂区加 贴作业场所危险化学品安全标签； ② 制定规章制度和安全操作规程，严守工艺纪律，防止储罐、槽车超装； ③ 严格控制设备质量，加强设备维护保养； ④ 坚持巡回检查，发现问题及时处理； ⑤ 在罐内检修，必须将该罐与其他设备隔离，清洗置换干净，分析合格后才能动火，检修时须有人现场监护，并保证通风良好。 3. 配齐安全设施： ① 储罐安装阻火器； ② 储罐安装高液位报警器； ③ 生产区及罐区安装可燃气体浓度测试报警仪

续表 6-6

系统:EO/EG 装置 编号:1			名称:预先危险分析表				制表者: 制表单位:
潜在事故	危险因素	触发事件(1)	发生条件	触发事件(2)	事故后果	危险等级	防范措施
中毒	环氧乙烷、乙二醇等毒物	环氧乙烷、乙二醇等有毒物料泄漏,原因同上	个体防护缺乏或失效	1. 未戴防毒面具: ① 防毒面具缺乏; ② 取用不方便; ③ 因故未戴。 2. 防毒面具失效: ① 面具破损、失效; ② 面具选型不对; ③ 使用不当	导致人员急性中毒	Ⅲ	1. 生产区及罐区适当位置安装有毒气体浓度测试报警仪 2. 检修、故障泄漏或处理异常时,操作人员应佩戴防毒面具
高温灼伤	高温物料	1. 生产中高温物料故障喷出: ① 氧化反应器等高温设备泄漏; ② 高温管线泄漏; ③ 高温阀门泄漏; ④ 高温设备与管线连接处泄漏; ⑤ 高温物料阀门与管线连接处泄漏。 2. 检修中高温物料故障喷出: ① 从阀门喷出; ② 从管线法兰喷出; ③ 从其他部位喷出	人在蒸汽喷射范围内个体防护失效	1. 未戴防护面具: ① 防护面具缺乏; ② 取用不方便; ③ 因故未戴。 2. 防护面具失效: ① 面具破损; ② 面具选型不对; ③ 使用不当。检修高温设备时,未将设备、管线内物料排空完;未关闭物料阀门;未对物料管线加堵盲板	人员灼伤、甚至死亡	Ⅲ	1. 处理高温物料泄漏故障时,建议作业人员佩戴面罩的摩托车头盔或其他合适的防护面具,穿合适的工作服; 2. 严格控制设备质量,加强设备维护保养; 3. 坚持巡回检查,发现问题及时处理; 4. 检修高温设备时,应将设备、管线内物料排空完,应关闭阀门,并对管线加堵盲板
噪声振动(泵等的噪声)	作业人员在泵等噪声强度过大的场所作业	个体防护用品(如护耳器)缺乏或失效	个体防护用品(如护耳器)缺乏或失效	1. 装置未设置减振、降噪措施。 2. 未戴个体护耳器: ① 无个体护耳器; ② 嫌麻烦不用护耳器; ③ 因故未戴。 3. 护耳器无效: ① 护耳器失效; ② 选型不当; ③ 使用不当	听力损伤	Ⅱ	1. 采取隔声、吸声、消声等降噪措施; 2. 设置减振、阻尼等装置; 3. 佩戴适宜的护耳器; 4. 尽量减少在噪声处不必要的停留时间

分析可知，本装置存在着火灾、爆炸、中毒、高温灼伤的危险、有害因素，主要危险为火灾、爆炸，其危险等级为Ⅳ级(破坏性的)。引发火灾爆炸的主要因素是环氧乙烷、乙二醇等物料故障泄漏。

6.3 作业条件危险性评价法及其改进

美国的格雷厄姆(K. J. Graham)和金尼(K. F. Kinney)研究了人们在具有潜在危险环境中作业的危险性，提出了以所评价的环境与某些作为参考环境的对比为基础的作业条件危险性评价法。该方法认为，影响危险性(danger)的主要因素有3个，分别是：事故发生的可能性 L(likelihood)、人员暴露于危险环境中的频繁程度 E(exposure)和一旦发生事故可能造成的后果 C(consequence)，该方法可简称为LEC评价法，其中，L，E，C 的取值分别见表6-7至表6-9。

表6-7　事故发生的可能性

分值	事故发生的可能性 L	分值	事故发生的可能性 L
10	完全可以预料	0.5	很不可能，可以设想
6	相当可能	0.2	极不可能
3	可能，但不经常	0.1	实际不可能
1	可能性小，完全意外		

表6-8　暴露于危险环境的频繁程度

分值	暴露于危险环境的频繁程度 E	分值	暴露于危险环境的频繁程度 E
10	连续暴露	2	每月一次暴露
6	每天工作时间内暴露	1	每年几次暴露
3	每周一次或偶然暴露	0.5	非常罕见暴露

表6-9　发生事故产生的后果C

分值	发生事故产生的后果 C	分值	发生事故产生的后果 C
100	10人以上死亡	7	严重
40	3～9人死亡	3	重大，伤残
15	1～2人死亡	1	引人注意

确定了上述分值后，按照 $D=L\times E\times C$ 进行计算，即可取得危险性 D 分值，据表6-10进行危险程度评定，并采取相应的整改措施。

表 6-10　　危险性

级别	D	危险程度	级别	D	危险程度
一级	>320	极其危险，不能继续作业	四级	20～70	一般危险，需要注意
二级	160～320	高度危险，要立即整改	五级	<20	稍有危险，可以接受
三级	70～160	显著危险，需要整改			

在安全评价中可以首先对所有具有潜在危险的作业环境进行初步 LEC 分析，分别确定危险等级，可选择大于 160（一、二级）的作业环境继续采用其他评价方法进行风险评价。

MES 评价法是对 LEC 评价法的改进，表示人员伤亡情况、财产设备损失情况、职业病情况以及环境影响程度，其中，M、E、S 的取值分别见表 6-11、表 6-8、表 6-12。

表 6-11　　控制措施的状态

M	无控制措施	有减轻后果的应急措施	有预防措施
分值	5	3	1

表 6-12　　事故后果的严重程度 S

分值	人员伤害情况	职业病情况	财产、设备损失情况	环境影响程度
10	有多人死亡		>1 亿元	有重大影响
8	有 1 人死亡	职业病（多人）	1 000 万～1 亿元	有中等影响
4	永久性伤害	职业病（1 人）	100 万～1 000 万元	有较轻影响
2	需医院治疗、缺工	职业性多发病	10 万～100 万元	有局部影响
1	轻微，仅需治疗	职业因素引起的身体不适	<10 万元	无影响

确定了上述分值后，按照 $R=M\times E\times S$ 进行计算，即可取得生产作业条件的风险值，据表 6-13 进行危险程度评定，采取相应的整改措施。

MES 的适用范围很广，不受专业的限制。

表 6-13　　危险等级划分

分值	单纯财产损失事故危险程度	级别	分值	单纯财产损失事故危险程度	级别
>180	30～50	一级	20～48	4～6	四级
90～150	20～24	二级	<18	<3	五级
50～80	8～12	三级			

另外，还有 MLS 评价法，该法是对 MES 评价法、LEC 评价法的进一步改进，但是由于应用尚不广泛，此处不做阐述。

6.4 危险与可操作性分析

6.4.1 概述

危险与可操作性分析(hazard and operability studies,HAZOP)是采用结构化和系统化方式分析给定的系统。

1) 目的

(1) 识别系统中潜在的危险,这些危险既包括与系统临近区域密切相关的危险,也包括一些影响范围更广的危险,如某些环境危害。

(2) 识别系统中潜在的可操作性问题,尤其是识别可能导致各种事故的生产操作失误与设备故障。

2) 作用

通过结构化和系统化的方式识别潜在的危险与可操作性问题,分析结果有助于确定合适的补救措施。

3) 分析的特点

由各专业技术人员组成分析小组,以分析会议的形式进行。会议期间,在分析小组组长的引导下,使用一套核心引导词,对系统的设计进行全面、系统的检查,识别对系统设计意图的偏差。该技术旨在利用系统的方法激发参与者的想象力,识别系统中潜在的危险与可操作性问题。该方法应视为一种基于经验的方法,用于完善设计,而不是要取代其他的经验方法(如标准规范)。

6.4.2 方法基础

HAZOP分析的基础是“引导词检查”,它是对潜在的系统与设计目的偏差开展缜密查找、分析其可能的原因并评估相应的后果。

1) 引导词

引导词(guide word)是一种特定的用于描述对要素设计目的(意图)偏离的词或短语。

基本引导词及其含义见表6-14。

表6-14　基本引导词及其含义

引导词	含义	引导词	含义
无,空白(NO或者NOT)	设计目的的完全否定	多,过量(MORE)	量的增加
少,减量(LESS)	量的减少	伴随(AS WELL AS)	性质的变化/增加
部分(PART OF)	性质的变化/减少	相反(REVERSE)	设计目的的逻辑取反
异常(OTHER THAN)	完全替代		

与时间和先后顺序(或序列)相关的引导词及其含义见表6-15。

表 6-15　　与时间和先后顺序(或序列)相关的引导词及其含义

引导词	含义	引导词	含义
早(EARLY)	相对于给定时间早	先(BEFORE)	相对于顺序或序列提前
晚(LATE)	相对于给定时间晚	后(AFTER)	相对于顺序或序列延后

上述引导词有多种解释。除上述引导词外,还可能有对辨识偏差更有利的其他引导词,这类引导词如果在分析开始前已经进行了定义,就可以使用。

2) 要素

要素(element)是系统一个部分的构成因素,用于识别该部分的基本特性。要素的选择取决于具体的应用,包括所涉及的物料、正在开展的活动、所使用的设备等。物料应取其广义,包括数据、软件等。

为便于分析,可将系统分成多个部分,并充分明确各部分的设计目的。所选部分的大小取决于系统的复杂性和危险的严重程度。为加快分析进程,复杂或高危险系统可分成较小的部分,简单或低危险系统可分成较大的部分。系统特定部分的设计目的可通过各种要素来表示,要素既代表了该部分的自然划分,也体现了该部分的基本特性。分析要素的选择在某种程度上是一种主观决定,为达到分析目的,可根据不同的应用目的选择不同的要素。要素可能是工艺程序中不连续的步骤或阶段,或是控制系统中的单独信号和设备元件,或是工艺过程或电子系统中的设备或零部件等。

有些情况下,可以用如下方式表示系统某一部分的功能:

(1) 物料的输入。

(2) 物料的处理。

(3) 产物的输出。

因此,设计目的将包含以下要素:物料、生产活动以及可视为该部分要素的输入原料和输出产品。

要素常通过定量或定性的特性做更明确的定义。例如,在化工系统中,"物料"要素可以进一步通过温度、压力和成分等特性定义。对于"运输活动"要素,可通过行驶速率或乘客数量等特性定义。对基于计算机的系统,信息(不是物料)可作为各部分的要素。通常的 HAZOP 分析要素见表 6-16。

表 6-16　　通常的 HAZOP 分析要素

流量	时间	次数	混合
压力	组分	黏度	副产(副反应)
温度	pH 值	电压	分离
液位	速率	数据	反应

3) 偏差

偏差(deviation)是设计目的的偏离。

不同类型的偏差和引导词及其示例见表 6-17。

表 6-17 偏差及其相关引导词的示例

偏离类型	引导词	过程工业实例	可编程电子系统实例(PES)
否定	无,空白(NO)	没有达到任何目的,如无流量	无数据或控制信号通过
量的改变	多,过量(MORE)	量的增多,如温度高	数据传输比期望的快
	少,减量(LESS)	量的减少,如温度低	数据传输比期望的慢
性质的改变	伴随(AS WELL AS)	出现杂质,同时执行了其他的操作或步骤	出现一些附加或虚假信号
性质的改变	部分(PART OF)	只达到一部分目的,如:只输送了部分流体	数据或控制信号不完整
替换	相反(REVERSE)	管道中的物料反向流动以及化学逆反应	通常不相关
	异常(OTHER THAN)	最初目的没有实现,出现了完全不同的结果,如输送了错误物料	数据或控制信号不正确
时间	早(EARLY)	某事件的发生较给定时间早,如冷却或过滤	信号与给定时间相比来得太早
	晚(LATE)	某事件的发生较给定时间晚,如冷却或过滤	信号与给定时间相比来得太晚
顺序或序列	先(BEFORE)	某事件在序列中过早的发生,如混合或加热	信号在序列中比期望来得早
	后(LATE)	某事件在序列中过晚的发生,如混合或加热	信号在序列中比期望来得晚

针对系统所提出的引导词应进行验证并确认其适宜性,仔细考虑引导词的选择。如果引导词太具体,可能会影响审查思路或讨论;如果引导词太笼统,可能又无法有效地集中到HAZOP分析中。

引导词/要素组合在不同系统的分析中、在系统生命周期的不同阶段以及当用于不同的设计描述时可能会有不同的解释。有些组合在既定系统的分析中可能没有意义,应不予考虑,同时应明确并记录所有引导词一要素/特性组合的解释。如果某组合在设计中有多种解释,应列出所有解释。另一方面,有时会出现不同的组合具有相同的解释,应进行适当的相互参考。

引导词/要素的组合可视为一个矩阵。其中,引导词定义为行,要素定义为列,所形成的矩阵中每个单元都是特定引导词/要素的组合。为全面进行危险识别,要素及关联特性应涵盖设计目的的所有相关方面,引导词应能引导出所有偏差。并非所有组合都会给出有意义的偏差,故考虑所有引导词/要素的组合时,矩阵可能会出现空格。矩阵中各单元的分析顺序有两种:一种是逐列,也就是要素优先;一种是逐行,也就是引导词优先。原则上,两种分析的结果应相同。

4) HAZOP 分析程序

HAZOP 分析包括 4 个基本步骤,见图 6-1。

其中在分析步骤中,按照 HAZOP 分析计划,组织分析会议,在分析组长领导下组织讨论。HAZOP 分析会议开始时,分析组长或熟悉分析系统的过程及问题的小组成员应进行以下工作:

(1) 概述 HAZOP 分析计划,确保 HAZOP 分析成员熟悉系统以及分析目标和范围。

(2) 概述系统设计描述,解释会议中要使用的分析要素和引导词。

(3) 审查已知的危险和操作性问题及潜在的关注区域:

分析应沿着与分析主题相关的流程或顺序,并按逻辑顺序从输入到输出进行分析。HAZOP 等危险识别技术的优势源自规范化的逐步分析过程。分析顺序有两种:"要素优

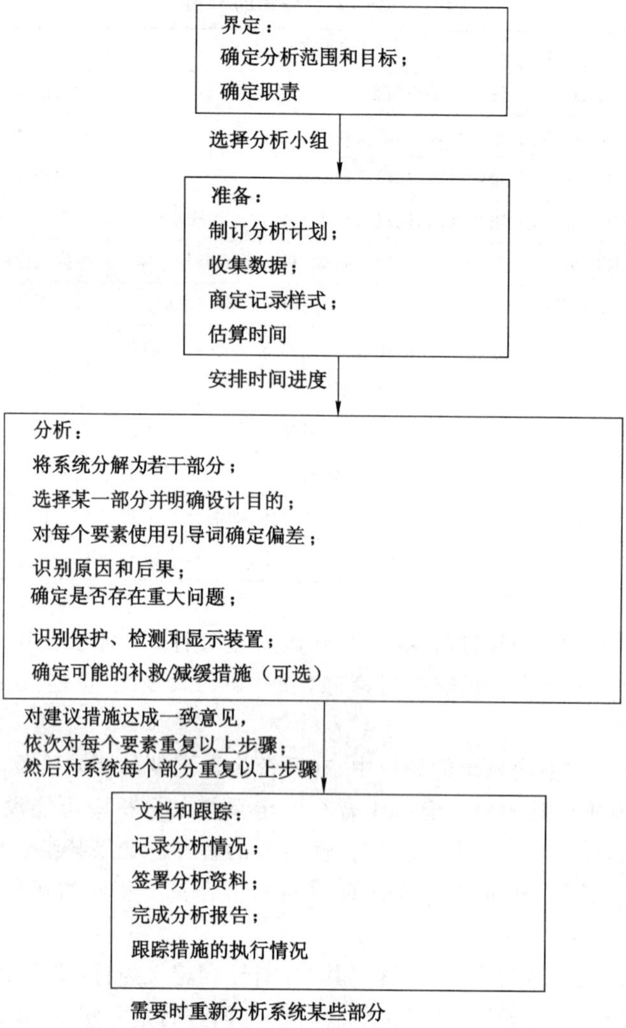

图 6-1 HAZOP 分析程序

先”和“引导词优先”，分别见图 6-2 和图 6-3。

（4）分析组长选择系统设计描述的某一部分作为分析起点，并做出标记。随后，解释该部分的设计目的，确定相关要素以及与这些要素有关的所有特性。

（5）分析组长选择其中一个要素，与小组商定引导词应直接用于要素本身还是用于该要素的单个特性。分析组长确定首先使用哪个引导词。

（6）将选择的引导词与分析的要素或要素的特性相结合，检查其解释，以确定是否有合理的偏差。如果确定了一个有意义的偏差，则分析偏差发生的原因及后果。有些应用中会发现，按照后果的潜在严重性或根据风险矩阵得到的相对风险等级对偏差进行分类是有用的。风险矩阵的使用在 IEC 60300-3-9 中有进一步论述。

（7）分析小组应识别系统设计中对每种偏差现有的保护、检测和显示装置（措施），这些保护措施可能包含在当前部分或者是其他部分设计目的的一部分。在识别危险或可操作性问题时，不应考虑已有的保护措施及其对偏差发生的可能性或后果的影响。

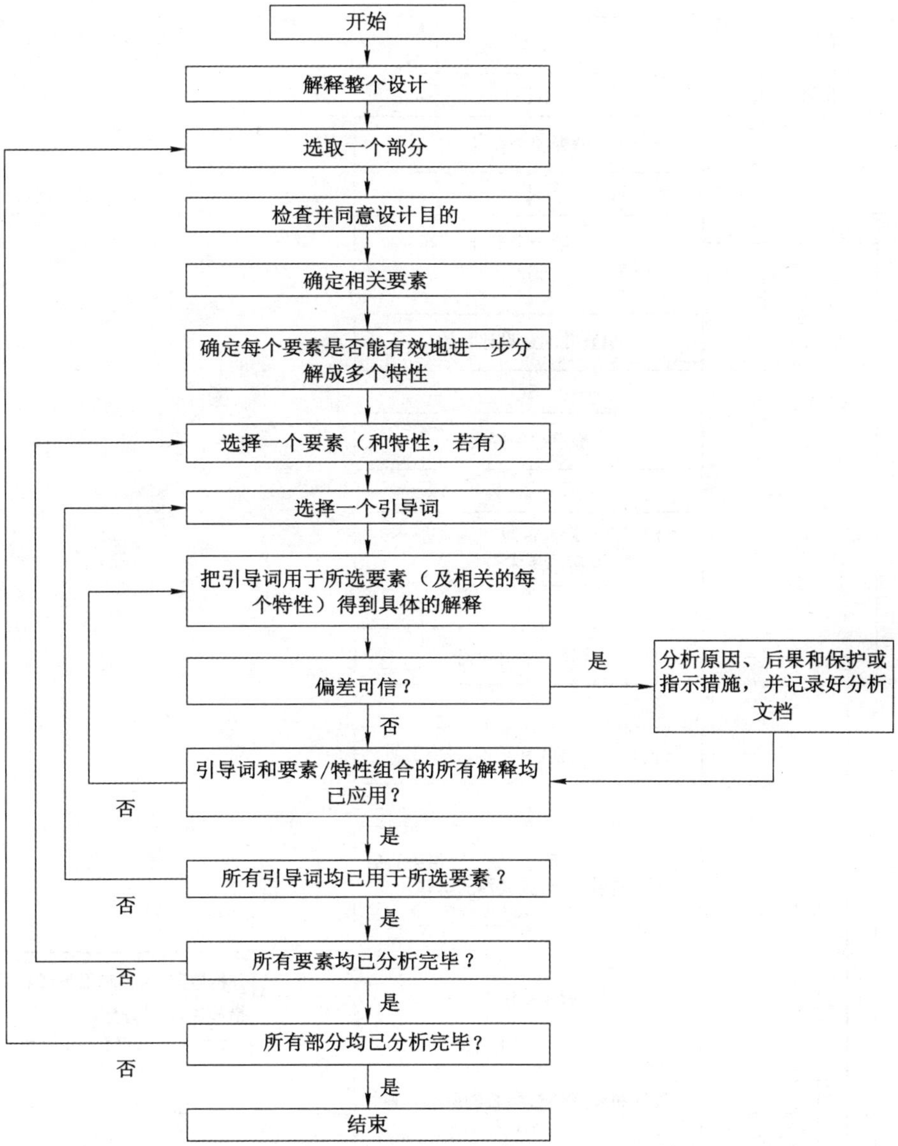

图 6-2　HAZOP 分析程序流程——“要素优先”顺序

(8) 分析组长应对记录员记录的文档结果进行总结。当需要进行相关后续跟踪工作时，也应记录完成该工作的负责人的姓名。

(9) 对于该引导词的其他解释，首先重复以上(3)～(5)过程；然后依次将其他引导词和要素的当前特性相结合，进行分析；接着对要素的每个特性重复(3)～(5)过程(前提是对要素当前特性的分析达成了一致意见)；最后是对分析部分的每个要素重复(2)～(5)过程。一个部分分析完成后，应标记为“完成”。重复进行该过程，直到系统所有部分分析完毕。

引导词应用的另一种方法是将第一个引导词依次用于分析部分的各个要素。这一步骤完成后，进行下一个引导词分析，再一次把引导词依次用于所有要素。重复进行该过程，直到全部引导词都用于分析部分的所有要素，然后再分析系统下一部分，见图 6-3。

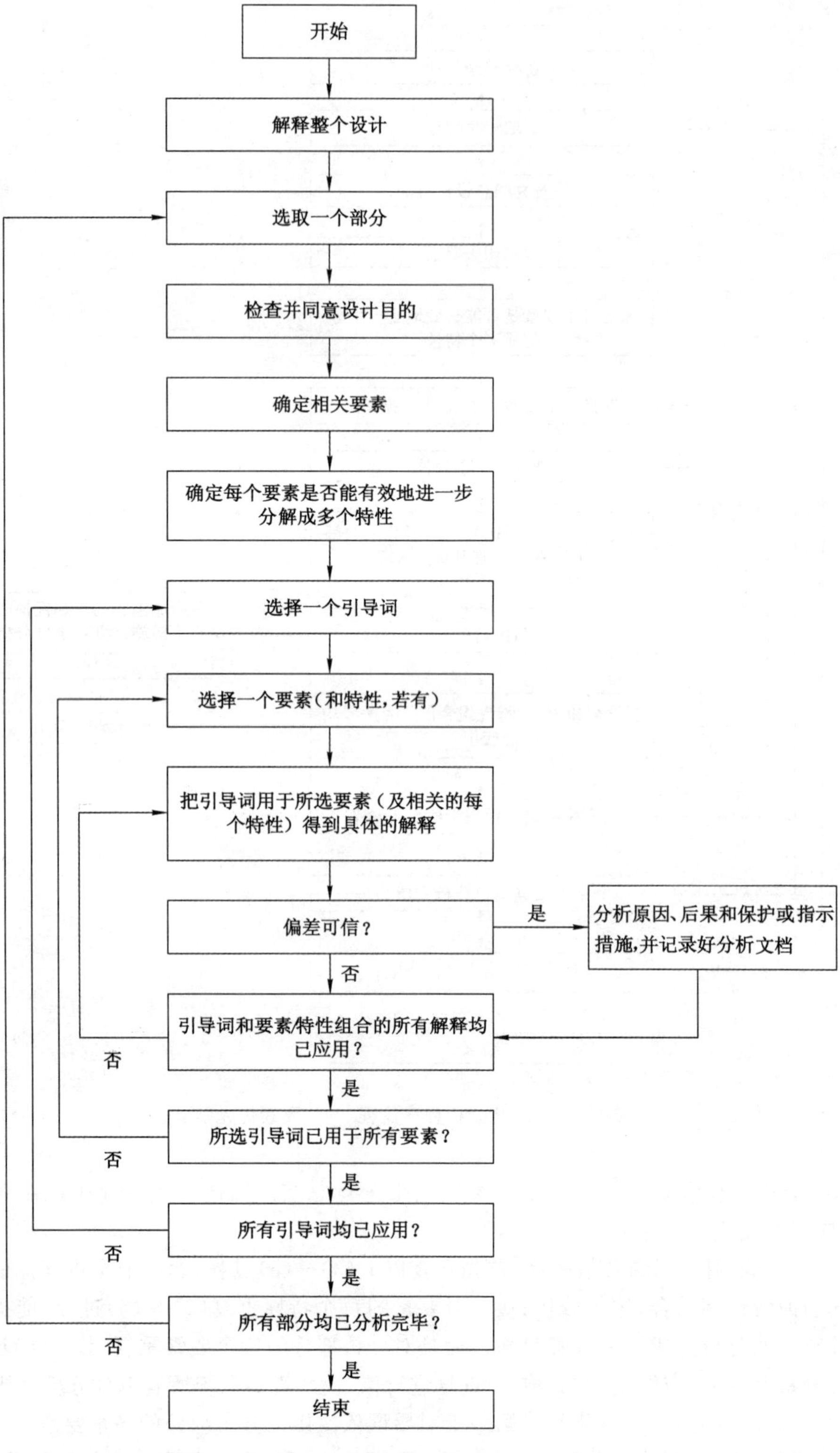

图 6-3　HAZOP 分析程序流程——“引导词优先”顺序

在进行某一分析时，分析组长及其HAZOP小组成员应决定选择"要素优先"还是"引导词优先"。HAZOP分析的习惯会影响分析顺序的选择。此外，影响这一决定的其他因素还包括所涉及技术的性质、分析过程需要的灵活性以及小组成员接受过的培训。

更为详尽的内容可参考《危险与可操作性分析（HAZOP分析）应用导则》（AQ/T 3049—2013）及相关资料。

6.4.3 示例

假设一个简单的工厂生产过程，如图6-4所示。物料A和物料B通过泵连续地从各自的供料罐输送至反应器，在反应器中合成并生成产品C。假定为了避免爆炸危险，在反应器中A总是多于B。完整的设计描述将包括很多其他细节，如压力影响、反应和反应物的温度、搅拌、反应时间、泵A和泵B的匹配性等，但为简化示例，这些因素将被忽略。工厂中待分析的部分用粗线条表示。

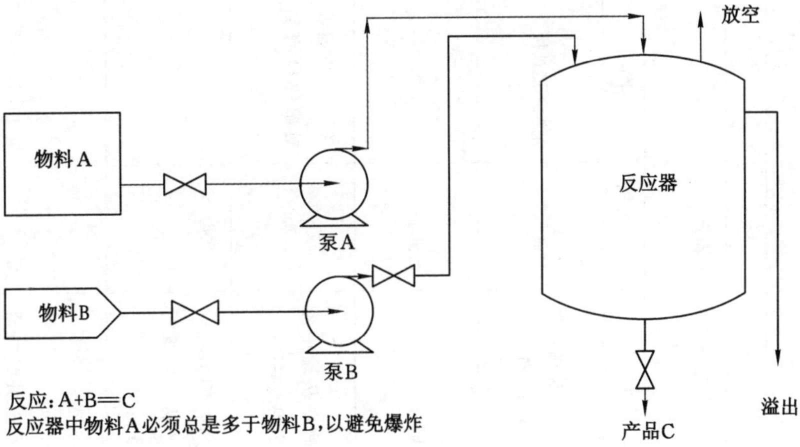

图6-4 简化流程

分析部分是从盛有物料A的供料罐到反应器之间的管道，包括泵A。这部分的设计目的是连续地把物料A从罐中输送到反应器，A物料的输送速率（流量）应大于B物料的输送速率。根据设计目的，要素可列出见表6-18。

表6-18 设计目的

物料	活动	来源	目的地
A	输送（转移）	盛有物料A的供料罐	反应器
	（A速率＞B速率）		

将引导词依次用于这些要素，结果记录在HAZOP工作表中。"物料"和"活动"要素可能的HAZOP输出例子见表6-19。其中，使用了"问题记录"样式，仅记录了有意义的偏差。在分析完与系统这部分相关的每个要素的每个引导词后，可以再选取另一部分（如物料B的输送管路），重复该过程。最终，该系统的所有部分都会通过这种方式分析完毕，并对结果进行记录。

表 6-19　　过程的 HAZOP 工作表示例

分析题目:过程								表页:1/2	
图纸编号:				修订号:				日期:	
小组成员:劳伦斯、狄克、艾略特、尼克、马科斯、贾斯汀								会议日期:	
分析部分:从供料罐 A 到反应器的输送管道									
设计目的:		物料:A 来源:装有原料 A 的供料罐		功能:以大于物料 B 的输送速率连续输送 目的地:反应器					
序号	引导词	要素	偏差	可能原因	后果	安全措施	注释	建议安全措施	执行人
1	无 NO	物料 A	无物料 A	A 供料罐是空的	没有 A 流入反应器;爆炸	无显示	情况不能被接受	考虑在物料 A 供料罐上安装一个低液位报警器外加液位低/低联锁停止泵 B	马科斯
2	无 NO	输送物料 A(以大于物料 B 的输送速率)	无输送物料 A	泵 A 停止; 管路堵塞	爆炸	无显示	情况不能被接受	物料 A 流量的测量,外加一个低流量报警器以及当物料 A 低流量时联锁停泵 B	贾斯汀
3	多 MORE	物料 A	物料 A 过量使罐溢出	当没有足够的容量时,向罐中加料	物料从罐中溢出到边界区域	无显示	备注:可以通过对罐的检测加以识别	如果没有预先被识别出来,考虑高液位报警	艾略特
4	多 MORE	输送 A	输送过多; 物料 A 流速增大	叶轮尺寸选错; 泵选型不对	产量可能减少; 产品中将含过量的 A	无		在试车时检测泵的流量和特性; 修改试车程序	贾斯汀
5	少 LESS	物料 A	更少的物料 A	物料 A 供料罐液位低	不适当的吸入压头; 可能引起涡流并导致爆炸; 流量不足	无	同 1,不可接受	同 1,在物料 A 供料罐上安装一个低液位报警器	马克斯

续表 6-19

序号	引导词	要素	偏差	可能原因	后果	安全措施	注释	建议安全措施	执行人
6	少 LESS	输送物料 A(以大于输送 B 的速率)	物料 A 的流速降低	管线部分堵塞； 泄漏； 泵工作不正常	爆炸	无显示	不可接受	同 2	贾斯汀
7	伴随 AS WELL AS	物料 A	在供料罐中除了物料 A 还有其他流体物料	供料罐被污染	未知	所有罐车装的物料在卸入罐前应接受检查和分析	认为是可接受的	检查操作程序	劳伦斯
8	伴随 AS WELL AS	输送 A	输送物料 A 的过程中，可能发生侵蚀、腐蚀、结晶或分解	根据更具体的细节，对每种潜在的可能都应该加以考虑					尼克
9	伴随 AS WELL AS	目的地 反应器	外部泄漏	管线、阀门或密封泄漏	环境污染； 可能爆炸	采用可接受的管道规范或标准	接受合格品	将能联锁跳车的流量传感器尽可能靠近反应器安装	狄克
10	相反 REVERSE	输送 A	反向流动； 原料从反应器流向供料罐	反应器压力高于泵出口压力	装有反应物料的供料罐被返回的物料污染	无显示	情况不令人满意	考虑管线上安装一个止逆阀	马斯汀
11	异常 OTHER THAN	物料 A	物料 A 异常； 供料罐内物料不是物料 A	供料罐内原料错误	未知，将取决于原料	在供给物料前对物料进行检验分析	情况可以接受		

6.5 危险度评价法

危险度评价法是借鉴日本劳动省"六阶段"的定量评价表，结合我国《石油化工企业设计防火规范》(GB 50160)、《压力容器中化学介质毒性危害和爆炸危险程度分类》(HG 20660)等技术标准规范，编制出危险度评价取值表(表 6-20)，以各单元的物料、容量、温度、压力和操作等五项指标进行评定，每一项又分为 A,B,C,D 四个类别，分别给定 10 分、5 分、2 分、0 分，最后根据这些分值之和来评定该单元的危险程度等级，见表 6-21。

表 6-20　　危险度评价取值表

工程	分值			
	A(10 分)	B(5 分)	C(2 分)	D(0 分)
物质(单元中危险、有害程度最大的物质)	1. 甲类可燃气体[a]； 2. 甲 A 类物质及液态烃类； 3. 甲类固体； 4. 极度危害物质[b]	1. 乙类可燃气体； 2. 甲 B、乙 A 类可燃液体； 3. 乙类固体； 4. 高度危害物质	1. 乙 B、丙 A、丙 B 类可燃液体； 2. 丙类可燃固体； 3. 中、轻度危害物质	不属于 A、B、C 项之物质
容量[c]	1. 气体在 1 000 m^3 以上； 2. 液体在 100 m^3 以上	1. 气体在 500～1 000 m^3； 2. 液体在 50～100 m^3	1. 气体在 100～500 m^3； 2. 液体在 10～50 m^3	1. 气体 < 100 m^3； 2. 液体 < 10 m^3
温度	1 000 ℃以上使用，其操作温度在燃点以上	1. 1 000 ℃以上使用，但操作温度在燃点以下； 2. 在 250～1 000 ℃使用，其操作温度在燃点以上	1. 在 250～1 000 ℃使用，其操作温度在燃点以下； 2. 在低于 250 ℃时使用，操作温度在燃点以上	在低于 250 ℃时使用，操作温度在燃点以下
压力	100 MPa	20～100 MPa	1～20 MPa	1 MPa 以下
操作	1. 临界放热和特别剧烈的放热反应操作； 2. 在爆炸极限范围内或其附近操作	1. 中等放热反应(如烷基化、酯化、加成、氧化、聚合、缩合等反应)操作； 2. 系统进入空气或不纯物质，可能发生危险的操作； 3. 使用粉状或雾状物质，有可能发生粉尘爆炸的操作； 4. 单批式操作	1. 轻微放热反应(如加氢、水合、异构化、烷基化、磺化、中和等反应)操作； 2. 在精制过程中伴有化学反应； 3. 单批式操作，但开始使用机械等手段进行程序操作； 4. 有一定危险的操作	无危险的操作

注：[a]见《石油化工企业设计防火规范》(GB 50160)中可燃物质的火灾危险性分类。

[b]见《压力容器中化学介质毒性危害和爆炸危险程度分类》(HG 20660)表 1 至表 3。

[c](1)有触媒的反应，应去掉触媒所占空间；(2)气液混合反应，应按其反应的相态选择上述规定。

表 6-21　危险度分级

总分值	≥16 分	11 分～15 分	≤10 分
等级	Ⅰ	Ⅱ	Ⅲ
危险程度	高度危险	中度危险	低度危险

在安全评价中可以首先对所有工艺单元(装置)进行初步危险度评价，分别确定危险等级，可选择Ⅰ级和Ⅱ级(总分值大于等于 11 分)的工艺单元(装置)，并继续采用其他评价方法进行风险评价。

6.6　火灾、爆炸危险指数评价法

6.6.1　概述

1964 年，美国道化学公司(The Dow Chemical Company)提出了以物质指数为基础的安全评价方法，进而开发了“火灾、爆炸危险指数评价法”，也可简称为道化法或 DOW 法，后经不断修改完善，在 1993 年推出了第七版。该方法以已往的事故统计资料及物质的潜在能量和现行安全措施为依据，定量地对工艺装置及所含物料的实际潜在火灾、爆炸和反应危险性进行分析评价，可以在一定程度上量化潜在火灾、爆炸和反应性事故的预期损失，确定可能引起事故发生或使事故扩大的装置，向有关部门通报潜在的火灾、爆炸危险性，使有关人员及工程技术人员了解各工艺系统可能造成的损失，以此确定减轻事故严重性和总损失的经济有效的途径。

6.6.2　方法基础

火灾、爆炸危险指数评价法分析计算程序见图 6-5。

6.6.2.1　选择工艺单元

第一步是选取并确定工艺单元，工艺单元是工艺装置的任一主要单元，是装置的一个独立部分，与其他部分保持一定的距离，或者用防火墙。

恰当工艺单元是指在使用道化法计算火灾、爆炸危险指数时，选择那些对工艺有影响的单元进行评价，这些单元可称为恰当工艺单元，简称工艺单元。

选择恰当工艺单元的重要参数包括：潜在化学能(物质系数)；工艺单元中危险物质的数量；资金密度(每平方米美元数)；操作压力和操作温度；导致火灾、爆炸事故的历史资料；对装置起关键作用的单元。

一般地，参数值越大，则该工艺单元就越需要评价。

选择恰当工艺单元时，还应注意以下几个要点：

(1) 由于火灾、爆炸危险指数体系是假定工艺单元中所处理的易燃、可燃或化学活性物质的最低量为 2 268 kg 或 2.27 m^3，因此若单元内物料量较少，则评价结果就有可能被夸大。一般地，所处理的易燃、可燃或化学活性物质的量至少为 454 kg 或 0.454 m^3，评价结果才有意义。

(2) 当设备串联布置且相互间未有效隔离，要仔细考虑如何划分单元。

(3) 要仔细考虑操作状态(如开车、正常生产、停车、装料、卸料、添加触媒等)及操作时

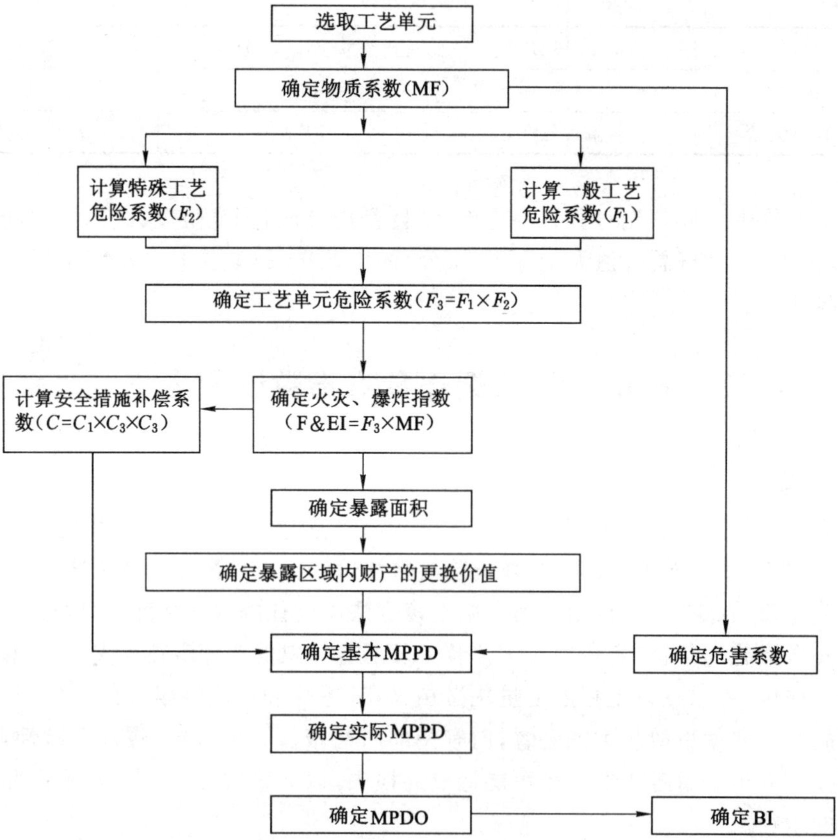

图 6-5 道化法分析计算程序

间,对 F&EI 有影响的异常状况,判别选择一个操作阶段还是几个阶段来确定重大危险。

(4) 在决定哪些设备具有最大潜在火灾、爆炸危险时,可以请教设备、工艺、安全等方面有经验的工程技术人员或专家。

6.6.2.2 物质系数的确定

物质系数(MF)是表述物质在燃烧或其他化学反应引起的火灾、爆炸时释放能量大小的内在特性,是一个最基础的数值,由美国消防协会规定的 N_F 和 N_R(分别代表物质的燃烧性和化学活性)决定的。

通常情况下,N_F 和 N_R 是针对正常温度环境而言的。物质发生燃烧和反应的危险性随着温度的升高而急剧加大,如在闪点之上的可燃液体引起火灾的危险性就比正常环境温度下的易燃液体大的多,反应的速度也随着温度的升高而急剧加大。所以,当温度超过 60 ℃,物质系数需要修正,其内容见物质系数修正表。

本书附录提供了大量的物质系数,能用于大多数场合,附表中未列出的物质,其 N_F 和 N_R 可以根据 NFPA325 或 NFPA49 加以确定,并依照温度修正后,由表 6-22 确定其物质系数。对于可燃性粉尘而言,确定其物质系数时用粉尘危险分级值(S_t)而不是 N_F。

表 6-22　　物质系数取值表

挥发性固体、液体、气体的易燃性或可燃性	NFPA 325 或 49	反应性或不稳定性					备注
		$N_R=0$	$N_R=1$	$N_R=2$	$N_R=3$	$N_R=4$	
不燃物	$N_F=0$	1	14	24	29	40	暴露在 816 ℃的热空气中 5 min 不燃烧
F. P. >93.3 ℃	$N_F=1$	4	14	24	29	40	F. P 为闭杯闪点
37.8 ℃<F. P. ≤93.3 ℃	$N_F=2$	10	14	24	29	40	
22.8 ℃≤F. P. <37.8 ℃，或 F. P. <22.8 ℃且 B. P. ≥37.8 ℃	$N_F=3$	16	16	24	29	40	B. P. 为标准温度和压力下的沸点
F. P. <22.8 ℃且 B. P<37.8 ℃	$N_F=4$	21	21	24	29	40	
可燃性粉尘或烟雾							
S_t-1(K_{st}≤200 bar·m/s)		16	16	24	29	40	K_{st}值是用带强点火源的 16 L 或更大的密闭试验容器测定的，见 NFPA68
S_t-2(K_{st}=201～300 bar·m/s)		21	21	24	29	40	
S_t-3(K_{st}>300 bar·m/s)		24	24	24	29	40	
可燃性固体							
厚度>40 mm，紧密的	$N_F=1$	4	14	24	29	40	包括 50.8 mm 厚的木板、镁锭、紧密的固体堆积物、紧密的纸张或废料薄膜卷
厚度<40 mm，疏松的	$N_F=2$	10	14	24	29	40	包括塑料颗粒、支架、木材平板架之类粗粒状材料，以及聚苯乙烯类不起尘的粉尘物料等
泡沫材料、纤维、粉状物等	$N_F=3$	16	16	24	29	40	包括轮胎、胶靴类橡胶制品等

注：1 bar=10^5Pa。

1）表外的物质系数

在附表、NPFA49 和 NPFA325 中未列出的物质、混合物或化合物的物质系数时，必须确定其可燃性等级(N_F)或可燃性粉尘等级(S_t)，必须首先确定有表 6-22 左栏中的参数，液体和气体的 N_F 由闪点求得，粉尘或尘雾的 S_t 值由粉尘爆炸试验确定。可燃固体的 N_F 值则依其性质不同在表 6-22 左栏中分类标示。

物质、混合物或化合物的反应性等级 N_R 根据其在环境温度条件下的不稳定性（或与水反应的剧烈程度），按 NFPA 704 确定：

(1) $N_R=0$：在燃烧条件下仍保持稳定的物质。通常包括以下物质：

① 不与水反应的物质。

② 在温度>300 ℃且≤500 ℃时用差热扫描量热计(DSC)测量显示温升的物质。

③ 用 DSC 试验时，在温度≤500 ℃时不显示温升的物质。

(2) $N_R=1$：稳定，但在加温加压条件下成为不稳定的物质。通常包括以下物质：

① 接触空气、受光照射或受潮时发生变化或分解的物质。

② 在 150<温度≤300 ℃时显示温升的物质。

(3) $N_R=2$:在加温加压条件下发生剧烈化学变化的物质。通常包括以下物质:

① 用 DSC 做试验,在温度≤150 ℃时显示温升的物质。

② 与水剧烈反应或与水形成潜在爆炸性混合物的物质。

(4) $N_R=3$:本身能发生爆炸分解或爆炸反应,但需要强引发源或引发前必须在密闭状态下加热的物质。通常包括以下物质:

① 加温加热时对热机械冲击敏感的物质;

② 加温加热时或密闭,即与水发生爆炸反应的物质。

(5) $N_R=4$:在常温常压下易于引爆分解或发生爆炸反应的物质。

注意:反应性包括自身反应性(不稳定性)和与水反应性。物质的 N_R 指标由差热分析仪(DTA)或差示扫描量热计(DSC)分析其温升的最低峰值温度来判断,按表 6-23 分类。

表 6-23　温升与 N_R 关系表

温升/℃	N_R	温升/℃	N_R
300～500	0	≤150	2,3,4
150～300	1		

几个附加限制条件是:

① 若该物质为氧化剂,则 N_R 再加 1(但不超过 4)。

② 对冲击敏感性物质 N_R 为 3 或 4。

③ 如得出的 N_R 值与物质的特性不相符,则应补做化学品反应性试验。

一旦求出并确定 N_F 和 N_R,就可以用表 6-22 确定物质系数。

2) 混合物

工艺单元内混合物物质应按“在实际操作过程中所存在的最危险物质”原则来确定。发生剧烈反应的物质,如氢气和氯气在人工条件下混合、反应,反应持续而快速,生成物为非燃烧性、稳定的产物,则其物质系数应根据初始混合状态来确定。

混合溶剂或含有反应性物质溶剂的物质系数,可通过反应性化学试验数据求得;若无法取得时,则应取组分中最大的 MF 值作为混合物 MF 的近似值(最大组分浓度≥5%)。

对由可燃粉尘和易燃气体在空气中能形成爆炸性的混合物,其物质系数必须用反应性化学品试验数据来确定。

3) 烟雾

易燃或可燃液体的微粒悬浮于空气中能形成易燃的混合物,它具有易燃气体—空气混合物的一些特性。易燃或可燃液体的雾滴在远低于其闪点的温度下,能像易燃蒸气—空气混合物那样具有爆炸性。因此,防止烟雾爆炸的最佳有效防护措施是避免烟雾的形成,特别是不要在封闭的工艺单元内使可燃液体形成烟雾。如果会形成烟雾,则需将物质系数提高 1 级,并请教有关专家。

4) 物质系数的温度修正

如果物质闪点小于 60 ℃或反应活性温度低于 60 ℃,则该物质系数不需要修正。若工艺单元温度超过 60 ℃,则对 MF 应做修正,见表 6-24。

表 6-24　　物质温度系数修正表

MF 温度修正	N_F	S_t	N_R	备注
a. 填入 N_F(粉尘为 S_t)、N_R				1. 储存物由于层叠放置和阳光照射，温度可达到 60 ℃； 2. 若工艺单元是反应器，则不必考虑温度修正
b. 若温度<60 ℃，则转至“e”项				
c. 若温度高于闪点，或>60 ℃，则在 N_F 栏内填“1”				
d. 若温度大于放热起始温度或自燃点，则在 N_R 栏内填“1”				
e. 各竖行数字相加，当总数≥5 时，填“4”				
f. 用“e”栏数和表 6-22 确定 MF 值				

注：储存物由于层叠放置和阳光照射，温度可达到 60 ℃。

6.6.2.3　火灾爆炸指数(F&EI)的确定

首先确定一般工艺危险系数(F_1)和特殊工艺危险系数(F_2)，在计算各项系数时，应选择物质在工艺单元中所处的最危险的状态，可以考虑的操作状态有：开车、连续操作和停车，对每项系数都要恰当地进行评价。

工艺单元危险系数(F_3)＝ $F_1 \times F_2$，火灾爆炸指数(F&EI)＝$F_3 \times$MF，计算 F&EI 时，一次只评价一种危险，如果 MF 是按照工艺单元中的易燃液体来确定的，就不要选择与可燃性粉尘有关的系数，纵然粉尘可能存在于过程中的另一段时间内，合理的计算方法为：先用易燃液体的物质系数进行评价，然后再用可燃性粉尘的物质系数评价，只有导致最高的 F&EI 和实际的可能的最大财产损失的计算结果才需要报告。

一个重要的例外是混合物，如果某种混杂在一起的混合物被视作最高危险物质的代表，则计算工艺单元危险系数时，可燃性粉尘和易燃蒸气的系数都要考虑。

以下内容为火灾、爆炸危险指数(F&EI)表(表 6-25)的说明。

表 6-25　　火灾、爆炸指数(F&EI)表

地区/国家：	部门：	场所：	日期：
位置：	生产单元：		工艺单元：
评价人：	审定人(负责人)：		建筑物：
检查人：(管理部)	检查人：(技术中心)		检查人：(安全和损失预防)
工艺设备中的物料：			
操作状态：设计—开车—正常操作—停车		确定 MF 的物质：	
操作温度：		物质系数：	
项目		危险系数范围	采用危险系数
1. 一般工艺危险			
基本系数		1.00	1.00
A. 放热化学反应		0.30～1.25	

续表 6-25

项目	危险系数范围	采用危险系数
B. 吸热反应	0.20～0.40	
C. 物料处理与输送	0.25～1.05	
D. 密闭式或室内工艺单元	0.25～0.90	
E. 通道	0.20～0.35	
F. 排放和泄漏控制	0.20～0.50	
一般工艺危险系数(F_1)		
2. 特殊工艺危险		
基本系数	1.00	1.00
A. 毒性物质	0.20～0.80	
B. 负压(<500 mmHg)	0.50	
C. 接近易燃范围的操作：惰性化 未惰性化		
(1)罐装易燃液体	0.50	
(2)过程失常或吹扫故障	0.30	
(3)一直在燃烧范围内	0.80	
D. 粉尘爆炸	0.25～2.00	
E. 压力：操作压力(kPa，绝对) 释放压力(kPa，绝对)		
F. 低温	0.20～0.30	
G. 易燃及不稳定物质量(kg) 物质燃烧热 H_c(J/kg)		
(1)工艺中的液体及气体		
(3) 储存中的液体及气体		
(2) 储存中的可燃固体及工艺中的粉尘		
H. 腐蚀与磨损	0.10～0.75	
I. 泄漏——接头和填料处	0.10～1.50	
J. 使用明火设备		
K. 热油、热交换系统	0.15～1.15	
L. 传动设备	0.50	
特殊工艺危险系数(F_2)		
3. 工艺单元危险系数($F_3=F_1\times F_2$)		
4. 火灾、爆炸危险指数($F\&EI=F_3\times MF$)		

注：* 无危险时系数用 0.00。

1. 一般工艺危险性

一般工艺危险是确定事故损害大小的主要因素，共有 6 项，根据实际情况，并不是每项系数都采用，各项系数的具体取值请见如下：

A. 放热化学反应

若所分析的工艺单元有化学反应过程，则选取此项危险系数，所评价物质的反应性危险已经为物质系数所包括：

(1) 轻微放热反应的危险系数为0.3，包括加氢、水合、异构化、磺化、中和等反应。

(2) 中等放热反应系数为0.5，包括：

① 烷基化——引入烷基形成各种有机化合物的反应；

② 酯化——有机酸和醇生成酯的反应；

③ 加成——不饱和碳氢化合物和无机酸的反应，无机酸为强酸时系数增加到0.75；

④ 氧化——物质在氧中燃烧生成CO_2，H_2O的反应，或者在控制条件下物质与氧反应不生成CO_2，H_2O的反应，对于燃烧过程及使用氯酸盐、硝酸、次氯酸、次氯酸盐类强氧化剂时，系数增加到1.00；

⑤ 聚合——将分子连接成链状物或其他大分子的反应；

⑥ 缩合——两个或多个有机化合物分子连接在一起形成较大分子的化合物，并放出H_2O和HCl的反应。

(3) 剧烈反应，系数取1.00，指一旦反应失控有严重火灾、爆炸危险的反应，如卤化反应。

(4) 特别剧烈的反应，系数取1.25，指相当危险的放热反应。

B. 吸热反应

反应器中所发生的任何吸热反应，系数均取0.25。

① 煅烧——加热物质除去结合水或易挥发性物质的过程，系数取为0.40。

② 电解——用电流离解离子的过程，系统为0.20。

③ 热解或裂化——在高温、高压和触媒作用下，将大分子裂解成小分子的过程，当用电加热或高温气体间接加热时，系数为0.20，直接火加热时，系数为0.4。

C. 物料处理与输送

本项目用于评价工艺单元在处理、输送和储存物料时潜在的火灾危险性。

(1) 所有Ⅰ类易燃或液化石油气类的物料在连接或未连接的管线上装卸时的系数为0.5。

(2) 采用人工加料，且空气可随时加料进入离心机、间歇式反应器、间歇式混料器设备内，并且能引起燃烧或发生反应的危险，不论是否采用惰性气体置换，系数均取0.5。

(3) 可燃性物质存放于库房或露天时的系数为：

① 对$N_F=3$或$N_F=4$的易燃液体或气体，系数取0.85，包括桶装、罐装、可移动挠性容器和气溶胶罐装。

② 对表1中所列$N_F=3$的可燃固体，系数取0.5。

③ 对表中所列$N_F=2$的可燃性固体，系数取0.4。

④ 对闭杯闪点大于37.8 ℃，并低于60 ℃的可燃性液体，系数取0.25。

若上述物质存放于货架上且未安设洒水装置时，系数要加0.20，此处考虑的范围不适合于一般储存容器。

D. 封闭单元或室内单元

处理易燃液体和气体的场所为敞开式，有良好的通风以便能迅速排除泄漏的气体和蒸气，减少了潜在的爆炸危险，粉尘捕集器和过滤器也应放置在敞开区域并远离其他设备。

封闭区域定义为有顶，且三面或多面有墙壁的区域，或无顶但四周有墙封闭的区域。

封闭单元内即使专门设计有机械通风，其效果也不如敞开式结构，但如果机械通风系统能收集所有的气体并排出去的话，则系数可以降低。

系数选取原则如下：

(1) 粉尘过滤器或捕集器安置在封闭区域内时，系数取 0.50。

(2) 在封闭区域内，在沸点以上处理易燃液体时，系数取 0.3，如果处理易燃液体量＞4 540 kg，系数取 0.45。

(3) 在封闭区域内，在沸点以上处理液化石油气或任何易燃液体量时，系数取 0.6；若易燃液体的量大于 4 540 kg，则系数取 0.90。

(4) 若已安装了合理的通风装置时，(1)、(3)两项系数减 50%。

E. 通道

生产装置周围必须有紧急救援车辆的通道，“最低要求”是至少在两个方向上设有通道，选取封闭区域内主要工艺单元的危险系数时要格外注意。

至少有一条通道必须是通向公路的，火灾时消防道路可以看作是第二条通道，设有监控水枪处于待用状态。

整个操作区面积大于 925 m^2，且通道不符合要求时，系数为 0.35。

整个操作区面积大于 2 315 m^2，且通道不符合要求时，系数为 0.35。

面积小于上述数值时，要分析它对通道的要求，如果通道不符合要求，影响消防活动时，系数取 0.20。

F. 排放和泄漏控制

此项内容是针对大量易燃、可燃液体溢出会危及周围设备的情况，不合理的排放设计已成为造成重大损失的原因。

该项系数仅适用于工艺单元内物料闪点 60 ℃或操作温度大于其闪点的场合。

为了评价排放和泄漏控制是否合理，必须估算易燃、可燃物总量以及消防水能否在事故时得到及时排放。

(1) 排放量按以下原则确定：

① 对工艺和储存设备，取单元中最大储罐的储量加上第二大储罐 10%的储量。

② 采用 30 min 的消防水量(如：30 min×每分钟升数＝消防用水升数)。

将上述①②两项之和填入 F&EI 计算表中一般工艺危险的 F&EI。

(2) 系数选取的原则：

① 设有堤坝防止泄漏液流入其他区域，但堤坝内所有设备露天放置时，系数取 0.5。

② 单元周围为一可排放泄漏液的平坦地，一旦失火，会引起火灾，系数为 0.5。

③ 单元的三面有堤坝，能将泄漏液引至蓄液池的地沟，并满足以下条件，不取系数：

a. 蓄液池或地沟的地面斜度不得小于下列数值；土质地面为 2%，硬质地面为 1%。

b. 蓄液池或地沟的最外缘与设备之间的距离至少小于 15 m，如果没有防火墙，可以减少其距离。

C. 蓄液池的储液能力至少等于上述之和。

④ 如蓄液池或地沟处设有公用工程管线，或管线的距离不符合要求，系数取 0.5。

总之，有良好的排放设施才可以不取危险系数。

2. 特殊工艺危险性

特殊工艺危险是影响事故发生概率的主要因素，特定的工艺条件是导致火灾、爆炸事故的主要原因。

特殊工艺危险有如下所列 12 项：

A. 毒性物质

毒性物质能够扰乱人们机体的正常反应，因而降低了人们在事故中制定对策和减轻伤害的能力。毒性物质的危险系数为 $0.2N_H$，对于混合物，取其中最高的 N_H 值。

N_H 是美国消防协会在 NFPA704 中定义的物质毒性系数，其值在 NFPA 325 M 或 NFPA 49 中已列出。附录中给出了许多物质的 N_H 值，对于新物质，可请工业卫生专家帮助确定。

NFPA 704 对物质的 N_H 分类为：

$N_H=0$：火灾时除一般可燃物的危险外，短期接触没有其他危险的物质。

$N_H=1$：火短期接触可引起刺激，致人轻微伤害的物质，包括要求使用适当的空气净化呼吸器的物质。

$N_H=2$：高浓度或短期接触可致人暂时失去能力或残留伤害的物质，包括要求使用单独供给空气的呼吸器的物质。

$N_H=3$：短期接触可致人严重的暂时或残留伤害的物质，包括要求全身防护的物质。

$N_H=4$：短暂接触也能致人死亡或严重伤害的物质。

上述毒性系数 N_H 值只是用来表示人体受害的程度，它可导致额外损失。该值不能用于职业卫生和环境的评价。

B. 负压操作

本项内容适用于空气泄入系统会引起危险的场合。当空气与湿度敏感性物质或氧敏感性物质接触时可能引起危险，在易燃混合物中引入空气也会导致危险。该系数只用于绝对压力小于 500 mmHg(1 mmHg=133 Pa)的情况，系数为 0.50。

如果采用了本项系数，就不要再采用下面 C 条款“燃烧范围内或其附近的操作”和 E 条款“释放压力”中的系数，以免重复。

大多数汽提操作，一些压缩过程和少许蒸馏操作都属于本项内容。注意：表压＝绝对压力－大气压。

C. 燃烧范围或其附近的操作

某些操作导致空气引入并夹带进入系统，空气的进入会形成易燃混合物，进而导致危险。本条款将讨论以下有关情况：

(1) 罐装易燃液体

$N_F=3$ 或 $N_F=4$ 的易燃液体储罐，在储罐泵出物料或者突然冷却时可能吸入空气，系统取 0.50。

打开放气阀或在吸—压操作中未采用惰性气体保护时，系数为 0.50。

储有可燃液体，其温度在闭杯闪点以上且无惰性气体保护时，系数也为 0.50。

如果使用了惰性化的密闭蒸气回收系统，且能保证其气密性则不用选取系数。

(2) 过程失常或吹扫故障

只有当仪表或装置失灵时，工艺设备或储罐才处于燃烧范围内或其附近，系数为 0.30。

任何依靠惰性气体吹扫，使其处于燃烧范围之外的操作，系数为0.30，该系数也适用于装载可燃物的船舶和槽车。

若已按“负压操作”选取系数，此处不再选取。

(3) 一直在燃烧范围内

由于惰性气体吹扫系统不实用或者未采取惰性气体吹扫，使操作总是处于燃烧范围内或其附近时，系数为0.80。

D. 粉尘爆炸

粉尘最大压力上升速度和最大压力值主要受其粒径大小的影响。通常情况下，粉尘越细，危险性越大，这是由于细尘具有很高的压力上升速度和极大压力伴生。

本项系数将用于含有粉尘处理的单元，如粉体输送、混合粉碎和包装等。

所有粉尘都有一定的粒径分布范围。为了确定系数采用10%粒径的概念，也就是在这个粒径处有90%粗粒子，其余10%为细粒子。根据表6-26确定合理的系数。

表6-26　粉尘爆炸危险系数确定表

粉尘粒径/μm	泰勒筛/目	系数	粉尘粒径/μm	泰勒筛/目	系数
>175	60～80	0.25	75～100	150～200	1.25
150～175	80～100	0.50	<75	>200	2.00
100～150	100～150	0.75			

注：在惰性气体气氛中操作时，上述系数减半。

除非粉尘爆炸试验已经证明没有粉尘爆炸危险，否则都要考虑粉尘系数。

E. 释放压力

操作压力高于大气压时，由于高压可能会引起高速率的泄漏，因此要采用危险系数。是否采用系数，这取决于单元中的某些导致易燃物料泄漏的构件是否会发生故障。

例如：已烷液体通过6.5 cm^2的小孔泄漏，当压力为517 kPa(表压)时，泄漏量为272 kg/min；压力为2 069 kPa(表压)时，泄漏量为上述的2.5倍，即680 kg/min，释放压力系数定不同压力下的特殊泄漏危险潜能，释放压力还影响扩散特性。

由于高压使泄漏可能性大大增加，所以随着操作压力提高，设备的设计和保养就变得更为重要。

系统操作压力在20 685 kPa(表压)以上时，超出标准规范的范围(美国机械工程师学会颁布的《非直接火加热压力容器规范》)，对于这样的系统，在法兰设计中必须采用透镜垫圈、圆锥密封或类似的密封结构。

如图6-6所示，根据操作压力确定初始危险系数值。下列方程适用于压力为0～6 895 kPa(表压)时压力系数的确定(直接引用原文公式，故公式中的压力即数值X的单位应为lb/in^2，1 lb=0.454 kg，1 in=0.025 4 m，下同)。

$$Y=0.161\,09+1.615\,03(X/1\,000)-1.428\,79(X/1\,000)^2+0.517\,2(X/1\,000)^3 \tag{6-1}$$

从下列表6-27可确定压力为0～6 895 kPa(表压)的易燃、可燃液体的压力系数(也包括图6-6在内)。

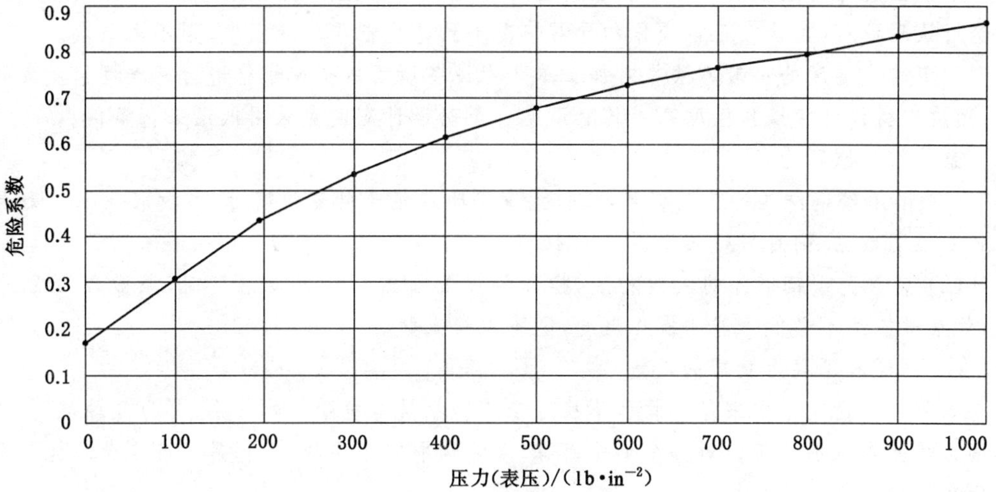

图 6-6 易燃、可燃液体的压力危险系数图

表 6-27 **易燃、可燃液体的压力危险系数**

压力/kPa(表压)	系数	压力/kPa(表压)	系数
6 895	0.86	17 238	0.98
10 343	0.92	20 685～68 950	1.00
13 790	0.96	＞68 590	1.50

用图 6-6 中的曲线能直接确定闪点低于 60 ℃的易燃可燃液体的系数。对其他物质可先由曲线查出初始系数值,再用下列方法加以修正:

(1) 焦油、沥青、重润滑油和柏油等高黏性物质,用初始系数乘以 0.7,作为危险系数。

(2) 单独使用压缩气体或利用气体,使易燃液体压力增至 103 kPa(表压)以上时,用初始系数值乘以 1.2 作为危险系数。

(3) 液化的易燃气体(包括所有在其沸点以上储存的易燃物料)用初始系数值乘以 1.3 作为危险系数。

确定实际压力系数时,首先由图 6-6 查出操作压力系数,然后求出释放装置设定压力系数,用操作压力系数除以设定压力系数得出实际压力系数调整系数,再用该调整系数乘以操作压力系数求得实际压力系数。这样,就对那些具有较高设定压力和设计压力的情况给予了补偿。

注意调节释放压力使之接近于容器设计压力常是有利的。例如,对于使用易挥发溶剂,特别是气态的反应,可以通过调节释放的高温反应。一般根据反应物质及有关动力学数据,用计算机模拟来确定是否需要低于释放压力。但是,在一些反应系统中,并不总需要低于释放压力。

在一些特定场合,增加压力容器的设计压力以降低泄放的可能性是有利的,在有些场合也许能达到容器的最大允许压力。

F. 低温

本项主要考虑碳钢或其他金属在其展延或脆化转变温度以下时可能存在的脆性问题。如经过认真评价，确认在正常操作和异常情况下均不会低于转变温度，则不用系数。

测定转变温度的一般方法是对加工单元中设备所用的金属小样进行标准摆锤式冲击试验，然后进行设计使操作温度高于转变温度。正确设计应避免采用低温工艺条件。

系数给定原则为：

(1) 采用碳钢结构的工艺装置，操作温度等于或低于转变温度时，系数取0.30。如果没有转变温度数据，则可假定转变温度为10 ℃。

(2) 装置为碳钢以外的其他材质，操作温度等于或低于转变温度时，系数取0.20。切记，如果材质适于最低可能的操作温度，则不用给系数。

G. 易燃和不稳定物质的数量

本节主要讨论单元中易燃物和不稳定物质的数量与危险性的关系，分为3种类型，用各自的系数曲线分别评价。对每个单元而言，只能选取一个系数，依据是已确定为单元物质系数代表的物质。

(1) 工艺中的液体或气体

该系数主要考虑可能泄漏并引起火灾危险的物质数量或因暴露在火中可能导致化学反应事故的物质数量。它应用于任何工艺操作，包括用泵向储罐送料的操作。该系数适用于下列已确定作为单元物质系数代表的物质：易燃液体和闪点低于60 ℃的可燃液体；易燃气体；液化易燃气；闭杯闪点大于60 ℃的可燃液体，且操作温度高于其闪点时；化学活性物质，不论其可燃性大小(N_R=2,3或4)。

确定该项系数时，首先要估算工艺中的物质数量，这里所说的物质数量是在10 min内从单元中或相连的管道中可能泄漏出来的可燃物的量。在判断可能有多少物质泄漏时要借助于一般常识。经验表明，取下列二者中的较大值作为可能泄漏量是合理的，即：工艺单元中的物料量；相连单元中的最大物料量。

紧急情况时，通过遥控关闭阀门使相连单元与之隔离的情况不在考虑之列。

在正确估计工艺中物质数量之前，要回答的问题是"什么是最大可能的泄漏量?"当你熟悉了工艺后做出良好判断的结果与上述估算有较大差异时，只要确信你的结果可靠，就应当采用它。记住：凭借你对工艺的熟悉和良好的判断总能使你得到更为符合实际的估算值。但要注意：如果泄漏物具有不稳定性(化学反应性)时，泄漏量一般以工艺单元内的物料量为准。例如：加料槽、缓冲罐和回流罐是与单元相连的一类设备，它们可能装有比评价单元更多的物料。可是，如果这些容器都配备遥控切断阀，则不能把它们看作是"与工艺单元相连的设备"。

在火灾、爆炸指数计算表的特殊工艺危险的"G"栏中的有关空格中填写易燃或不稳定物质的合适数量。

使用图6-7时，将求出的工艺过程中的可燃或不稳定物料总量乘以燃烧热H_c，得到总热量。燃烧热H_c可从附表或化学反应试验数据中查得。

对于N_R=2或N_R值更大的不稳定物质，其H_c值可取6倍于分解热或燃烧热中的较大值。分解热也可从化学反应试验数据中查得。

在火灾、爆炸指数计算表的特殊工艺危险"G"栏有关空格处填入燃烧热H_c值。

由图6-7工艺单元能量值查得所对应的危险系数。总能量值与曲线的相交点代表系数值。

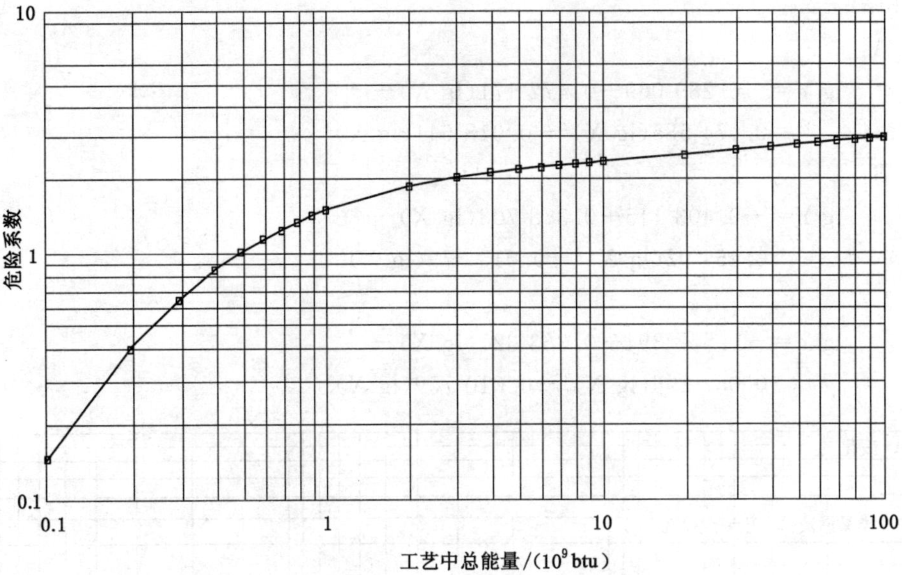

图 6-7 工艺中的液体和气体的危险系数

该曲线中总能量 X 与危险系数 Y 的曲线方程为(X 的单位为 btu,1 btu=1.055×10^3 J):

$$\lg Y = 0.171\,79 + 0.429\,88(\lg X) - 0.372\,44(\lg X)^2 + 0.177\,12(\lg X)^3 - 0.029\,984(\lg X)^4 \tag{6-2}$$

(2) 储存中的液体或气体(工艺操作场所之外)

操作场所之外储存的易燃和可燃液体、气体或液化气的危险系数比“工艺中的”要小,这是因为它不包含工艺过程,工艺过程有产生事故的可能。本项包括桶或储罐中的原料、罐区中的物料以及可移动式容器和桶中的物料。

对单个储存容器可用总能量 X(储存物料量乘以燃烧热而得)查图 6-8 确定其危险系数。对于若干个可移动容器,用所有容器中的物料总量。

对于不稳定的物质,采取和 F&EI 表中 G. a.相同的方法进行计算,即取最大分解热或燃烧热的 6 倍作为 H_c 值。其总能量计算如下:

苯乙烯:340 100 kg×40.5×10^6 J/kg=13.8×10^{12} J

二乙基苯:340 100 kg×41.9×10^6 J/kg=14.1×10^{12} J

丙烯腈:272 100 kg×31.9×10^6 J/kg=8.7×10^{12} J

总能量=36.6×10^{12} J

根据物质种类确定曲线:苯乙烯Ⅰ类易燃液体(图 6-8 曲线 B);丙烯腈Ⅰ类易燃液体(图 6-8 曲线 B);二乙基苯Ⅱ类可燃液体(图 6-8 曲线 C)。

如果单元中的物质有几种,查图 6-8 时,则要找出总能量与每种物质对应的曲线中最高的一条曲线的交点,然后再查出与焦点对应的系数值,即为所求系数。

在本例中,总能量与各物质对应的最高曲线是曲线 B,其对应的系数是 1.00。

注:美国消防协会 NFPA30 要求用堤坝将这些易燃物质分开存放。

在图 6-8 中,曲线 A,B 和 C 的总能量 X 与危险系数 Y 的对应方程分别为(数值 X 的单

位为 10^9 btu)：

曲线 A：

$$\lg Y = -0.289\,069 + 0.472\,171(\lg X) - 0.074\,585(\lg X)^2 - 0.018\,641(\lg X)^3 \tag{6-3}$$

曲线 B：

$$\lg Y = -0.403\,115 + 0.378\,703(\lg X) - 0.464\,02(\lg X)^2 - 0.015\,379(\lg X)^3 \tag{6-4}$$

曲线 C：

$$\lg Y = -0.558\,394 + 0.363\,321(\lg X) - 0.057\,296(\lg X)^2 - 0.010\,759(\lg X)^3 \tag{6-5}$$

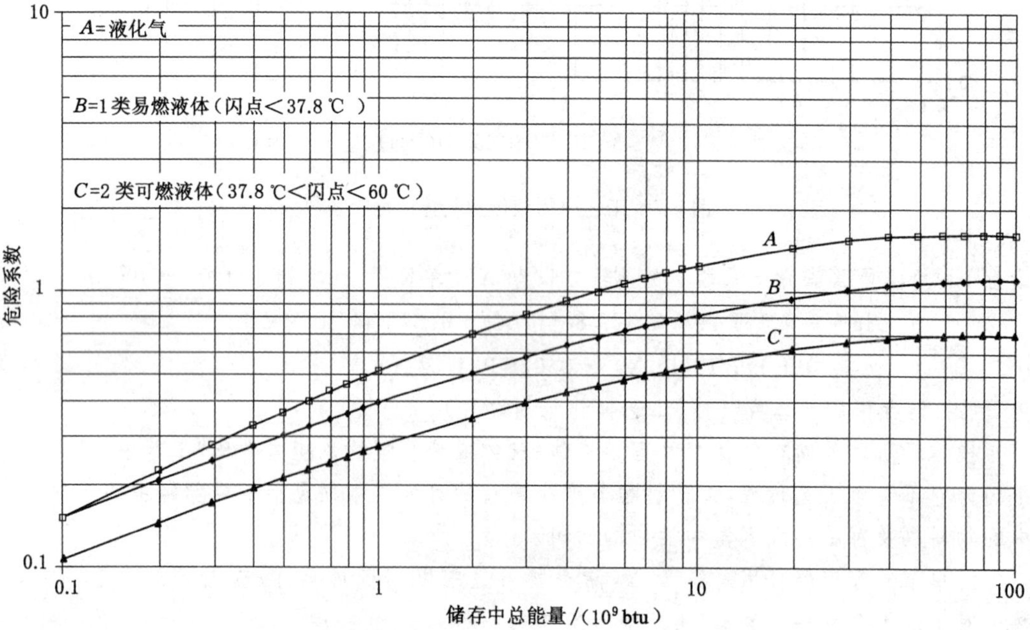

图 6-8　储存中的液体和气体的危险系数

(3) 储存中的可燃固体和工艺中的粉尘

本项包括了储存中的固体和工艺单元中的粉尘的量系数，涉及的固体或粉尘即是确定物质系数的那些基本物质。根据物质密度、点火难易程度以及维持燃烧的能力来确定系数。

用储存固体总量或工艺单元中粉尘总量，由图 6-9 查取系数。如果物质的松密度小于 160.2 kg/m³，用曲线 A；松密度大于 160.2 kg/m³，用曲线 B。

对于 $N_R=2$ 或更高的不稳定物质，用单元中的物质实际重量的 6 倍，查曲线 A 来确定系数。

例如：一座仓库，不计通道时面积为 1 860 m²，货物堆放高度为 4.6 m，即容积为 8 500 m³。若储存物品(苯乙烯桶装得多孔泡沫材料和纸板箱)的平均密度为 35.2 kg/m³，则总质量为：35.2 kg/m³×8 500 m³=299 000 kg。

由于平均密度<160.2 kg/m，故查曲线 A，得量系数为 1.54。

假如在此场所存放的货物是袋装的聚乙烯颗粒或甲基纤维素粉末（其平均密度为 449 kg/m^3），则总质量为：449 kg/m^3×8 500 m^3=3 820 000 kg。

由于密度>160.2 kg/m^3，故查曲线 B，查得量系数为 0.92。

泡沫或纸箱的火灾负荷（依据总热量和密度）比袋装聚乙烯颗粒和甲基纤维素粉末要小得多，但与较重的物质相比，它们更容易被点燃并维持燃烧。总之，较轻物质比较重物质具有更大的火灾危险，即使是存储量较小，也应有较大的量系数。

图 6-9 系数曲线 A 和 B 的方程式分别为（X 的单位为 lb）：

曲线 A：

$$\lg Y=0.280\ 423+0.464\ 559(\lg X)-0.282\ 91(\lg X)^2+0.062\ 18(\lg X)^3 \tag{6-6}$$

曲线 B：

$$\lg Y=-0.358\ 311+0.459\ 926(\lg X)-0.141\ 022(\lg X)^2+0.022\ 76(\lg X)^3 \tag{6-7}$$

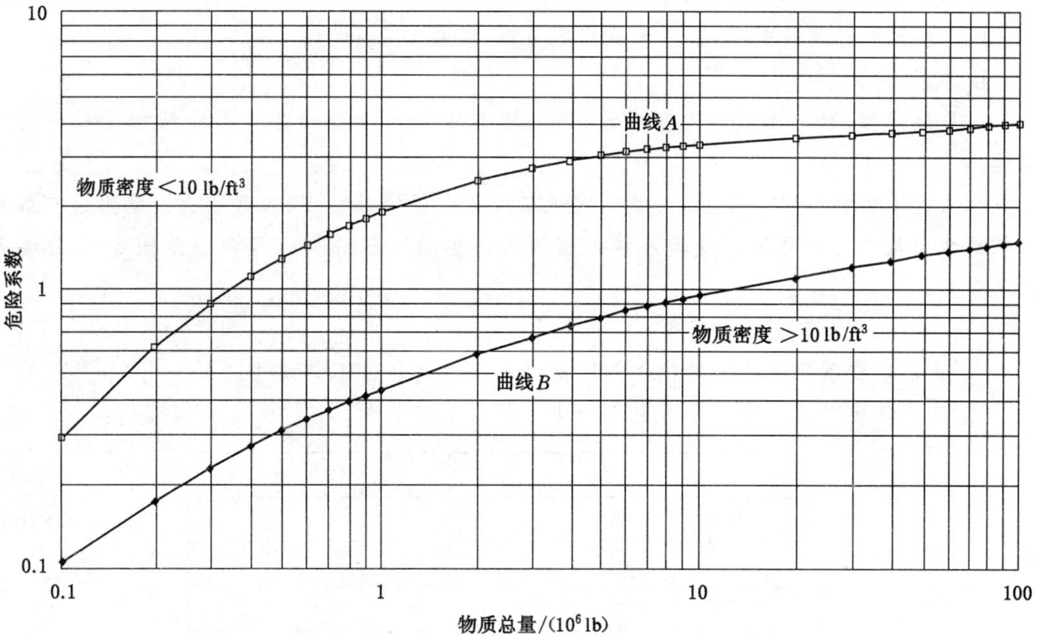

图 6-9　储存中的可燃固体/工艺中的粉尘的危险系数

（注：1 ft=0.304 8 m）

H. 腐蚀

虽然正规的设计留有腐蚀和侵蚀余量，但腐蚀或侵蚀问题仍可能在某些工艺中发生。

此处的腐蚀速率被认为是外部腐蚀速率和内部腐蚀速率之和。切不可忽视工艺物流中少量在之可能产生的影响，它可能比正常的内部腐蚀和由于油漆破坏造成的外部腐蚀强得多，砖的多孔性和塑料衬里的缺陷都可能加速腐蚀。

腐蚀系数按以下规定选取：

(1) 腐蚀速率（包括点腐蚀和局部腐蚀）小于 0.127 mm/a 时，系数为 0.10。

(2) 腐蚀速率大于 0.127 mm/a 并小于 0.254 mm/a 时，系数为 0.20。

(3) 腐蚀速率大于 0.254 mm/a 时，系数为 0.50。

(4) 如果应力腐蚀裂纹有扩大的危险，系数为0.75，这一般是氯气长期作用的结果。

(5) 要求用防腐衬里时，系数为0.20。如果衬里仅仅是为了防止产品污染，则不取系数。

I. 泄漏——连接头和填料处

垫片、接头或轴的密封处及填料处可能是易燃、可燃物质的泄漏源，尤其是在热和压力周期性变化的场所，应该按工艺设计情况和采用的物质选取系数。

按下列原则选取系数：

(1) 泵和压盖密封处可能产生轻轻泄漏时，系数为0.10。

(2) 泵、压缩机和法兰连接处产生正常的一般泄漏时，系数为0.30。

(3) 承受热和压力周期性变化的场合，系数为0.30。

(4) 如果工艺单元的物料是有渗透性或磨蚀性的浆液，则可能引起密封失效，或者工艺单元使用转动轴封或填料函时，系数为0.40。

(5) 单元中有玻璃视镜、波纹管或膨胀节时，系数为1.50。

J. 明火设备的使用

当易燃液体、蒸汽或可燃性粉尘泄漏时，工艺中明火设备的存在额外增加了引燃的可能性。

分为以下两种情况取系数：一是明火设备设置在评价单元中；二是明火设备附近有各种工艺单元。从评价单元可能发生泄漏点到明火设备的空气进口的距离就是图6-10中要采取的距离。

(1) 图6-10中曲线A-1用于：

① 确定物质系数的物质可能在其闪点以上泄漏的任何工艺单元。

② 确定物质系数的物质是可燃性粉尘的任何工艺单元。

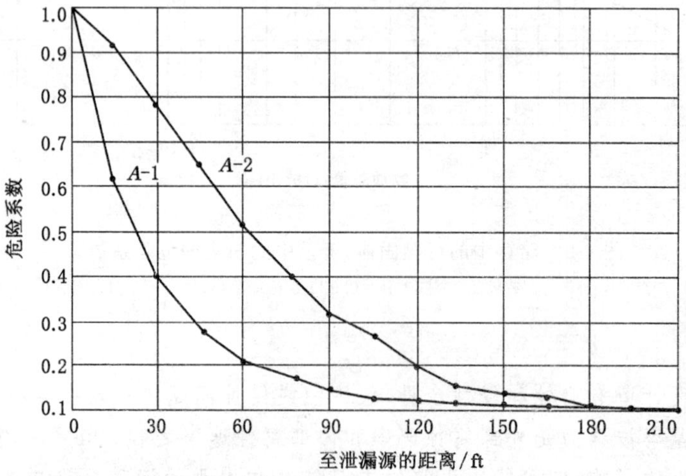

图6-10　明火设备的危险系数

(2) 图6-10中曲线A-2用于：

确定物质系数的物质可能在其沸点以上泄漏的任何工艺单元。

系数确定的方法：按照图6-10用潜在泄漏到明火设备空气进口的距离与相对应曲线

(A-1 或 A-2)的交点即可得到系数值。

曲线 A-1 和 A-2 中，可能的泄漏源距离(X)与系数(Y)对应的方程为(X 的单元为 ft)：

曲线 A-1：

$$\lg Y=-3.3243\left(\frac{X}{210}\right)+3.75127\left(\frac{X}{210}\right)^2-1.43523\left(\frac{X}{210}\right)^3 \tag{6-8}$$

曲线 A-2：

$$\lg Y=-0.3745\left(\frac{X}{210}\right)-2.70212\left(\frac{X}{210}\right)^2+2.09171\left(\frac{X}{210}\right)^3 \tag{6-9}$$

如果明火设备本身就是评价工艺单元，则到潜在泄漏源的距离为 0；如果明火设备加热易燃或可燃物质，即使物质的温度不高于其闪点，系数也取 1.00。

J 项系数不适用于明火炉。

本项所涉及的任何其他情况，包括所处理的物质低于其闪点都不用取系数。

如果明火设备在工艺单元内，并且单元中选作物质系数的物质的泄漏温度可能高于闪点，则不管距离多少，系数至少取 0.10。

对于带有"压力燃烧器"的明火设备，若空气进气孔为 3 m 或更大且不靠近排放口之类的潜在的泄漏源时，系数进去标准燃烧器所确定系数的 50%。但是，当明火加热器本身就是评价单元时，则系数不能乘 50%。

K. 热油交换系统

大多数交换介质可燃且操作温度经常在闪点或沸点之上，因此增加了危险性。此项危险系数是根据热交换介质的使用温度和数量来确定的。热交换介质为不可燃物或虽为可燃物但使用温度总是低于闪点时不用考虑这个系数，但应对生成油雾的可能性加以考虑(详见物质系数一节)。

按照表 6-28 确定危险系数时，其油量可去下列二者中较小者：

(1) 油管破裂后 15 min 的泄漏量。

(2) 热油循环系统中的总油量。

热交换系统中储备的油量不计入，除非它在大部分时间里与单元保持着联系。

建议计算热油循环系统的火灾、爆炸指数时，应包含运行状态下的油罐(不是油储罐)、泵、输油管及回流油管。根据经验，这样做的结果会使火灾、爆炸指数较大。热油循环系统作为评价热油系统时，则按 J 项的规定选取系数。

表 6-28　　热油交换系统危险系数

油量/m^3	系数	
	大于闪点	等于或大于沸点
<18.9	0.15	0.25
18.9～37.9	0.30	0.45
37.9～94.6	0.50	0.75
>94.6	0.75	1.15

L. 转动设备

单元内大容量的转动设备会带来危险，虽然还没有确定一个公式来表征各种类型和尺寸转动设备的危险性，但统计资料表明超过一定规格的泵和压缩机很可能引起事故。

评价单元中使用或评价单元本身是如下转动设备的，可选取系数 0.5：大于 600 ps (1 ps＝735.5 W)的压缩机；大于 75 ps 的泵；发生故障后因混合不均、冷却不足或终止等原因引起反应温度升高的搅拌器和循环泵；其他曾发生过事故的大型高速转动设备，如离心机等。

评价了所有的特殊工艺危险之后，计算基本系数与所涉及的特殊工艺危险系数的总和，并将它填入火灾、爆炸指数计算表中的“特殊工艺危险系数(F_2)”的栏中。

3. 工艺单元危险系数

一般工艺危险系数(F_2)＝基本系数＋所有选取的一般工艺危险系数之和

特殊工艺危险系数(F_2)＝基本系数＋所有选取的特殊工艺危险系数之和

工艺单元危险系数(F_3)＝一般工艺危险系数(F_1)×特殊工艺危险系数(F_2)

特别注意的是，F_3 值范围为 1～8；若 $F_3>8$，则按 8 计。

4. 火灾、爆炸危险指数(F&EI)

火灾、爆炸危险指数(F&EI)＝单元危险系数(F_3)×物质系数(MF)

各数值被汇总记入火灾、爆炸指数计算表 6-25 中。建议保存有关 F&EI 的计算和文件，以备日后检查和校对。

火灾、爆炸危险指数被用来估计生产过程中后果可能造成的破坏。各种危险因素如反应类型、操作温度、压力和可燃物的数量等表征了事故发生概率、可燃物的潜能以及由工艺控制故障、设备故障、振动或应力疲劳等导致的潜能释放的大小。

根据直接原因，易燃物泄漏并点燃后引起的火灾或燃料混合物爆炸的破坏情况分为如下几类：冲击波或燃爆；初始泄漏引起的火灾暴露；容器爆炸引起的对管道与设备的撞击；引起二次事故——其他可燃物的释放。

随着单元危险系数和物质系数的增大，二次事故变得愈加严重。

6.6.2.4 安全措施补偿系数

以下内容为安全措施补偿系数表(表 6-29)的说明。

表 6-29　安全措施补偿系数表

项目	补偿系数范围	采用补偿系数*	项目	补偿系数范围	采用补偿系数*
1. 工艺控制			c. 排放系统	0.91～0.97	
a. 应急电源	0.98		d. 连锁装置	0.98	
b. 冷却装置	0.97～0.99		物质隔离安全补偿系数 C_2**		
c. 抑爆装置	0.84～0.98		3. 防火设施		
d. 紧急切断装置	0.96～0.99		a. 泄漏检验装置		0.94～0.98

续表 6-29

项目	补偿系数范围	采用补偿系数 *	项目	补偿系数范围	采用补偿系数 *
e. 计算机控制	0.93～0.99		b. 钢结构		0.95～0.98
f. 惰性气体保护	0.94～0.96		c. 消防水供应系统		0.94～0.97
g. 操作规程/程序	0.91～0.99		d. 特殊灭火系统		0.91
h. 化学活泼性物质检查	0.91～0.98		e. 洒水灭火系统		0.74～0.97
i. 其他工艺危险分析	0.91～0.98		f. 水幕		0.97～0.98
工艺控制安全补偿系数 C_1 * *			g. 泡沫灭火装置	0.92～0.97	
2. 物质隔离			h. 手提式灭火器和喷水枪	0.93～0.98	
a. 遥控阀		0.96～0.98	i. 电缆防护	0.94～0.98	
b. 卸料/排空装置	0.96～0.98		防火设施安全补偿系数 C_3 * *		

注：* 无安全补偿系数时，填入 1.00；* * 是所采用的各项补偿系数之积。

建造任何一个化工装置(或化工厂)时，应该考虑一些基本设计要点，要符合各种规范，如建筑规范和美国机械工程师学会(ASME)、美国消防协会(NFPA)、美国材料试验学会(ASTM)、美国国家标准所(ANST)的规范以及地方政府的要求。除了这些基本的设计要求之外，根据经验提出的安全措施也已证明是有效的，它不仅能预防严重事故的发生，也能降低事故的发生概率和危害。安全措施可以分为 3 类：工艺控制 C_1、物质隔离 C_2 和防火措施 C_3。

所选择的安全措施应能切实地减少或控制评价单元的危险。选择安全措施以提高安全可靠性不是本危险分析方法的最终结果，其最终结果是确定损失减少的美元数或使最大可能财产损失降至一个更为实际的数值。当地的损失预防专家能帮助我们选择各种合适的安全措施。

1. 工艺控制补偿系数(C_1)

a. 应急电源——0.98

本补偿系数适应于基本设施(仪表电源、控制仪表、搅拌和泵等)具有应急电源且能从正常状态自动切换到应急状态。只有当应急电源与评价单元事故的控制有关时才考虑这个系数。例如，在某一反应过程中，维持正常搅拌是避免失控反应的重要手段，若为搅拌器配备应急电源就有明显的保护功能，因而应予以补偿。

在另一种情况下，如聚苯乙烯生产中胶浆罐的搅拌，就不必设置应急电源来防止或控制可能出现的火灾、爆炸事故。虽然它能在正常电源中断时保证连续作业，但也不给予补偿。

b. 冷却——0.79～0.99

如果冷却系数难保证在出现故障时维持正常的冷却 10 min 以上，补偿系数为 0.99；如果有备用冷却系统，冷却能力为正常需要量的 1.5 倍且至少维持 10 min 时，系数为 0.97。

c. 抑爆——0.84～0.98

粉体设备或蒸气处理设备上安有抑爆装置或设备本身有抑爆作用时，系数为 0.84；采用防爆膜或泄爆口防止设备发生意外时，系数为 0.98。只有那些在突然超压(如燃爆)时能防止设备或建筑物遭受破坏的释放装置才能给予补偿系数。对于那些在所有压力窗口器上都配备的安全阀、储罐的紧急排放口之类常规超压释放装置则不考虑补偿系数。

d. 紧急停车装置——0.96～0.99

情况出现异常时能紧急停车并转换到备用系统，补偿系数为0.98；重要的转动设备如压缩机、透平和鼓风机等装有振动测定仪时，若振动仪只能报警，系数为0.99；若振动仪能使设备自动停车，系数为0.96。

e. 计算机控制

设置了在线计算机以帮助操作者，但它不直接控制关键设备或经常不用计算机操作时，系数为0.99；具有失效保护功能的计算机直接控制工艺操作时，系数为0.97；采用下列三项措施之一者，系数为0.93：

(1) 关键现场数据输入的冗余技术；

(2) 关键输入的异常中止功能；

(3) 备用的控制系统。

f. 惰性气体保护——0.94～0.96

盛装易燃气体的设备有连续的惰性气体保护时，系数为0.96；如果惰性气体系统有足够的容量并自动吹扫整个单元时，系数为0.94。但是，惰性吹扫系统必须人工启动或控制时，不取系数。

g. 操作指南或操作规程——0.91～0.99

正常的操作指南、完整的操作规程是保证正常作业的重要因素。下面列出最重要的条款并规定分值：

(1) 开车——0.5；

(2) 正常停车——0.5；

(3) 正常操作条件——0.5；

(4) 低负荷操作条件——0.5；

(5) 备用装置启动条件(单元循环或全回流)——0.5；

(6) 超负荷操作条件——1.0；

(7) 短时间停车后再开车规程——1.0；

(8) 检修后的重新开车——1.0；

(9) 检修程序(批准手续、清除污物、隔离、系统清扫)——1.5；

(10) 紧急停车——1.5；

(11) 设备、管线的更换和增加——2.0；

(12) 发生故障时的应急方案——3.0。

将已经具备的操作规程各项的分值相加作为下式中的 X，计算得到补偿系数：$1.0-X/150$。

如果上面列出的操作规程均已具备，则补偿系数为：$1.0-13.5/150=0.91$。

此外，也可以根据操作规程的完善程度，在0.91～0.99的范围内确定补偿系数。

h. 活性化学物质检查——0.91～0.98

用活性化学物质大纲检查现行工艺和新工艺(包括工艺条件的改变、化学物质的储存和处理等)，是一项重要的安全措施。

如果按大纲进行检查是整个操作的一部分，系数为0.91；只是在需要时才进行检查，系数为0.98。

采用此项补偿系数的最低要求是：至少每年操作人员应获得一份应用于本职工作的活性化学物质指南；如不能定期地提供，则不能选取补偿系数。

i. 其他工艺过程危险分析——0.91～0.98

几种其他的工艺过程危险分析工具也可用来评价火灾、爆炸危险。这些方法是：定量风险评价(QRA)，详尽的后果分析，故障树分析(FTA)，危险和可操作性研究(HAZOP)，故障类型和影响分析(FMEA)，环境、健康、安全和损失预防审查，如果……怎么样分析，检查表评价以及工艺、物质等变更的审查管理。

相应的补偿系数如下：

定量风险评价	0.91
详尽的后果分析	0.93
故障树分析(FTA)	0.93
危险和可操作性研究(HAZOP)	0.94
故障类型和影响分析(FMEA)	0.94
环境、健康、安全和损失预防审查	0.96
如果……怎么样	0.96
检查表评价	0.98
工艺、物质等变更的审查管理	0.98

定期地开展上面所列的任一危险分析时，均可按规定取相应的补偿系数。如果只是在必要时才进行一些危险分析，可他细斟酌后取较高一些的补偿系数。若总补偿系数确切，人皆可利用。

2. 物质隔离补偿系数(C_2)

a. 远距离控制阀——0.96～0.98

如果单元备有遥控的切断阀以便在紧急情况下迅速地将储罐、容器及主要输送管线隔离时，系数为0.98；如果阀门至少每年更换一次，则系数为0.96。

b. 备用卸料装置——0.96～0.98

如果备用储槽能安全地(有适当的冷却和通风)直接接受单元内的物料时，补偿系数为0.98；如果备用储槽安置在单元外，则系数为0.96；对于应急通风系统，如果应急通风管能将气体、蒸气排放至火炬系统或密闭的受槽，系数为0.96。正常的排气系统减少了周围设备暴露于泄漏出的气体、液体中的可能性，因而也给予补偿。与火炬系统或受槽连接的正常排气系统的补偿系数为0.98。连接聚苯乙烯反应器和储槽的排风系统即为一例。

c. 排放系统——0.91～0.97

为了自生产和储存单元中移走大量的泄漏物，地面斜度至少要保持2%(硬质地面1%)，以便使泄漏物流至尺寸合适的排放沟。排放沟应能容纳最大储罐内所有的物料再加上第二大储罐10%的物料以及消防用水1 h的喷洒量。满足上述条件时，补偿系数为0.91。

只要排放设施完善，能把储罐和设备下以及附近的泄漏物排净，就可采用补偿系数0.91。

如果排放装置能汇集大量泄漏物料，但只能处理少量物料(约为最大储罐容量的1/2)时，系数为0.97；许多排放装置能处理中等数量的物料时，则系数为0.95。

储罐四周有堤以容纳泄漏物时不予补偿。倘若能将泄漏物引至蓄液池，蓄液池的距离至少要大于15 m，蓄液池的蓄液能力要能容纳区域内时最大储罐的所有物料再加上第二大储罐盛装物料的10%以及消防用水，此时补偿系数取0.95。若地面斜度不理想或蓄液池距离小于15 m时，不予补偿。

d. 联锁装置——0.98

装有联锁系统以避免出现错误的物料流向以及由此而引起的不需要的反应时，系数为0.98。此系数也能适用于符合标准的燃烧器。

3. 防火措施补偿系数(C_3)

a. 泄漏检测装置——0.94～0.98

安装了可燃气体检测器，但只能报警和确定危险范围时，系数为0.98；若它既能报警又能在达到燃烧下限之前使保护系统动作，系数为0.94。

b. 钢质结构——0.95～0.98

防火涂层应达到的耐火时间取决于可燃物的数量及排放装置的设计情况。

如果采用防火涂层，则所有的承重钢结构都要涂覆，且涂覆高度至少为5 m，这时取补偿系数为0.98；涂覆高度大于5 m而小于10 m时，系数为0.97；如果有必要，涂覆高度大于10 m时，系数为0.95。防火涂层必须及时维护，否则不能取补偿系数。

钢筋混凝土结构采用和防火涂层一样的系数。从防火角度出发，应优先考虑钢筋混凝土结构。另外的防火措施是单独安装大容量水喷洒系统来冷却钢结构，这时取补偿系数为0.98，而不是按照“喷洒系统”一节的规定取0.97。

c. 消防水供应——0.94～0.97

消防水压力为690 kPa(表压)或更高时，补偿系数为0.94；压力低于690 kPa(表压)时系数为0.97。

工厂消防水的供应要保证按计算的最大需水量连续供应4 h。对危险不大的装置，供水时间少于4 h可能是合适的。满足上述条件的话，补偿系数为0.97。

在保证消防水的供应上，除非有独立正常电源之外的其他能源且能提供最大水量(按计算结果)，否则不取补偿系数。柴油机驱动的消防水泵即为一例。

d. 特殊系统——0.91

特殊系统包括二氧化碳、卤代烷灭火及烟火探测器、防爆墙或防爆小层等。由于对环境存在潜在的危害，不推荐安装新的卤代烷灭火设施。对现有的卤代烷灭火设施，如认为它适合于某些特定的场所或有助于保障生命安全，可以取补偿系数。

重要的是要确保为评价单元选择的安全措施适合于该单元的具体情况。特殊系统的补偿系数为0.91。

地上储罐如果设计成夹层壁结构，当内壁发生泄漏时外壁能承受所有的负荷，此时采用0.91的补偿系数。可是，双层壁结构常常不是最为有效的，减小风险的最好办法是设法加固内壁。

以往，地下埋藏储罐和夹层储罐都给予补偿系数，从防火的观点看，地下储罐更安全一些是毫无疑问。更为重要的一点是，地下储罐可能泄漏，而且对泄漏的检测和控制都有困难。出于这种保护环境的考虑，不推荐设置新的地下储罐。

e. 喷洒系统——0.74～0.97

洒水灭火系统的补偿系数为0.97。对洒水灭火系统给予最小的补偿是由于它由许多部件组成，其中任一部件的故障都可能完全或部分地影响整个系统的功能。喷洒水灭火系统常与其他损失预防措施结合起来应用于较危险的场合，这就意味着单独的喷洒水灭火系统的效果欠佳。

室内生产区和仓库使用的湿式、干式自动喷水灭火系统的补偿系数按表6-30选取。

表6-30　室内生产区和仓库使用的湿式、干式自动喷水灭火系统的补偿系数

危险等级	设计参数	补偿系数	
	$L/(\text{min}\cdot\text{m}^2)$	湿管	干管
低危险	6.11～8.15	0.87	0.87
中等危险	8.56～13.6	0.81	0.84
非常危险	＞14.3	0.74	0.81

湿式、干式自动喷水灭火系统（闭式喷头）的可靠性高达99.9%以上，易发生故障的调节阀很少采用。

用下列面积修正系数（按防火墙内的面积计）乘以上述的补偿系数：

可能着火的面积增大时（如仓库），面积修正系数增大，这使补偿系数增加，从而增大了最大可能财产损失。这是因为面积增大时会有更多的机会暴露在燃烧环境中。

f. 水幕——0.97～0.98

在点火源和可能泄漏的气体之间设置自动喷水幕，可以有效地减少点燃可燃气体的危险。为保证良好的效果，水幕到泄漏源之间的距离至少要为23 m，以便有充裕的时间检测并自动启动水幕。最大高度为5 m的单排喷嘴，补偿系数为0.98；在第一层喷嘴之上2 m内设置第二层喷嘴的双排喷嘴，其补偿系数为0.97。

g. 泡沫装置——0.92～0.97

如果设置了远距离手动控制的将泡沫注入标准喷洒系统的装置，补偿系数为0.94，这个系数是对喷洒灭火系统补偿系数的补充；全自动泡沫喷射系统的补偿系数为0.92，所谓全自动意味着当检测到着火后泡沫阀自动地开启。

为保护浮顶罐的密封圈设置的手动泡沫灭火系统的补偿系数为0.97，当采用火焰探测器控制泡沫系统时，补偿系数为0.94。

锥形顶罐配备有地下泡沫系统和泡沫室时，补偿系数为0.95；可燃液体储罐的外壁配有泡沫灭火系统时，如为手动其补偿系数为0.97，如为自动控制其系数为0.94。

h. 手提式灭火器/水枪——0.93～0.98

如果配备了与火灾危险相适应的手提式或移动式灭火器，补偿系数为0.98。如果单元内有大量泄漏可燃物的可能，而手提式灭火器又不可能有效地控制，这时不取补偿系数。

如果安装了水枪、补偿系数为0.97；如果能在安全地点远距离控制它，则系数为0.95；带有泡沫喷射能力的水枪，其补偿系数为0.93。

i. 电缆保护——0.94～0.98

仪表和电缆支架均为火灾时非常容易遭受损坏的部位。如采用带有喷水装置，其下有14至16号钢板金属罩加以保护时，系数为0.98；如金属罩上涂以耐火涂料以取代喷水装置时，其系数也是0.98。若电缆管埋在地下的电缆沟内（不管沟内是否干燥），补偿系数为0.94。

安全措施补偿系数按下列程序进行计算并汇总于表6-29中：

(1) 各系数确定后填入该安全措施的右边；

(2) 没有采取的安全措施，系数记为1；

(3) 每一类安全措施的补偿系数是该类别中所有选取系数的乘积；

(4) 总补偿系数 $C=C_1\times C_2\times C_3$。

6.6.2.5 工艺单元危险分析汇总

以下内容为工艺单元危险分析汇总表（表6-31）的说明。

表6-31　工艺单元危险分析汇总表

序号	内容	工艺单元	序号	内容	工艺单元
1	火灾、爆炸危险指数(F&EI)		7	基本最大可能财产损失(Base MPPD)	
2	危险等级		8	安全措施补偿系数	
3	暴露区域半径	m	9	实际最大可能财产损失(Actual MPPD)	
4	暴露区域面积	m^2	10	最大可能停工天数(MPDO)	d
5	暴露区域内财产价值		11	停产损失(BI)	
6	危害系数				

1. 火灾、爆炸指数(F&EI)

火灾、爆炸指数被用来估计生产事故可能造成的破坏。F&EI值已在表6-25中计算而得，将F&EI值填入工艺单元危险分析汇总表（表6-31）的序号1。

2. 危险等级

表6-32是F&EI值与危险程度之间的关系，可使人们对火灾、爆炸的严重程度有一个相对的认识，可将F&EI值转化成相应的危险等级，填入工艺单元危险分析汇总表（表6-31）的序号2。

表6-32　F&EI及危险等级

F&EI值	危险等级	F&EI值	危险等级
1～60	最轻	128～158	很大
61～96	较轻	＞159	非常大
97～127	中等		

3. 暴露区域半径

F&EI乘以0.84或按图6-11可转换成暴露半径。它的单元可以是ft或m。这个暴露半径表明了生产单元危险区域的平面分布，它是一个以工艺设备的关键部位为中心，以暴露半径为半径的圆。每一个被评价的生产单元都可画出这样一个圆。暴露半径的值填入工艺单元危险分析汇总表(表 6-31)的序号 3。

如果被评价工艺单元是一个小设备，就可以该设备的中心为圆心，以暴露半径为半径画圆。如果设备较大，则应从设备表面向外量取暴露半径，暴露区域加上评价单元的面积才是实际暴露区域的面积。在实际情况下，暴露区域的中心常常是泄漏点，经常发生泄漏的点是排气口、膨胀节和装卸料连接处等部位，它们均可作为暴露区域的圆心。

4. 暴露区域

暴露半径决定了暴露区域的大小。按下式计算暴露区域：

$$暴露区域面积=\pi R^2$$

暴露区域面积数值填入工艺单元危险分析汇总表(表 6-31)的序号 4。

暴露区域意味着其内的设备将会暴露在本单元发生的火灾或爆炸环境中。为了评价这些设备在火灾、爆炸中遭受的损坏，要考虑实际影响的体积。该体积是一个围绕着工艺单元的圆柱体的体积，其面积是暴露区域，高度相当于暴露半径。有时用球体的体积来表示也是合理的。该体积表征了发生火灾、爆炸事故时生产单元所承受风险的大小。

如图 6-11 所示，单元是立式储罐，图中显示了暴露半径、暴露区域及影响体积。

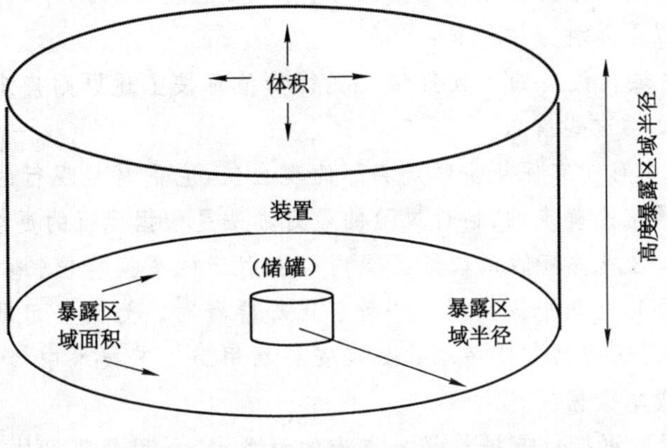

图 6-11　暴露区域及影响体积

众所周知，火灾、爆炸的蔓延并不是一个理想的圆。故不会在所有各个方向造成同等的破坏。实际破坏情况受设备位置、风向及排放装置情况的影响。这些都是影响损失预防设计的重要因素。不管怎样，"圆"提供了赖以计算的基本依据。

有趣的是在早期的 F&EI 研究中，计算暴露半径时要考虑各种易燃物泄漏量达 8 cm 深时可能造成的后果以及爆炸性气体混合物和火灾的影响，同时还要考虑几种不同的环境状况。

如果暴露区域内有建筑物，但该建筑物的墙耐火或防爆或二者兼而有之，此时该建筑物没有危险因而不应计入暴露区域内。如果暴露区域内设有防火墙或防爆墙，则墙后的面积也不算作暴露面积。

如果物料储存在仓库或其他建筑物内，基于上述理由可以得到如下结论：处于危险状态的仅是建筑物本身的容积,可能的危险是燃烧而不是爆炸,建筑物的墙和顶棚应不能传播火焰。假若这个建筑物不耐火或由可燃物建造的,则影响区域就延伸到墙壁之外。

另外还要考虑的是:

(1) 包含评价单元的单层建筑物的全部面积可以看作是暴露区域,除非它用耐火墙分隔成几个独立的部分。如果有爆炸危险,即使各部分用防火墙隔开,整个建筑面积都要看成是暴露区域。

(2) 多层建筑具有耐火楼板时,其暴露区域按楼层划分。

(3) 如果火源在建筑物的外部,则防火墙具有良好的防止建筑物暴露于火灾危害中的作用。但若有爆炸危险,它就丧失了隔离功能。

(4) 防爆墙可以看作是暴露区域的界限。

5. 暴露区域内财产价值

暴露区域内财产价值可由区域内含有的财产(包括在存的物料)的更换价值来确定:

$$更换价值=原来成本\times 0.82\times 增长系数$$

上式中的系数 0.82 是考虑到事故发生时有些成本不会遭受损失或无须更换,如场地平整、道路、地下管线和地基、工程费等,如能进行更加精确的计算,这个系数可以改变。

增长系数由工程预算专家确定,他们掌握着最新的公认的数据。

暴露区域内财产价值填入工艺单元危险分析汇总表(表 6-31)的序号 5。

更换价值可按以下几种方法计算:

(1) 采用暴露区域内设备的更换价值。现行价值可按上述原则确定。在理想状态下,会计的统计资料可提供这些信息。

注意:会计统计中可能有保险金额或实际的现金值,它们是从现行的更换价值算出的。当赔偿金额是按保险值来确定的,估计风险的最好办法是依据现行的更换价值。

(2) 用现行的工程成本来估算暴露区域内所有财产的更换价值(地基和其他一些不会遭受损失的项目除外),这几乎像估算一个新装置那样费时。为简化起见,可只用主要设备的成本来估算,然后用工程预算安装系数核定安装费用。工艺技术中心可以提供已有装置和新建装置的最新成本数据。

(3) 从整个装置的更换价值推算每平方米的设备费,再用暴露区域的面积与之相乘就得到更换价值。这种方法的精确度可能最差,但对老厂最适用。

计算暴露区域内财产的更换价值时,必须采用在存物料的价值及设备价值。对于储罐的物料量,可按其容量的 80%计算;对于塔器、泵、反应器等,采用在存量或与之相连的物料储罐的物料量。不论其量是否偏小,亦可用 15 min 物流量或其有效容积。

物料的价值要根据制造成本、可销售产品的销售价及废料的损失等来确定。暴露区域内所有的物料都要包括在内。

注意:当一个暴露区域包含另一暴露区域的一部分时,不能重复计算。

6. 危害系数的确定

危害系数是由单元危险系数(F_3)和物质系数(MF)按图 6-12 来确定的,它代表了单元中物料泄漏或反应能量释放所引起的火灾、爆炸事故的综合效应。确定危害系数时,如果 F_3 数值超过 8.0,也不能按图 6-12 外推,按 $F_3=8.0$ 来确定危害系数。

随着物质系数(MF)和单元危险系数(F_3)的增加。单元危害系数从 0.01 增至 1.00。

危害系数填入工艺单元危险分析汇总表(表 6-31)的序号 6。

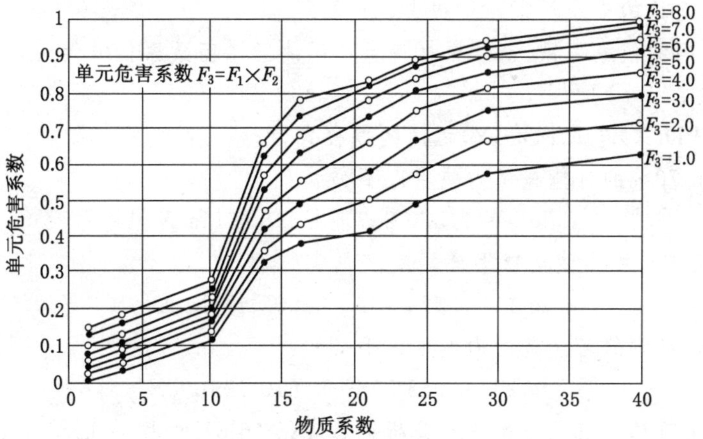

图 6-12 单元危害系数计算图

例如:有两个单元 A 和 B,它们的单元危险系数(F_3)均为 4.00,单元 A 的物质系数为 16,而单元 B 的物质系数为 24,根据图 6-12 可以得到单元 A 的危害系数为 0.45,单元 B 的危害系数为 0.74。

7. 基本最大可能财产损失(Base MPPD)

确定了暴露区域、暴露区域内财产和危害系数之后,有必要计算按理论推断的暴露面积(实质上是暴露体积)内有关设备价值的数据。暴露面积代表了基本最大可能财产损失(Base MPPD)。基本最大可能财产损失是由工艺单元危险分析汇总表(表 6-31)的序号 4 和序号 5 数据相乘得到的。基本最大可能财产损失是根据许多年来开展损失预防积累的数据来确定的。基本最大可能财产损失填入工艺单元危险分析汇总表(表 6-31)的序号 7。基本最大可能财产损失是假定没有任何一种安全措施来降低损失。

8. 安全措施补偿系数

安全措施补偿系数已在表 6-30 计算而得,填入工艺单元危险分析汇总表(表 6-31)的序号 8。

9. 实际最大可能财产损失(Actual MPPD)

基本最大可能财产损失与安全措施补偿系数的乘积就是实际最大可能财产损失(Actual MPPD)。它表示在采取适当的(但不完全理想)防护措施后事故造成的财产损失。如果这些防护装置出现故障,其损失值应接近于基本最大可能财产损失。

实际最大可能财产损失填入工艺单元危险分析汇总表(表 6-31)的序号 9。

10. 最大可能工作日损失(MPDO)

估算最大可能工作日损失(MPDO)是评价停产损失(BI)必须经过的一个步骤。停产损失常常等于或超过财产损失,这取决于物料贮量和产品的需求状况。一些不同的情况可以导致最大可能工作日损失(MPDO)与财产损失的关系发生变化。例如:

(1) 修理电缆支架上损坏的电缆所花费的时间与修理或更换小电动机、泵及仪表的时间差不多,但其财产损失要小得多。

(2) 关键原料供应管的故障(如盐水管、碳氢化合物输送管等)的财产损失小,但最大可能工作日损失大。

(3) 需更换部件或是单机系统难以买到，对停工天数有影响，会拖延修复日期。

(4) 需要从遥远的生产厂家购置损失的产品。

(5) 工厂之间的依赖关系，由于原材料生产厂的问题而致原材料供应困难，使收益和连续成本受到损失。

Actual MPPD(X)与 MPDO(Y)之间的方程式为：

MPDO 高于70%的可能范围内使用以下公式：

$$\lg Y = 1.550\,233 + 0.598\,416 \lg X \tag{6-10}$$

MPDO 在正常范围内使用以下公式：

$$\lg Y = 1.325\,132 + 0.592\,471 \lg X \tag{6-11}$$

MPDO 低于70%的可能范围内使用以下公式：

$$\lg Y = 1.045\,515 + 0.610\,426 \lg X \tag{6-12}$$

得到的 MPDO 填入工艺单元危险分析汇总表(表 6-31)的序号 10。

11. 停产损失(BI)

按美元计，停产损失(BI)按下式计算(以美元计)：

$$\mathrm{BI} = \mathrm{MPDO}/30 \times \mathrm{VPM} \times 0.7 \tag{6-13}$$

式中 VPM——每月产值；

0.7——固定成本和利润。

停产损失(BI)填入工艺单元危险分析汇总表(表 6-31)的序号 11。

6.6.2.6 生产单元危险分析汇总

生产单元危险分析汇总表(表 6-33)中的数据是根据火灾、爆炸指数(F&EI)表(表 6-28)和工艺单元危险分析汇总表(表 6-31)填写，记录了评价单元的基本的和实际的最大可能财产损失以及停产损失。

表 6-33 生产单元危险分析汇总表

地区/国家		部门			场所		
位置		生产单元			操作类型		
评价人		生产单元总替换价值			日期		
工艺单元主要物质	物质系数	火灾爆炸指数 F&EI	影响区内财产价值	Base MPPD	Actual MPPD	MPDO	BI

在安全评价中，一般还会补充表 6-34 来对比采取了控制措施后的 FEI 值和危险等级的变化情况。

表 6-34 安全措施补偿前后的危险等级表

生产单元	火灾爆炸指数(F&EI)	危险等级
初始		
补偿后		

所有有关的工艺单元都要单独列出“火灾、爆炸指数(F&EI)表”、“ 安全措施补偿系数表”及“工艺单元危险分析汇总表”,“ 生产单元危险分析汇总表”则集中了这些表格中的关键信息并被收入“风险分析数据包”中,用于为火灾保险提供生产单元的事故损失情况及采取安全措施的汇总,包括如下内容:

1) 生产单元危险分析汇总

2) 为确定下列各项而完成的 F&EI 表格

(1) 最大的 Actual MPPD。

(2) 最大的 MPDO 和 BI。

(3) 最大的 F&EI。

3) 简化的方框式工艺流程图

4) 标有暴露面积、气体检测、消防设备、紧急切断阀等的地图

5) 有关停产损失的数据

(1) 原料或代用物的来源。

(2) 产品的包装和运输。

(3) 基本的公用设施及可靠性。

(4) 关键设备及损坏时的对策。

(5) 安全措施如消防、供水、水喷洒设备、抑爆装置及消防部门应急响应的能力。

(6) 道化学公司设施与非道化学公司设施之间的依赖关系。

6) 化学物质暴露指数汇总

7) 现场损失预防安全措施报告书

8) 单元损失预防安全措施报告书

每套装置都要有关于各生产单元的最新的风险分析数据包。风险分析数据包被许多部门作为综合审查的一部分。

6.6.3 应用实践

在安全评价中,利用道化学可以得到采取了安全措施补偿的火灾、爆炸危害指数及其危险等级,当仍为中等及以上危险等级时,则建议评价单位继续采取新的或完善已有的各种安全补偿措施(源自表 6-29 的各项目)以继续降低火灾、爆炸危害指数与危险等级,此部分内容可以设置到安全评价报告中的提出安全对策措施一章中,以使安全对策措施具有较强的针对性。

火灾爆炸指数法流程性较强,参数选取及步骤计算可利用 Visual Basic 等计算机编程语言访问数据库以设计 F&EI 评价应用软件。

6.6.4 示例

某对苯二甲酸(PTA)生产厂采用高温氧化法生产,生产流程如图 6-13 所示,对二甲苯(PX)以醋酸为溶剂,以醋酸钴、醋酸锰为催化剂,反应温度 221～225 ℃,反应压力 1.256 MPa,经催化氧化生成粗 PTA,粗 PTA 经加氢精制后得到精 PTA。根据 PTA 工艺流程,高温氧化单元和加氢精制单元危险性较高,采用道化法对高温氧化单元和加氢精制单元进行计算与分析。

高温氧化单元中,混合物中催化剂醋酸钴、醋酸锰量较少,主要成分为醋酸、对二甲苯,

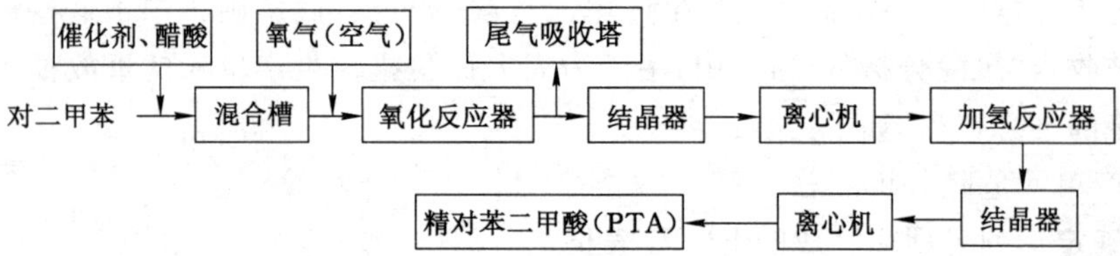

图 6-13 PTA 生产流程示意图

物质系数分别为 14,16,14,选取对二甲苯物质系数为 16。

加氢精制单元中,主要成分为对苯二甲酸、氢,其中氢的危险性大,其物质系数 21,可确定该单元物质系数为 21。

两个单元的评价结果汇总见表 6-35。

表 6-35　　评价结果汇总表

内容	高温氧化单元	加氢精制单元
工艺单元主要物质	对二甲苯	氢
物质系数(MF)	16	21
工艺单元危险系数($F_3=F_1\times F_2$)	8	5.6
火灾、爆炸危险指数(F&EI)	128	117.6
危险等级	很大	中等
暴露区域半径/m	32.8	30.1
暴露区域面积/ m^2	3 380	2 846
暴露区域内财产价值	V_1	V_2
破坏系数	0.78	0.76
基本最大可能财产损失(基本 MPPD)	$0.78V_1$	$0.76V_2$
安全措施补偿系数	0.58	0.56
补偿后的火灾、爆炸危险指数(F&EI)	74.24	65.9
补偿后的危险等级	较轻	较轻
实际最大可能财产损失(实际 MPPD)	$0.45V_1$	$0.43V_2$

其中,高温氧化单元的工艺单元危险系数确定过程见表 6-36。

表 6-36　　高温氧化单元工艺单元危险系数表

项目	危险系数范围	采用危险系数	取值说明
1. 一般工艺危险			
基本系数	1.00	1.00	基本系数为 1.00
A. 放热化学反应	0.30～1.25	1.00	放热化学反应，正常情况下，对二甲苯与氧气在 191 ℃、1.256 MPa 这一控制条件下反应，一旦反应失控有严重的火灾爆炸危险，取 1.00
B. 吸热反应	0.20～0.40		无此项
C. 物料处理与输送	0.25～1.05		本单元不属于储运系统，物质采用管道输送，取 0
D. 密闭式或室内工艺单元	0.25～0.90		本单元为敞开式结构，取 0
E. 通道	0.20～0.35		本单元为敞开式结构，取 0
F. 排放和泄漏控制	0.20～0.50	0.5	反应器温度远大于物料闪点，一旦反应器物料紧急排放到地沟、暴露于空气中，则有燃烧爆炸的可能，取 0.5
一般工艺危险系数(F_1)		2.5	1.00＋1.00＋0.5＝2.5
2. 特殊工艺危险			
基本系数	1.00	1.00	基本系数为 1.00
A. 毒性物质	0.20～0.80	0.4	对二甲苯 $N_H=2$，则 $0.2N_H=0.4$，取 0.4
B. 负压(＜500 mmHg)	0.50		本单元正压操作，取 0
C. 接近易燃范围的操作： 惰性化 未惰性化			
(1) 罐装易燃液体	0.50		
(2) 过程失常或吹扫故障	0.30		
(3) 一直在燃烧范围内	0.80	0.8	反应器内浓度易上升到燃烧爆炸条件，取 0.8
D. 粉尘爆炸	0.25～2.00		无此项
E. 压力：操作压力(kPa，绝对) 释放压力(kPa，绝对)		0.45	反应器中压力为 1.256 MPa，取 0.45
F. 低温	0.20～0.30		无此项
G. 易燃及不稳定物质量(kg) 物质燃烧热 H_c(J/kg)			
(1)工艺中的液体及气体		0.85	根据反应器的物质量，经计算查表取 0.85
(3)储存中的液体及气体			
(2)储存中的可燃固体及工艺中的粉尘			
H. 腐蚀与磨损	0.10～0.75	0.2	醋酸有强烈的腐蚀性，其水溶液有弱酸性，取 0.2

续表 6-36

项目	危险系数范围	采用危险系数	取值说明
I. 泄漏——接头和填料处	0.10～1.50	0.3	本单元极少泄漏，但反应器压力温度均较高，取 0.3
J. 使用明火设备			无此项
K. 热油、热交换系统	0.15～1.15		无此项
L. 传动设备	0.50	0.5	有传动设备，取 0.5
特殊工艺危险系数(F_2)		4.5	1+0.4+0.8+0.45+0.85+0.2+0.3+0.5=4.5
工艺单元危险系数($F_3=F_1\times F_2$)		8	2.5×4.5=11.25>8，取 8
火灾、爆炸危险指数($F\&EI=F_3\times MF$)		128	8×16=128

高温氧化单元的安全措施补偿系数确定过程见表 6-37。

表 6-37　高温氧化单元安全措施补偿系数表

项目	补偿系数范围	采用补偿系数	取值说明
1. 工艺控制			
a. 应急电源	0.98		
b. 冷却装置	0.97～0.99		
c. 抑爆装置	0.84～0.98	0.98	采用了防爆膜，取 0.98
d. 紧急切断装置	0.96～0.99	0.96	设置了紧急停车装置，取 0.96
e. 计算机控制	0.93～0.99	0.93	采用了计算机控制，有冗余技术，取 0.93
f. 惰性气体保护	0.94～0.96	0.96	当尾氧浓度达 8%，会联锁停车，自动引入高压惰性气体，取 0.96
g. 操作规程/程序	0.91～0.99	0.93	制定了操作规程，取 0.93
h. 化学活泼性物质检查	0.91～0.98		
i. 其他工艺危险分析	0.91～0.98		
工艺控制安全补偿系数 C_1		0.781	0.98×0.96×0.93×0.96×0.93=0.781
2. 物质隔离			
a. 遥控阀	0.96～0.98	0.98	有远距离切断阀，取 0.98
b. 卸料/排空装置	0.96～0.98		
c. 排放系统	0.91～0.97	0.91	可紧急排放至污水收集池并及时运走，取 0.91
d. 联锁装置	0.98	0.98	装有止回阀，不会出现物料倒流，取 0.98
物质隔离安全补偿系数 C_2		0.874	0.98×0.91×0.98=0.874
3. 防火设施			
a. 泄漏检验装置	0.94～0.98		

续表 6-37

项目	补偿系数范围	采用补偿系数	取值说明
b. 钢结构	0.95～0.98	0.95	反应器承重钢结构全部覆盖有防火涂层，取 0.95
c. 消防水供应系统	0.94～0.97	0.94	供应有充足的消防水，取 0.94
d. 特殊灭火系统	0.91		
e. 洒水灭火系统	0.74～0.97		
f. 水幕	0.97～0.98		
g. 泡沫灭火装置	0.92～0.97		
h. 手提式灭火器和喷水枪	0.93～0.98	0.95	配备有水枪、手提式灭火器，取 0.95
i. 电缆防护	0.94～0.98		
防火设施安全补偿系数 C_3		0.848	0.95×0.94×0.95=0.848
总补偿系数 $C=C_1\times C_2\times C_3$		0.58	0.781×0.874×0.848=0.58

6.7 故障类型与影响分析

6.7.1 概述

故障类型与影响分析（failure mode and effects analysis，FMEA）的目的是辨识单一设备和系统的故障模式及每种故障模式对系统或装置造成的影响。评价人员通常据此提出增加设备可靠性的建议，进而提出工艺安全对策。

6.7.2 方法基础

使用 FMEA 方法需要如下资料：

（1）系统或装置的 P&IDS。

（2）设备、配件一览表。

（3）设备功能和故障模式方面的知识。

（4）系统或装置功能及对设备故障处理方法知识。

FMEA 方法可由单个分析人员完成，但需要其他人进行审查，以保证完整性。对评价人员的要求随着评价的设备项目大小和尺度有所不同。所有的 FMEA 评价人员都应对设备功能及故障模式熟悉，并了解这些故障模式如何影响系统或装置的其他部分。

1）故障及故障类型

（1）故障

元件、子系统、系统在运行时，达不到设计规定的要求，因而完不成规定的任务或完成得不好。

（2）故障类型

系统、子系统或元件发生的每一种故障的形式称为故障类型。例如：一个阀门故障可以有四种故障类型：内漏、外漏、打不开、关不严。表 6-39 列出了一般故障的类型，各种故障类型一般可按表 6-38 分类考虑。

表 6-38　　故障类型一般可按表中分类考虑

故障类型		故障原因
各类故障粗分： 1. 过早的启动 2. 规定的时间内不能启动 3. 规定的时间内不能停车 4. 运行能力降级、超量或受阻	各类故障细分： 1. 构造方面的故障、物理性咬紧、振动、不能定位、不能打开、不能关闭 2. 打开时故障、关闭时故障 3. 内部泄漏、外部泄漏 4. 高于允许偏差、低于允许偏差 5. 反向动作、间歇动作、误动作、误指示 6. 流向偏向一侧、传动不良、停不下来 7. 不能启动、不能切换、过早启动、动作滞后 8. 输入量过大、输入量过小、输出力量过大、输出力量过小 9. 电路短路、电路开路 10. 漏电、其他	1. 设计上的缺陷； (由于设计上的技术上先天的不足，或者图纸不完善等) 2. 制造上的缺点 (加工方法不当或组装方面的失误) 3. 质量管理上缺点 (检验不够或失误以及管理不当) 4. 使用上的缺点 (误操作或未设计条件操作) 5. 维修方面的缺点 (维修操作失误或检修程序不当)

3）故障等级划分

根据故障类型对系统或子系统影响的程度不同而划分的等级称为故障等级。划分故障等级主要是为了划分轻重缓急采取相应的对策，提高系统的安全性。划分方法有很多种，其中根据故障类型对子系统或系统影响的严重程度可定性划分为四级，见表 6-39。

表 6-39　　故障类型等级划分

故障等级	影响程度	可能造成的损失
Ⅰ	致命性	可造成死亡或系统毁坏
Ⅱ	严重性	可造成严重伤害、严重职业病或主系统损坏
Ⅲ	临界性	可造成轻伤、轻职业病或次要系统损坏
Ⅳ	可忽略性	不会造成伤害和职业病，系统不会受到损坏

2）分析步骤

进行 FMEA 时，可按照下述步骤进行。

(1) 明确系统本身的情况和目的

分析时首先要熟悉有关资料，从设计说明书等资料中了解系统的组成、任务等情况，查出系统含有多少子系统，各个子系统又含有多少单元或元件，了解它们之间如何接合，熟悉它们之间的相互关系、相互干扰以及输入和输出等情况。

(2) 确定分析程度和水平

分析时一开始便要根据所了解的系统情况，决定分析到什么水平，这是一个很重要的问题。如果分析程度太浅，就会漏掉重要的故障类型，得不到有用的数据；如果分析的程度过深，一切都分析到元件甚至零部件，则会造成手续复杂，搞起措施来也很难。一般来讲，经过对系统的初步了解后，就会知道哪些子系统比较关键、哪些次要。对关键的子系统可以分析得深一些，不重要的分析得浅一些，甚至可以不进行分析。

对于一些功能像继电器、开关、阀门、储罐、泵等都可当作元件对待，不必进一步分析。

(3) 绘制系统图和可靠性框图

一个系统可以由若干个功能不同的子系统组成,如动力、设备、结构、燃料供应、控制仪表、信息网络系统等,其中还有各种接合面。为了便于分析,对复杂系统可以绘制各功能子系统相结合的系统图以表示各子系统间的关系。对简单系统可以用流程图代替系统图。

从系统图可以继续画出可靠性框图 ,它表示各元件是串联的或并联的以及输入/输出情况。由几个元件共同完成一项功能时用串联连接,元件有备品时则用并联连接,可靠性框图内容应和相应的系统图一致。

(4) 列出所有故障类型并选出对系统有影响的故障类型。

按照可靠性框图,根据过去的经验和有关的故障资料,列举出所有的故障类型,填入FMEA表格内。然后从其中选出对子系统以至系统有影响的故障类型,深入分析其影响后果、故障等级及应采取的措施。

使用FMEA方法的特点之一就是制表。由于表格便于编码、分类、查阅、保存,所以很多部门根据自己情况拟出不同表格(表6-40～表6-42),但基本内容相似。

表 6-40　　故障类型影响分析表格

系　统____子系统____ 组　件______				故障类型影响分析						日　期____制　表____主　管____ 审　核____			
分析项目				功能	故障类型及造成原因	任务阶段	故障影响			故障检测方法	改正处理所需时间	故障等级	修改
名称	项目号	图纸号	框图号				组件	子系统	系统(任务)				

表 6-41　　故障类型影响分析表格

系　统______ 子系统______		故障类型影响分析			日　期______ 制　表______ 主　管______	
框图号	子系统项目	故障类型	推断原因	对子系统影响	对系统影响	故障等级

表 6-42　　故障类型影响分析表格

系　统______ 子系统______			故障类型影响分析				日　期______ 制　表______ 主　管______ 审　核______		
(1) 项目号	(2) 分析项目	(3) 功能	(4) 故障类型	(5) 推断原因	(6)影响		(7) 故障检测方法	(8) 故障等级	(9) 备注
					子系统	系统			

如果经验不足,考虑得不周到,将会给分析带来影响。因此,这是一件技术性较强的工作,最好由安技人员,生产人员和工人三者结合进行。

(5) 列出造成故障的原因

对危险性特别大的故障类型,如故障等级为Ⅰ级,则进一步开展致命度分析。

3) 致命度分析

对于危险性特别大的故障类型,如故障等级等于Ⅰ级的故障类型(有可能导致人命伤亡或系统损坏),应予以特别注意,可采用称为致命度分析的方法(CA)进一步分析。

美国汽车工程师学会(SAE)把故障致命度分成表 6-43 中的 4 个等级。

表 6-43　　致命度等级与内容

等级	内容
Ⅰ	有可能丧失生命的危险
Ⅱ	有可能使系统毁坏的危险
Ⅲ	涉及运行推迟和损失的危险
Ⅳ	造成计划外维修的可能

致命度分析一般和故障类型影响分析合用。使用下式计算出致命度指数 C_r,它表示元件运行 100 万小时(次)发生的故障次数。

$$C_r = \sum_{n=1}^{i} (\alpha \cdot \beta \cdot \kappa_A \cdot \kappa_E \cdot \lambda_G \cdot t \cdot 10^6)_n \tag{6-14}$$

式中 n——元件的致命故障类型号数,$n=1,2,3,\cdots,j$;

j——致命故障类型的第 j 个序号;

λ_G——单位时间或周期的故障次数,一般指元件故障率;

t——完成一项任务,元件运行的小时数或周期(次)数;

κ_A——元件 λ_G 的测定值与实际运行时的强度修正系数;

κ_E——元件 λ_G 的测定值与实际运行时的环境条件修正系数;

α——λ_G 中该故障类型所占比例;

β——发生故障时会造成致命的影响的发生概率,其值见表 6-44。

表 6-44　　造成致命影响的故障发生概率

影响	发生概率 β	影响	发生概率 β
实际损失	$\beta=1.00$	可预计损失	$0.10 \leqslant \beta < 1.00$
可能损失	$0 < \beta < 0.1$	无影响	$\beta=0$

致命度分析所用表格见表 6-45。

表 6-45 **致命度分析表**

系 统____子系统____				致命度分析						日 期 ____ 制 表 ____ 主管____			
	致命故障			致命度计算									
(1) 项目 编号	(2) 故障 类型	(3) 运行 阶段	(4) 故障 影响	(5) 项目数	(6) κ_A	(7) κ_E	(8) λ_G	(9) 故障率 数据 来源	(10) 运转 时间 或周期	(11) 可靠性 指数 $n\kappa_A\kappa_E\lambda_G t$	(12) α	(13) β	(14) C_r

6.7.3 示例

图 6-15 所示为一柴油机燃料供应示意图，柴油经膜式泵送往壁上的中间储罐，再经过滤器流入曲轴带动的柱塞泵，将燃料向柴油机气缸喷射。柴油机燃料供应共有 5 个子系统：燃料供应子系统、燃料压送子系统、燃料喷射子系统、驱动装置、调速装置，其系统图见图 6-16。针对燃料供应子系统开展 FMEA 分析，选择对系统有严重危险的故障类型，汇总见表 6-46和表 6-47。

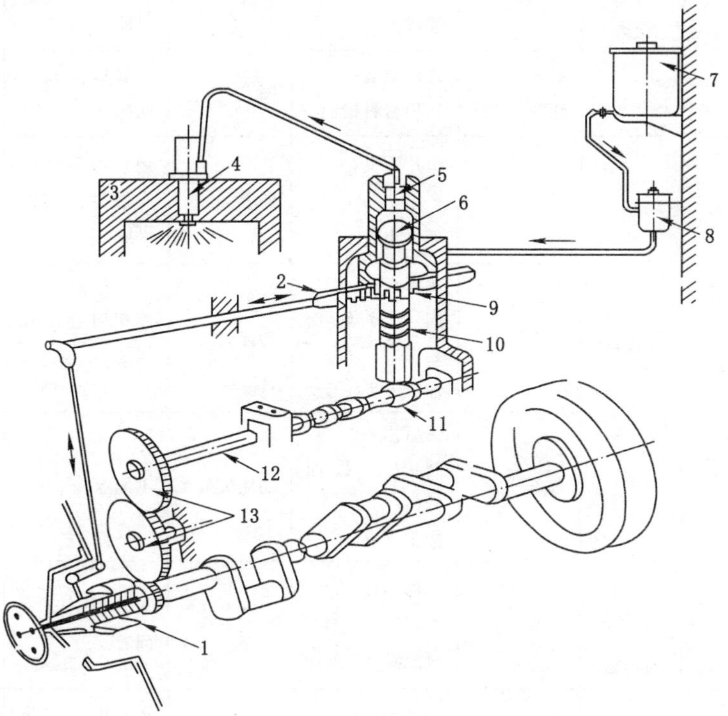

图 6-15 柴油机燃料供应示意图

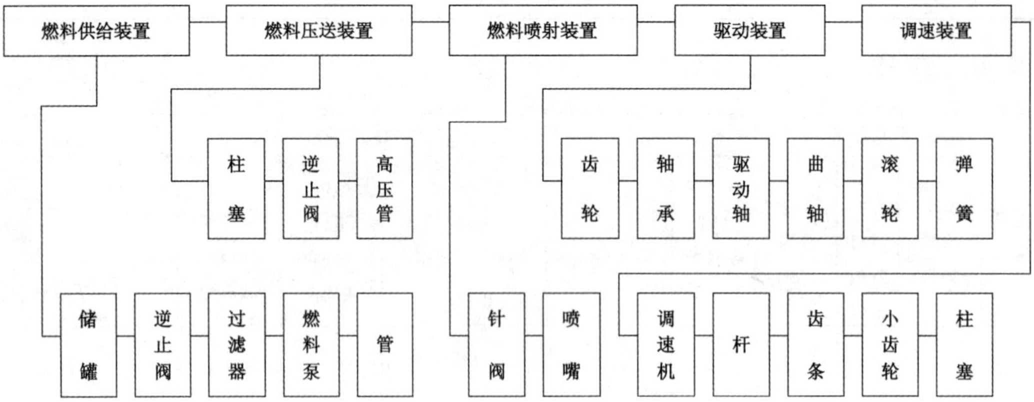

图 6-16　柴油机燃料系统可靠性框图

表 6-46　　柴油机燃料供应子系统故障类型影响分析表

编号	子系统名称	元件名称	故障类型	发生原因	影响		故障等级	备注
					燃料系统	柴油机		
1	燃料供给子系统	储罐	泄漏	裂缝； 材料缺陷； 焊接不良	功能不齐全	运转时间变短有发生火灾的可能	Ⅱ	
			混入不纯物	维修缺陷； 选用材料错误	同上	运转时会发生问题	Ⅱ	
		单向阀	泄漏	垫片不良； 污垢； 加工不良	同上	运转时间变短有发生火灾的可能性	Ⅱ	
			关不严	污垢； 阀头接触面划伤； 加工不良	功能失效	停车时会出现问题	Ⅲ	
			打不开	污垢； 阀头接触面锈住； 加工不良	功能失效	不能运转	Ⅰ	
		过滤器	堵塞	维修不良； 燃料质量欠佳； 过滤器结构不良	功能不全	运转时会出现问题	Ⅱ	
			溢流	结构不良； 维修不良	功能不全	运转时会出现问题	Ⅱ	

续表 6-46

编号	子系统名称	元件名称	故障类型	发生原因	影响		故障等级	备注
					燃料系统	柴油机		
1	燃料供给子系统	燃料泵	膜有缺陷	有洞； 有伤； 安装不良	功能失效	不能运转	Ⅰ	
			膜不能动作	结构不良； 零件缺陷； 安装不良	同上	同上	Ⅰ	
		管路	泄漏	材料不良； 焊接不良	功能不全	运转会发生故障	Ⅱ	
			接头破损	焊接不良； 零件不良； 安装不良	功能失效	不能运转	Ⅰ	
2	燃料输送装置	柱塞泵	泄漏	间隙过大； 表面粗糙； 装配不良	功能不齐全	运转会发生故障	Ⅱ	
			间隙过大	检修缺陷； 加工不良； 材质不良； 装配不良； 维护不良	同上	同上	Ⅱ	
			咬住	污垢； 装配缺陷； 间隙过小	功能失效	不能运转	Ⅰ	
			燃料回流不良	柱塞沟加工不良； 污垢； 柱塞孔加工不良	功能不齐全	运转会发生故障	Ⅲ	
		单向阀	关不死	污垢； 阀杆受伤； 弹簧断	功能不全	运转会发生故障	Ⅱ	
			打不开	材料不良； 阀杆咬住	功能丧失	不能运转	Ⅰ	
		高压管线	焊缝破裂	焊接不良； 加工不良； 安装不良			Ⅰ	

表 6-47 柴油机燃料系统影响任务项目

序号	项目名称	故障类型	影响	故障等级	备考
1.2	单向阀	打不开	系统不能运转	Ⅰ	
1.4	燃料泵	泵膜有缺陷	同上	Ⅰ	
		泵膜不动作	同上	Ⅰ	
1.5	管线	焊缝破损	同上	Ⅰ	
2.1	柱塞	胶住	同上	Ⅰ	
2.2	单向阀	打不开	同上	Ⅰ	
2.3	高压管线	焊缝破损	同上	Ⅰ	
3.1	针形阀	胶住	同上	Ⅰ	
4.1	齿轮	不转动	同上	Ⅰ	
4.2	轴承	胶住	同上	Ⅰ	
4.3	驱动轴	折断	同上	Ⅰ	
5.1	调速机	摆动	同上	Ⅰ	

从 FMEA 分析表中，可以看出采取措施的重点，在本例中从分析结果可以看到，燃料供应子系统的单向阀、燃料输送装置的柱塞和单向阀、燃料喷射装置的针形阀，都容易被污垢堵住，因此要变更原来设计，即在燃料泵(柱塞泵)前面加一个过滤器。

6.8 事件树分析

6.8.1 概述

事件树分析(event tree analysis，ETA)是一种按事故发展的时间顺序由初始事件开始推论可能的后果，从而进行危险源辨识与评价的方法。与本书 6.9 节正好相反，是一种从原因到结果的自下而上的归纳逻辑分析方法。其目的有：

(1) 能够判断出事故发生与否，以便采取直观的安全措施；

(2) 能够指出消除事故的根本措施，改进系统的安全状况；

(3) 从宏观角度分析系统可能发生的事故，掌握事故发生的规律；

(4) 可以找出最严重的事故后果，为确定顶上事件(见 6.9 节)提供依据。

6.8.2 方法基础

事件树分析通常包括 6 个步骤：

1) 确定初始事件

初始事件的确定是事件树分析的重要一环，是事件树中在一定条件下造成事故后果的最初原因事件。初始事件可以是系统故障、设备失效、人员误操作或者工艺过程异常等，这些主要取决于安全系统或操作人员对初始事件的反应。如果所选定的初始事件能直接导致一个具体事故，事件树就能较好地确定事故的原因。在事件树分析的绝大多数应用中，初始事件是预想的,装置设计包括装置、防护围栏或工艺方法,用来对初始事件做出反应,并降低或消除初始事件的影响。

2) 识别能消除初始事件的安全功能措施

确定安全功能措施以减弱或消除初始事件影响。安全功能措施通常包括:

(1) 系统自动对初始事件的做出响应(包括自动停车系统)。

(2) 当初始事件发生时,报警器向操作者发出警报。

(3) 操作工按设计要求或规定的操作规程对报警做出响应。

(4) 冷却系统、压力释放系统和破坏系统启动以减轻事故的严重程度。

(5) 对初始事件的影响起限制作用的围堤或封闭方法。

这些安全功能措施主要是避免初始事件发展成恶性事件,分析人员应该确定的事件的顺序,确认能减轻初始事件后果的所有安全功能措施,确认在事件树中安全功能成功是否。

3) 编制事件树

事件树展开的是事故序列,由初始事件开始,再对控制系统和安全系统如何响应进行处理,其结果是确定由初始事件引起的事故。分析人员按事件顺序列出安全功能措施的动作,虽然许多时候事件可能是同时发生的。在估计安全系统对异常状况的响应时,分析人员应仔细地考虑正常的工艺控制对异常状况的响应的因素。

编制事件树的第一步,是写出初始事件并列在左边,安全功能措施依序写在右边。

第二步是评价安全功能措施。通常只考虑两种可能:安全功能措施成功或失败。假设初始事件已经发生,分析人员须确定所采用的安全措施成功/失败的判定标准,判断如果安全措施成功或失败对事故的发生有什么影响。如果对事故有影响,则事件树要分成分叉(两枝),分别代表安全措施成功和安全措施失败,一般把成功一枝放在上面,失败一枝放在下面;如果该安全措施对事故的发生没有什么影响,则不需分叉(分枝),可进行下一项安全功能措施。

依照第二步继续列出安全功能措施,同样用分叉(分枝)代表成功和失败,以此类推,直到最后一个安全功能措施为止。

事件树分析的下一步是对各事故序列结果进行解释说明,以便确定其最小割集。每一事故序列都由一系列安全功能措施失败组成,并以"与门"逻辑与初始事件相关。每一事故序列"结果"可作为故障树的顶上事件,初始事件和一系列安全功能措施失败(故障)用"与门"与事故序列"结果"(顶上事件)相连接,该初始事件和一系列安全功能措施失败(故障)即为事故序列"结果"(顶上事件)的最小割集。

事件树的最后一步是将分析研究的结果汇总,分析人员应对初始事件、一系列的假设及事件树模式等进行分析,列出不同的事故后果及其最小割集,列出相关的建议措施。

6.8.3 示例

可燃物质释放事件树编制如下:

(1) 可燃气体瞬时释放事件树如图 6-17 所示。

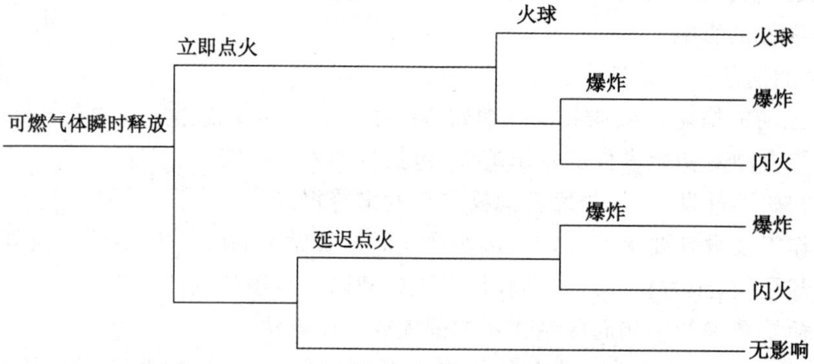

图 6-17　可燃气体瞬时释放事件树

(2) 可燃气体连续释放事件树如图 6-18 所示。

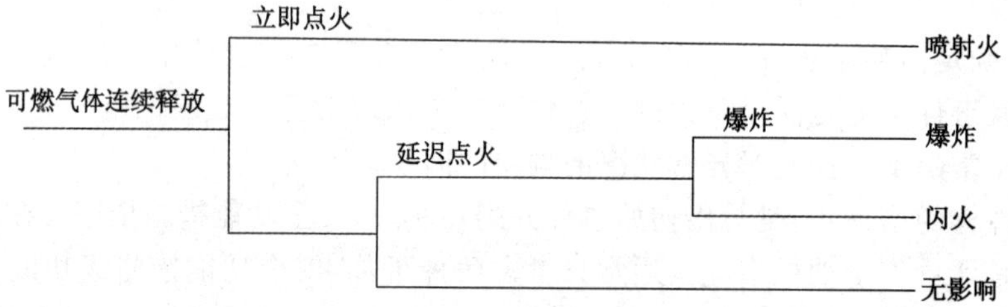

图 6-18　可燃气体连续释放事件树

(3) 压缩液化气体瞬时释放事件树如图 6-19 所示。

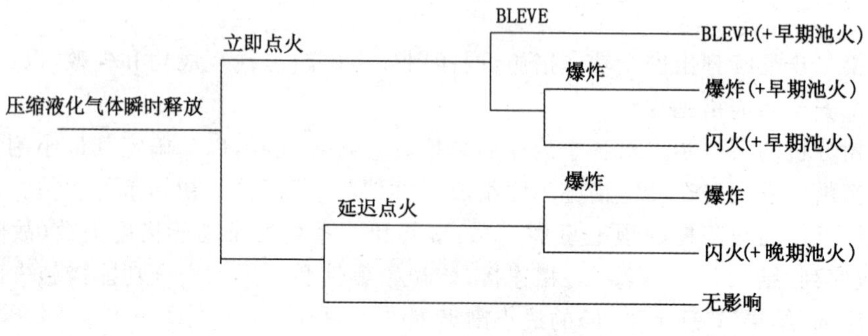

图 6-19　压缩液化气体瞬时释放事件树

注:对于压缩液化气体释放,云团可能发生液滴下落到(地)表面,形成液池,点火时可能发生池火

(4) 压缩液化气体连续释放事件树如图 6-20 所示。

(5) 可燃液体释放事件树如图 6-21 所示。

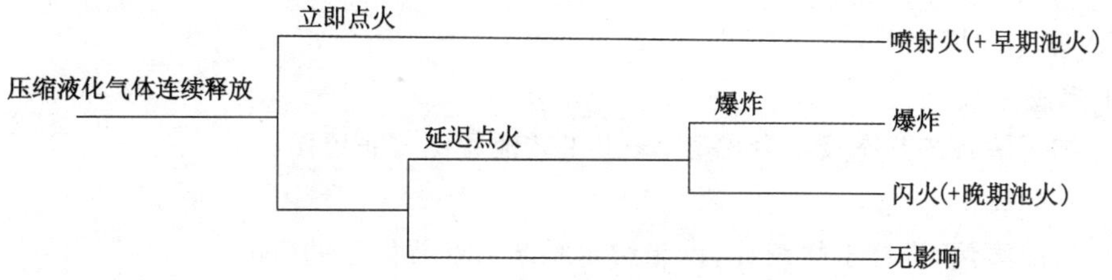

图 6-20 压缩液化气体连续释放事件树

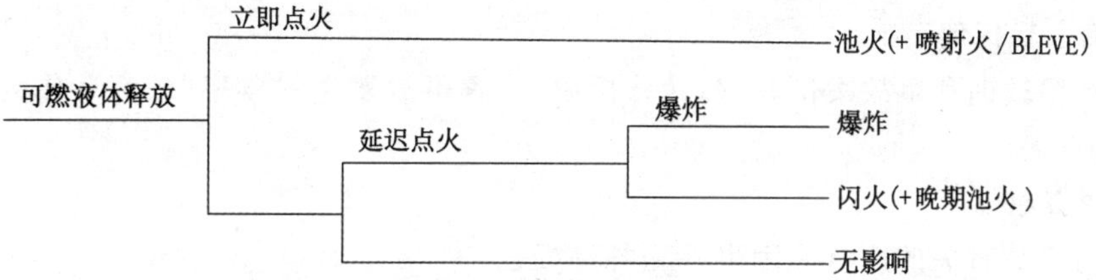

图 6-21 可燃液体释放事件树

注 1:对于可燃液体释放,在到达地面前可能发生物质的蒸发。如果蒸发气中雨滴落下的比例小于1时,立即点火将形成喷射火(或 BLEVE),喷射火(或 BLEVE)的物质量取决于蒸发气中的物质量;

注 2:在延迟点火时,除了闪火或爆炸,也将发生池火

6.9 故障树分析

6.9.1 概述

故障树分析(fault tree analysis,FTA)采用演绎逻辑的方法进行危险分析,以系统可能发生或已经发生的事故作为分析起点,将导致事故发生的原因按照因果逻辑关系逐层列出,形成逻辑树形图,该方法可达到如下目的:

(1) 识别导致事故的基本事件(基本的设备故障)与人为失误的组合,可为人们提供设法避免或减少导致事故基本原因的线索,从而降低事故发生的可能性。

(2) 对导致灾害事故的各种因素及逻辑关系能做出全面、简洁和形象描述。

(3) 便于查明系统内固有的或潜在的各种危险因素,为设计、施工和管理提供科学依据。

(4) 使有关人员、作业人员全面了解和掌握各项防灾要点。

(5) 便于进行逻辑运算,进行定性、定量分析和系统评价。

故障树分析是对既定的生产系统或作业中可能出现的事故条件及可能导致的灾害后果,按工艺流程、先后次序和因果关系绘成的程序方框图,表示导致灾害、伤害事故(不希望事件)的各种因素之间的逻辑关系。它由输入符号或关系符号组成,用以分析系统的安全问题或系统的运行功能问题,并为判明灾害、伤害的发生途径及与灾害、伤害之间的关系,提供一种最形象、最简洁的表达形式。

6.9.2 方法基础

FTA 基本程序如下：

(1) 熟悉系统

要详细了解系统状态及各种参数，绘出工艺流程图或布置图。

(2) 调查事故

收集事故案例，进行事故统计，设想给定系统可能要发生的事故。

(3) 确定顶上事件

要分析的对象事件即为顶上事件。对所调查的事故进行全面分析，从中找出后果严重且较易发生的事故作为顶上事件。

(4) 确定目标值

根据经验教训和事故案例，经统计分析后，求解事故发生的概率（频率），作为要控制的事故目标值。

(5) 调查原因事件

调查与事故有关的所有原因事件和各种因素。

(6) 画出故障树

从顶上事件起，逐级找出直接原因事件，到所要分析的深度，按其逻辑关系，画出故障树。

(7) 分析

按故障树结构进行简化，确定各基本事件的结构重要度。

(8) 事故发生概率

确定所有原因发生概率，标在故障树上，并进而求出顶上事件（事故）发生概率。

(9) 比较

分可维修系统和不可维修系统进行讨论，前者要进行对比，后者求出顶上事件发生概率即可。

(10) 分析

原则上是上述 10 个步骤，在分析时可视具体问题灵活掌握，如果故障树规模很大，可借助计算机进行。目前我国 FTA 一般都考虑到第 7 步进行定性分析为止，也能取得较好效果。

在安全评价中，通常也是进行到第 7 步。

6.9.2.1 故障树的符号及其运算

故障树使用布尔逻辑门（如与、或）产生系统的故障逻辑模型来描述设备故障和人为失误是如何组合导致顶上事件的。

1) 故障树符号的意义

(1) 事件符号

□：顶上事件、中间事件符号，需要进一步往下分析的事件。

○：基本事件符号，不能再往下分析的事件。

：正常事件符号，正常情况下存在的事件。

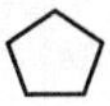：省略事件，不能或不需要向下分析的事件。

(2)逻辑门符号

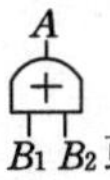

或门，表示 B_1 或 B_2 任一事件单独发生(输入)时，A 事件都可以发生(输出)。

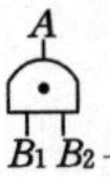

与门，表示 B_1 或 B_2 同时发生 B_1 或 B_2 同时发生(输入)时，A 事件才发生(输出)。

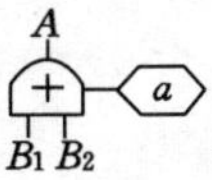

条件或门，表示 B_1 或 B_2 任一事件单独发生(输入)时，还必须满足条件 a，A 事件才发生(输出)。

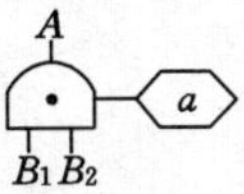

条件与门，表示 B_1 或 B_2 两事件同时发生(输入)时，还必须满足条件 a，A 事件才发生(输出)。

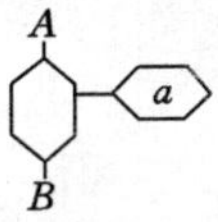

限制门，表示 B 事件发生(输入)且满足条件 a 时，A 事件才发生(输出)。

(3)转移符号

转入符号，表示在别处的部分树，由该处转入(在三角形内标出从何处转入)；

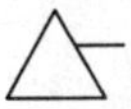转出符号，表示这部分树由该处转移至他处，由该外转入(在三角形内标出向何处转移)。

2) 布尔代数与主要运算法则

在故障树分析中常用逻辑运算符号(・和＋)将各个事件连接起来，这种连接式称为布尔代数表达式。在求最小割集时，要用布尔代数运算法则，化简代数式。这些法则有：

(1) 交换律
$$A \cdot B = B \cdot A$$
$$A + B = B + A$$

(2) 结合律
$$A + (B + C) = (A + B) + C$$
$$A \cdot (B \cdot C) = (A \cdot B) \cdot C$$

(3) 分配律
$$A \cdot (B + C) = A \cdot B + A \cdot C$$
$$A + (B \cdot C) = (A + B) \cdot (A + C)$$

(4) 吸收律
$$A \cdot (B + C) = A$$
$$A + A \cdot B = A$$

(5) 互补律
$$A + A' = \Omega = 1$$
$$A \cdot A' = 0$$

(6) 幂等律 $A \cdot A = A$

$A + A = A$

(7) 狄摩根定律 $(A+B)' = A' + B'$

$(A \cdot B)' = A' + B'$

(8) 对合律 $(A')' = A$

(9) 重叠律 $A + A'B = A + B = B + BA'$

3) 故障树的数学表达式

为了进行故障树定性、定量分析，需要建立数学模型，写出它的数学表达式。

把顶上事件用布尔代数表现，并自上而下展开，就可得到布尔表达式。

6.9.2.2 故障树的定性分析

1) 割集与最小割集

故障树 A 如图 6-22 所示。

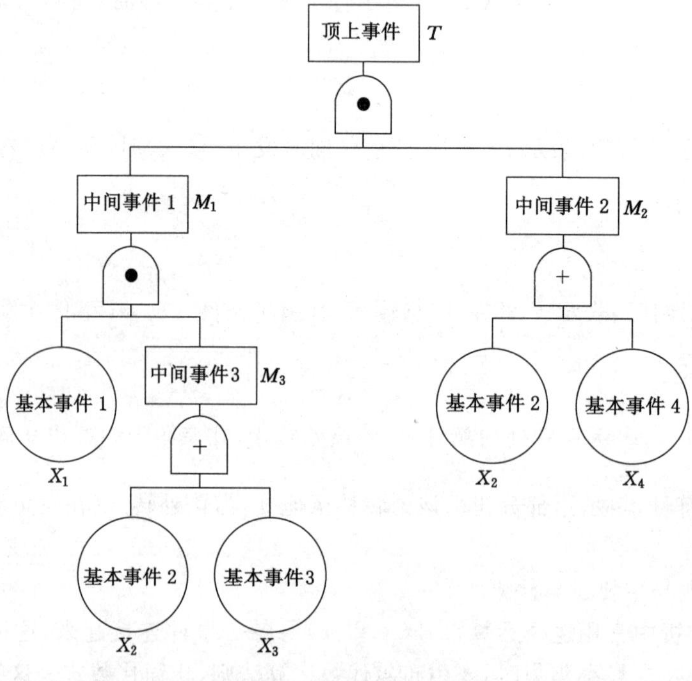

图 6-22 故障树 A

该故障树函数表达式为：

$$
\begin{aligned}
T &= M_1 \cdot M_2 \\
&= (X_1 \cdot M_3) \cdot (X_2 + X_4) \\
&= [X_1 \cdot (X_2 + X_3)] \cdot (X_2 + X_4) \\
&= (X_1X_2 + X_1X_3)(X_2 + X_4) \\
&= X_1X_2X_2 + X_1X_2X_4 + X_1X_2X_3 + X_1X_3X_4
\end{aligned}
$$

故障树顶上事件发生与否是由构成故障树的各种基本事件的状态决定的。显然，所有基本事件都发生时，顶上事件肯定发生。然而，在大多数情况下，并不是所有基本事件都发生时顶上事件才发生，而只要某些基本事件发生就可能导致顶上事件发生。在故障树中，能够引起顶上事件发生的基本事件的集合称为割集。如果割集中任意除去一个基本事件就不再是割集，则这样的割集称为最小割集，即导致顶上事件发生的最低限度的基本事件的集合，是引起顶上事件发生的充分必要条件。

继续对上式进行布尔代数化简，首先利用幂等律，然后利用吸收律归并，化简为：

$$T=X_1X_2+X_1X_2X_4+X_1X_2X_3+X_1X_3X_4=X_1X_2+X_1X_3X_4$$

得到两个最小割集：$\{X_1,X_2\}$，$\{X_1,X_3,X_4\}$。

而$\{X_1,X_2,X_3\}$，$\{X_1,X_2,X_4\}$是割集，但不是最小割集。

根据最小割集，可以画出故障树 A 的等效故障树(图 6-23)。

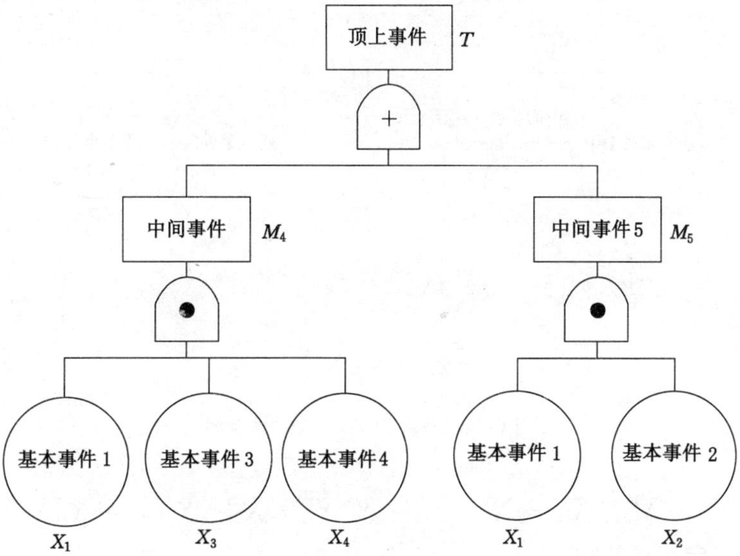

图 6-23 故障树 A 的等效故障树

最小割集在故障树定性分析中起着非常重要的作用，归纳起来有 3 个方面：

(1) 表示系统的危险性，每个最小割集都是顶上事件发生的一种可能渠道。最小割集的数目越多，越危险。

(2) 表示顶上事件发生的原因，事故发生必然是某个最小割集中几个事件同时发生的结果。一旦发生事故，就可以方便地知道所有可能发生事故的途径，并可以逐步排除非本次事故的最小割集，而较快的查处本次事故的最小割集，这就是导致本次事故的基本事件的组合。掌握了最小割集，对于掌握事故的发生规律、调查事故发生的原因有很大的帮助。

(3) 为降低系统的危险性提出控制方向和预防措施，每个最小割集都代表了一种事故模式，由故障树的最小割集可以直观的判断哪种事故模式最危险，哪种可以忽略，以及如何采取预防措施。

2) 径集与最小径集

在故障树中，所有基本事件都不发生时，顶上事件肯定不会发生。然而，顶上事件不发生常常并不要求所有基本事件都不发生，而只要某些基本事件不发生顶上事件就不会发生。这些不发生的基本事件的集合称为径集。如果径集中任意除去一个基本事件就不再是径集，则这样的径集称为最小径集，即顶上事件不发生的最低限度的基本事件的集合，是保证顶上事件不发生的充分必要条件。

将故障树 A（图 6-22）的与或门互换、各事件变成事件补，该故障树即变换为其对偶的成功树（图 6-24），其函数表达式为：

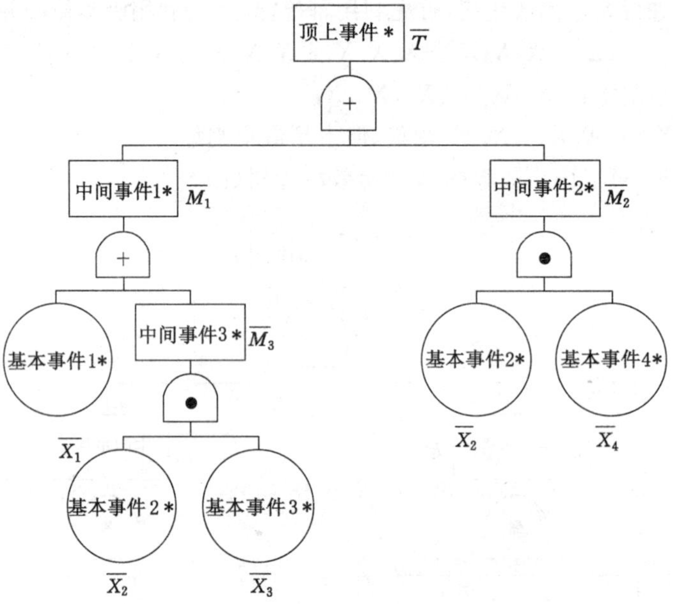

图 6-24　故障树 A 对应的成功树

$$\overline{T} = \overline{M_1} + \overline{M_2} = \overline{X_1} + \overline{M_3} + \overline{X_2}\,\overline{X_4} = \overline{X_1} + \overline{X_2}\,\overline{X_3} + \overline{X_2}\,\overline{X_4}$$

利用狄摩根定律求补得：

$$\overline{\overline{T}} = \overline{\overline{X_1} + \overline{X_2}\,\overline{X_3} + \overline{X_2}\,\overline{X_4}} = (\overline{\overline{X_1}})\cdot(\overline{\overline{X_2}\,\overline{X_3}})\cdot(\overline{\overline{X_2}\,\overline{X_4}})$$
$$= X_1 \cdot (X_2 + X_3)\cdot(X_2 + X_4)T = X_1 \cdot (X_2 + X_3)\cdot(X_2 + X_4)$$

得到三个最小径集：$\{X_1\}$，$\{X_2, X_3\}$，$\{X_2, X_4\}$。

根据最小径集，可以画出故障树 A 的等效故障树（图 6-25）。

最小径集在故障树定性分析中的作用与最小割集同样重要，归纳起来有三方面：

(1) 表示系统的安全性，每个最小径集都是保证顶上事件不发生的条件，是采取预防措施、防止发生事故的一种途径。最小径集的数目越多，越安全。

(2) 选取确保系统安全的最佳方案，每个最小径集都是防止顶上事件发生的一个方案，可根据最小径集中所包含的基本事件个数的多少、技术的难易程度、耗费的时间长短以及投入的资金数量多少，来选择最经济、最有效的控制事故的方案。

(3) 利用最小径集同样可以判定故障树中基本事件的结构重要度和计算顶上事件发生概率。在故障树分析中，根据具体情况，有时应用最小径集更为方便。一般而言，如果故障树中与门多，其最小割集的数量就少，定性分析最好从最小割集入手。反之，如果故障树中或门多，其最小径集的数量就少，定性分析最好从最小径集入手，从而可以得到更为经济、有效的结果。

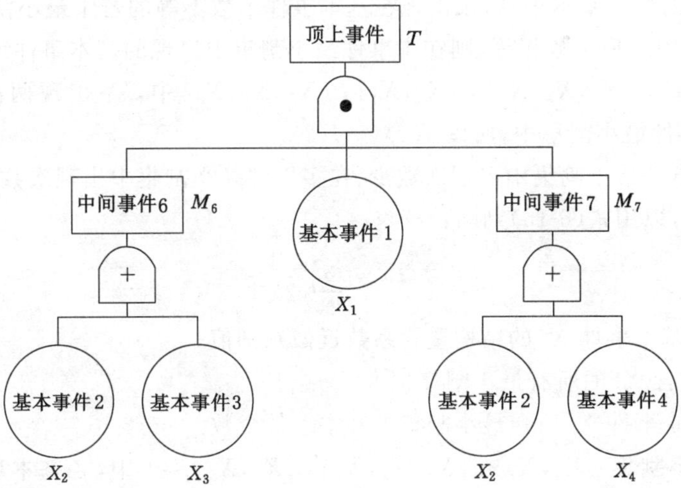

图 6-25　故障树 A 的等效故障树

3）结构重要度分析

结构重要度分析是从故障树结构上分析各基本事件的重要程度，即在不考虑各基本事件的发生概率，或者说假定各基本事件的发生概率都相等的情况下，分析各基本事件的发生对顶上事件的发生所产生的影响程度。这是一种定性的重要度分析，是为改进系统安全性提供重要信息的手段。在目前故障树分析大都停留在定性阶段的情况下，结构重要度分析就更显出其重要性。

结构重要度分析可采用两种方法：一种改变基本事件状态值，求取结构重要系数；另一种是利用最小割集或最小径集分析判断重要度。前者精确，但烦琐；后者简单，但不够精确。利用改变基本事件状态值求各基本事件的结构重要系数是相当复杂而烦琐的工作（若故障树有 n 个基本事件，就需要有 2^n 种状态组合），因此建议利用最小割集或最小径集分析判断的方法进行结构重要度分析。

利用最小割集分析判断的方法进行结构重要度判断有以下几个原则：

（1）几个最小割集均不含有相同的基本事件，单事件（一阶）最小割集中的基本事件结构重要系数大于高阶最小割集中的基本事件结构重要系数。例如：在 $\{X_1\}$，$\{X_2,X_3\}$，$\{X_4,X_5,X_6\}$ 中，$I(1)$最大。

（2）几个最小割集均不含有相同的基本事件，在同一最小割集中出现的所有基本事件，结构重要系数相等。例如：上例中 $\{X_1\}$，$\{X_2,X_3\}$，$\{X_4,X_5,X_6\}$，$I(2)=I(3)$，$I(4)=I(5)=I(6)$。

（3）几个最小割集均不含有相同的基本事件，则低阶最小割集中基本事件结构重要系数大于高阶割集中基本事件结构重要系数。阶数相同，结构重要系数相同。例如：上例中 $\{X_1\}$，$\{X_2,X_3\}$，$\{X_4,X_5,X_6\}$中，$I(1)>I(2)>I(4)$；在$\{X_1,X_2,X_3\}$，$\{X_4,X_5,X_6\}$中，$I(1)=I(4)$。

（4）相比较的两个基本事件，若与之相关的最小割集阶数相同，则两事件结构重要系数大小由他们出现的次数决定，出现次数多的结构重要度系数大。例如：在 $\{X_1,X_2,X_3\}$，$\{X_1,X_2,X_4\}$，$\{X_1,X_5,X_6\}$中，$I(1)>I(2)$。

(5) 相比较的两个基本事件，仅出现在基本事件个数不等的若干最小割集中，若它们重复在各最小割集中出现次数相等，则在少事件最小割集中出现的基本事件结构重要系数大。例如：在 $\{X_1,X_3\}$，$\{X_2,X_3,X_5\}$，$\{X_1,X_4\}$，$\{X_2,X_4,X_5\}$ 中，X_1 出现两次，X_2 也出现两次，但 X_1 在少事件最小割集中，所以 $I(1) > I(2)$。

此外，在少事件最小割集中出现次数少、在多事件最小割集中出现次数多的情况以及其他的复杂情况，可以用式(6-15)判断：

$$I(i) = \sum_{K_i} \frac{1}{2^{n_i-1}} \tag{6-15}$$

式中 $I(i)$——基本事件 X_i 的结构重要系数近似判别值；

K_i——包含 X_i 的所有最小割集；

n_i——基本事件 X_i 所在最小割集中基本事件个数。

例如，在最小割集 $\{X_1,X_3\}$，$\{X_2,X_3,X_4\}$，$\{X_2,X_3,X_5\}$ 中，各基本事件结构重要度分别为：

$$I(1) = \frac{1}{2^{2-1}} = \frac{1}{2}$$

$$I(2) = \frac{1}{2^{3-1}} + \frac{1}{2^{3-1}} = \frac{1}{2}$$

$$I(3) = \frac{1}{2^{2-1}} + \frac{1}{2^{3-1}} + \frac{1}{2^{3-1}} = 1$$

$$I(4) = \frac{1}{2^{3-1}} = \frac{1}{4}$$

$$I(5) = \frac{1}{2^{3-1}} = \frac{1}{4}$$

则 $I(3)>I(1)=I(2)>I(4)=I(5)$。

在用最小割集分析判断基本事件结构重要系数时，应按上述(1)～(5)原则先行判断，近似式是迫不得已而为之，不能完全依靠它。

用最小割集分析判断基本事件结构重要度顺序与用最小径集分析判断的结果是一致的，凡对最小割集适用的原则，对最小径集同样适用。

6.9.2.3 故障树的定量计算

1) 顶上事件发生概率

计算顶上事件发生概率首先是确定各基本事件的发生概率，各基本事件的发生概率是故障树定量分析的基础，一般可通过统计或实验观察测量得到。例如，人阅读技术说明书的可靠度约为 0.998 1，人读取扫描记录仪时间的可靠度约为 0.992 1 等。已知各基本事件的发生概率，可计算顶上事件的发生概率，以评价系统的安全可靠性。

(1) 直接计算法

当故障树规模不大，且基本事件无重复时，可直接计算求取顶上事件发生概率。

用“与门”连接的顶上事件发生概率为：

$$g = \prod_{i=1}^{n} q_i \tag{6-16}$$

式中：q_i第 i 个基本事件的发生概率($i=1,2,\cdots,n$)。

用“或门”连接的顶上事件发生概率为：

$$g = 1 - \prod_{i=1}^{n} (1 - q_i) \qquad (6\text{-}17)$$

式中：q_i 第 i 个基本事件的发生概率（$i=1,2,\cdots,n$）。

【例 6-1】 某故障树 B 如图 6-26，基本事件无重复，已知各基本事件发生概率分别为：$q_1=q_2=q_3=0.1$ 。

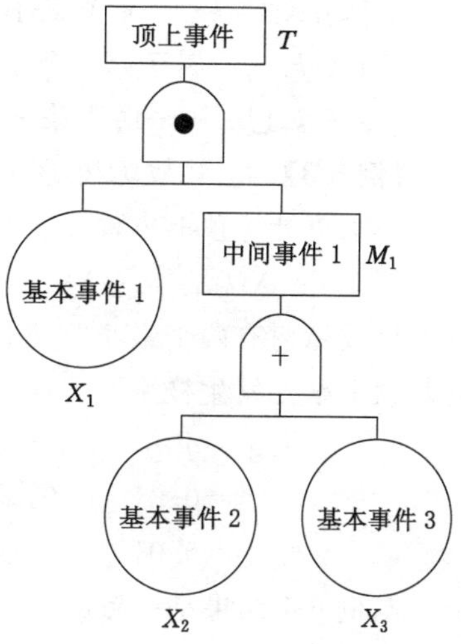

图 6-26 故障树 B

解 $T=X_1(X_2+X_3)$

则

$$\begin{aligned} g &= q_1[1-(1-q_2)(1-q_3)] \\ &= 0.1(1-0.9\times 0.9) \\ &= 0.019 \end{aligned}$$

(2) 利用最小割集计算顶上事件发生概率

① 如果各最小割集中没有重复的基本事件，则可按下式计算：

$$g = \coprod_{r=1}^{k} \prod_{x_i \in k_r} q_i \qquad (6\text{-}18)$$

式中 i—— 基本事件的序数；

r—— 最小割集的序数；

k—— 最小割集的个数；

$x_i \in k_r$—— 属于第 r 个最小割集的第 i 个基本事件；

$\prod$—— 求概率积；

$\coprod$ ——求概率和。

此种情况相当于“直接计算法”。

【例 6-2】 某故障树有两个最小割集：$\{X_1, X_2\}$，$\{X_3, X_4\}$，各基本事件发生概率分别为：$q_1=q_2=q_3=q_4=0.1$，求顶上事件发生概率。

解 此故障树两个最小割集彼此没有重复事件，故可用式(6-18)计算顶上事件发生概率：

则

$$\begin{aligned} g &= 1-(1-q_1q_2)(1-q_3q_4) \\ &= 1-0.99\times 0.99 \\ &= 1-0.980\,1 \\ &= 0.019\,9 \end{aligned}$$

如果故障树各最小割集中有重复的基本事件，则上式不成立，不能如此计算。

② 如果各最小割集中有重复事件时，就必须将式(6-18)展开，消去每个概率积中的重复因子，则可按下式计算：

$$g = \sum_{r=1}^{k} \prod_{x_i \in k_r} q_i - \sum_{1 \leqslant r < s \leqslant k} \prod_{x_i \in k_r \cup k_s} q_i + \cdots + (-1)^{k-1} \prod_{\substack{r=1 \\ x_i \in k_i}}^{k} q_i \qquad (6\text{-}19)$$

式中 r,s——最小割集的序数；

$1 \leqslant r < s \leqslant k$——$k$ 个最小割集中第 r、s 两个最小割集的组合顺序；

$x_i \in k_r$——属于第 r 个最小割集的第 i 个基本事件；

$x_i \in k_r \cup k_s$——属于第 r 个或第 s 个最小割集的第 i 个基本事件。

【例 6-3】 已知故障树 B(图 6-26)，各基本事件发生概率分别为：$q_1 = q_2 = q_3 = 0.1$，利用最小割集计算顶上事件发生概率。

解 $T = X_1(X_2 + X_3) = X_1X_2 + X_1X_3$

该故障树有两个最小割集$\{X_1, X_2\}$，$\{X_1, X_3\}$中有基本事件 X_1 重复，故可用式(6-19)计算顶上事件发生概率：

$$
\begin{aligned}
g &= q_1q_2 + q_1q_3 - q_1q_2q_3 \\
&= 0.01 + 0.01 - 0.001 \\
&= 0.019
\end{aligned}
$$

与例 6-1 结果是一致的。

【例 6-4】 某故障树有三个最小割集：$K_1 = \{x_1, x_4\}$，$K_2 = \{x_1, x_2, x_3\}$，$K_3 = \{x_3, x_5\}$，各基本事件发生概率分别为：$q_1 = 0.01$，$q_2 = 0.02$，$q_3 = 0.03$，$q_4 = 0.04$，$q_5 = 0.05$，利用最小割集计算顶上事件发生概率。

解 该故障树的结构函数式为：$T = K_1 + K_2 + K_3$。

$$
\begin{aligned}
g &= 1 - (1 - q_{k1})(1 - q_{k2})(1 - q_{k3}) \\
&= q_{k1} + q_{k2} + q_{k3} - (q_{k1}q_{k2} + q_{k2}q_{k3} + q_{k1}q_{k3}) + q_{k1}q_{k2}q_{k3}
\end{aligned}
$$

对于 $q_{k1}q_{k2}$，它是 K_1、K_2交集的概率，即 $x_1 \cdot x_4 \cdot x_1 \cdot x_2 \cdot x_3$，根据布尔代数等幂律，$x_1 \cdot x_4 \cdot x_1 \cdot x_2 \cdot x_3 = x_1 \cdot x_2 \cdot x_3 \cdot x_4$，故 $q_{k1}q_{k3} = q_1q_2q_3q_4$

对于 $q_{k1}q_{k3}$，它是 K_1、K_3交集的概率，即 $x_1 \cdot x_4 \cdot x_3 \cdot x_5$。$q_{k1}q_{k2} = q_1q_3q_4q_5$

对于 $q_{k2}q_{k3}$，它是 K_2、K_3交集的概率，即 $x_1 \cdot x_2 \cdot x_3 \cdot x_3 \cdot x_5$。同理，$q_{k2}q_{k3} = q_1q_2q_3q_5$

对于 $q_{k1}q_{k2}q_{k3}$，它是 K_1、K_2、K_3交集的概率，即 $x_1 \cdot x_4 \cdot x_1 \cdot x_2 \cdot x_3 \cdot x_3 \cdot x_5$，同理，故 $q_{k1}q_{k2}q_{k3} = q_1q_2q_3q_4q_5$

则

$$
\begin{aligned}
g &= q_1q_4 + q_1q_2q_3 + q_3q_5 - (q_1q_2q_3q_4 + q_1q_3q_4q_5 + q_1q_2q_3q_5) + q_1q_2q_3q_4q_5 \\
&= 0.000\,4 + 0.000\,006 + 0.001\,5 - (0.000\,000\,24 + 0.000\,000\,60 + 0.000\,000\,30) + \\
&\quad 0.000\,000\,012\,0 = 0.001\,904\,872
\end{aligned}
$$

(3) 利用最小径集计算顶上事件发生概率

① 如果最小径集彼此没有重复基本事件，则可按下式计算：

$$
g = \prod_{j=1}^{p} \coprod_{x_i \in p_j} q_i = \prod_{j=1}^{p} \left[1 - \prod_{x_i \in p_j} (1 - q_i)\right] \tag{6-20}
$$

式中 p——最小径集的个数；

$x_i \in p_j$——属于第 j 个最小径集的第 i 个基本事件。

此种情况相当于“直接计算法”。

【例 6-5】 设某故障树的最小径集为 $P_1 = \{x_1, x_2, x_3\}$，$P_2 = \{x_4, x_5\}$，$P_3 = \{x_6, x_7\}$。各基本事件的发生概率分别为：q_1，q_2，q_3，q_4，q_5，q_6，q_7，计算故障树顶上事件的发生概率。

解 据式(6-6)，$g = [1 - (1 - q_1)(1 - q_2)(1 - q_3)][1 - (1 - q_4)(1 - q_5)][1 - (1 - q_6)(1 - q_7)]$

可代入基本事件发生概率直接算出顶上事件发生概率。

② 如果各最小径集彼此有重复事件，式(6-20)不能成立，需要将式(6-20)展开，消去概率积中基本事件 x_i 不发生概率$(1-q_i)$的重复因子，即：

$$g = 1 - \sum_{r=1}^{p} \prod_{x_i \in k_r} (1-q_i) + \sum_{1 \leqslant r < s \leqslant k} \prod_{x_i \in p_r \cup p_s} (1-q_i) + \cdots - (-1)^{k-1} \prod_{\substack{r=1 \\ x_i \in p_i}}^{k} (1-q_i) \tag{6-21}$$

式中 r,s——最小径集的序数。

$x_i \in p_r$——属于第 r 个最小割集的第 i 个基本事件；

$x_i \in p_r \cup p_s$——属于第 r 个或第 s 个最小割集的第 i 个基本事件。

【例 6-6】 设某故障树的最小径集为$\{x_1,x_4\}$，$\{x_2,x_3\}$，$\{x_1,x_5\}$，各基本事件发生概率分别为 q_1,q_2,q_3,q_4,q_5，求顶上事件发生概率。

解 据式(6-21)，则

$$\begin{aligned} g = 1 - & [(1-q_1)(1-q_4) + (1-q_2)(1-q_3) + (1-q_1)(1-q_5)] + \\ & [(1-q_1)(1-q_2)(1-q_3)(1-q_4) + \\ & (1-q_1)(1-q_4)(1-q_5) + (1-q_1)(1-q_2)(1-q_3)(1-q_5)] - \\ & (1-q_1)(1-q_2)(1-q_3)(1-q_4)(1-q_5) \end{aligned}$$

以上顶上事件发生概率的计算公式均是在各基本事件相互独立的情况下使用的。如果各基本事件是非独立事件，则必须考虑相容事件和相斥事件的概率计算问题。

(4) 近似计算

故障树分析过程中，往往遇到很复杂、很庞大的故障树，最小割集或最小径集的数量很多，包含了许多基本事件。要精确求出顶上事件的发生概率是非常困难的，即使借助计算机也需要相当长的时间。因此，需要找出一种较为简便的近似算法，即能保证相应的精度又能节省时间。

实际上，按精确算式计算的顶上事件发生概率的结果也未必十分精确，这是因为：

① 凭经验估计的各种元件、部件的故障率本身就不精确，数据库故障率上限值和下限值相差几个数量级，其平均值离差也很大。

② 各种部件、元件的运行条件、运行环境各不相同，修正系数的选取也是因人而异的。

③ 人的失误率、失误概率也受多种因素影响，如心理、生理、个人智能、训练情况、适应能力、环境因素等。它是一个极其灵活，伸缩性很大的数据。

因此，用这些数据进行运算，必然得出不太精确的结果。所以，用近似算法计算顶上事件的发生概率是适宜的。况且，在近似过程中，略去的数值与最后一位有效数值相比差值很大，有时达几个数量级，故完全可以忽略不计。迄今为止，所有较复杂故障树顶上事件发生概率的计算，均采用近似算法。

近似算法有若干种，现介绍两种方法如下：

① 首项近似法

根据利用最小割集计算顶上事件发生概率的公式，即式(6-19)，取首项：

$$g = \sum_{r=1}^{k} \prod_{x_i \in k_r} q_i \tag{6-22}$$

在近似过程中往往求出首项，就能满足要求，其余可忽略不计。

根据利用最小径集计算顶上事件发生概率的公式，即式(6-21)，也可只取首项：

$$g = 1 - \sum_{r=1}^{p} \prod_{x_i \in p_r} (1 - q_i) \tag{6-23}$$

② 平均近似法

有时，为了使近似值更接近精确值，除了取首项外，还要取式(6-19)和式(6-21)中的第2项，则计算如下：

$$g = \sum_{r=1}^{k} \prod_{x_i \in k_r} q_i - \sum_{1 \leqslant r < s \leqslant k} \prod_{x_i \in k_r \cup k_s} q_i / 2 \tag{6-24}$$

或

$$g = 1 - \sum_{r=1}^{p} \prod_{x_i \in p_r} (1 - q_i) + \sum_{1 \leqslant r < s \leqslant k} \prod_{x_i \in p_r \cup p_s} (1 - q_i) / 2 \tag{6-25}$$

这种近似算法称为平均近似法。

2）重要度分析

重要度分析是分析各基本事件的发生对顶上事件的发生所产生影响的大小，是为人们修改系统提供重要信息的重要手段。常用的包括结构重要度分析、概率重要度分析、临界重要度分析，其中结构重要度分析已在6.9节中予以说明。

(1) 概率重要度分析

结构重要度分析是从故障树的结构上分析各基本事件的重要程度。如果进一步考虑各基本事件发生概率的变化会给顶上事件发生概率以多大影响，就要分析基本事件的概率重要度。我们利用顶上事件发生概率 g 函数是一个多重线性函数这一性质，只要对自变量 q_i 求一次偏微分，就可得到该基本事件的概率重要系数，即：

$$I_g(i) = \frac{\partial g}{\partial q_i} \tag{6-26}$$

当我们利用上式求出各基本事件的概率重要系数后，就可以了解诸多基本事件中减少哪个基本事件的发生概率可以有效地降低顶上事件的发生概率。

【例 6-7】 同例6-4，某故障树有三个最小割集：$K_1=\{x_1, x_4\}$，$K_2=\{x_1, x_2, x_3\}$，$K_3=\{x_3, x_5\}$，各基本事件发生概率分别为：$q_1=0.01$，$q_2=0.02$，$q_3=0.03$，$q_4=0.04$，$q_5=0.05$，求各基本事件的概率重要系数。

解 由例6-4可知，顶上事件发生概率 $g= q_1q_4+q_1q_2q_3+q_3q_5-(q_1q_2q_3q_4+q_1q_3q_4q_5+q_1q_2q_3q_5)+q_1q_2q_3q_4q_5$，则：

$$I_g(1) = \frac{\partial g}{\partial q_1} = q_4 + q_2q_3 - (q_2q_3q_4 + q_3q_4q_5 + q_2q_3q_5) + q_2q_3q_4q_5 = 0.404\ 872$$

$$I_g(2) = \frac{\partial g}{\partial q_2} = q_1q_3 - (q_1q_3q_4 + q_1q_3q_5) + q_1q_3q_4q_5 = 0.000\ 273\ 6$$

$$I_g(3) = \frac{\partial g}{\partial q_3} = q_1q_2 + q_5 - (q_1q_2q_4 + q_1q_4q_5 + q_1q_2q_5) + q_1q_2q_4q_5 = 0.050\ 162\ 4$$

$$I_g(4) = \frac{\partial g}{\partial q_4} = q_4 - (q_1q_2q_3 + q_1q_3q_5) + q_1q_2q_3q_5 = 0.009\ 979\ 3$$

$$I_g(5) = \frac{\partial g}{\partial q_5} = q_3 - (q_1q_3q_4 + q_1q_2q_3) + q_1q_2q_3q_4 = 0.029\ 982\ 24$$

则各基本事件的概率重要度排序：$I_g(3)>Ig(1)>Ig(5)>Ig(4)>Ig(2)$。

这就是说，缩小基本事件 x_1 的发生概率能使顶上事件的发生概率下降速度较快，它比以同样数值缩小其他任何基本事件的发生概率都有效。其次是 x_3，x_4，x_5，最不敏感的是 x_2。

从概率重要系数的求取，可以看到这样的事实，一个基本事件的概率重要度大小，并不取决于它本身的概率值大小，而取决于它所在最小割集中其他基本事件的概率积的大小。

另外，概率重要系数有这样一个重要性质：若所有基本事件的发生概率都等于 1/2 时，基本是将的概率重要系数等于其结构重要系数。

利用这一性质，我们可以用定量化手段求得结构重要系数。

对例 6-7，令 $q_1=q_2=q_3=q_4=q_5=1/2$，则：

$$I_g(1)=\frac{\partial g}{\partial q_1}=q_4+q_2q_3-(q_2q_3q_4+q_3q_4q_5+q_2q_3q_5)+q_2q_3q_4q_5=0.4375$$

$$I_g(2)=\frac{\partial g}{\partial q_2}=q_1q_3-(q_1q_3q_4+q_1q_3q_5)+q_1q_3q_4q_5=0.0625$$

$$I_g(3)=\frac{\partial g}{\partial q_3}=q_1q_2+q_5-(q_1q_2q_4+q_1q_4q_5+q_1q_2q_5)+q_1q_2q_4q_5=0.4375$$

$$I_g(4)=\frac{\partial g}{\partial q_4}=q_4-(q_1q_2q_3+q_1q_3q_5)+q_1q_2q_3q_5=0.3125$$

$$I_g(5)=\frac{\partial g}{\partial q_5}=q_3-(q_1q_3q_4+q_1q_2q_3)+q_1q_2q_3q_4=0.3125$$

$I_g(1)=I_g(3)>I_g(4)=I_g(5)>I_g(2)$，即 $I(1)=I(3)>I(4)=I(5)>I(2)$。

同时，对例 6-7 利用式(6-15)求结构重要系数如下：

$$I(1)=\frac{1}{2^{2-1}}+\frac{1}{2^{3-1}}=\frac{3}{4}$$

$$I(2)=\frac{1}{2^{3-1}}=\frac{1}{4}$$

$$I(3)=\frac{1}{2^{3-1}}+\frac{1}{2^{2-1}}=\frac{3}{4}$$

$$I(4)=\frac{1}{2^{2-1}}=\frac{1}{2}$$

$$I(5)=\frac{1}{2^{2-1}}=\frac{1}{2}$$

则 $I(1)=I(3)>I(4)=I(5)>I(2)$。

二者计算结果是一致的。因此，在分析结构重要度时，可用概率重要度系数的计算公式求取结构重要度系数。

(2) 临界重要度分析

一般情况下，减少概率大的基本事件的概率要比减少概率小的基本事件的概率容易，而概率重要系数并未反映这一事实。因此，它不是从本质上反映各基本事件在故障树中的重要程度。而临界重要度系数 $CI_g(i)$ 则是从敏感度和自身发生概率的双重角度衡量各基本事件的重要度标准，其定义为：

$$CI_g(i)=\frac{\partial \ln g}{\partial \ln gq_i} \tag{6-27}$$

通过偏导数的公式变换，可以得到它与概率重要系数的关系：

$$CI_g(i) = \frac{q_i}{g} I_g(i) \tag{6-28}$$

【例 6-8】 同例 6-7,某故障树有三个最小割集:$K_1=\{x_1,x_4\}$,$K_2=\{x_1,x_2,x_3\}$,$K_3=\{x_3,x_5\}$,各基本事件发生概率分别为:$q_1=0.01$,$q_2=0.02$,$q_3=0.03$,$q_4=0.04$,$q_5=0.05$,求各基本事件的临界重要系数。

解 已知 $g=0.001\ 904\ 872$,$I_g(1)=0.040\ 487\ 2$,$I_g(2)=0.000\ 273\ 6$,$I_g(3)=0.050\ 162\ 4$,$I_g(4)=0.009\ 979\ 3$,$I_g(5)=0.000\ 273\ 6$,则:

$$CI_g(1) = \frac{q_1}{g} I_g(1) = \frac{0.01}{0.001\ 904\ 872} \times 0.040\ 487\ 2 = 0.212\ 545\ 515$$

$$CI_g(2) = \frac{q_2}{g} I_g(2) = 0.002\ 872\ 634$$

$$CI_g(3) = \frac{q_3}{g} I_g(3) = 0.790\ 012\ 137$$

$$CI_g(4) = \frac{q_4}{g} I_g(4) = 0.209\ 553\ 188$$

$$CI_g(5) = \frac{q_5}{g} I_g(5) = 0.786\ 988\ 312$$

则各基本事件的临界重要度排序为:

$$CI_g(3) > CI_g(5) > CI_g(1) > CI_g(4) > CI_g(2)$$

从以上计算可知:

结构重要度系数顺序为:

$$I(1) = I(3) > I(4) = I(5) > I(2)$$

概率重要度系数顺序为:

$$I_g(3) > I_g(1) > I_g(5) > I_g(4) > I_g(2)$$

临界重要度系数顺序为:

$$CI_g(3) > CI_g(5) > CI_g(1) > CI_g(4) > CI_g(2)$$

分析 3 种重要度系数顺序可知:

(1) 从结构重要度系数分析可知,基本事件 X_1,X_3 对顶上事件发生的影响最大,基本事件 X_4,X_5 的影响次之,基本事件 X_2 的影响最小。

(2) 从概率重要度系数分析可知,降低基本事件 X_3 的发生概率,能迅速且有效地降低顶上事件发生的概率,敏感度最高,其次分别是基本事件 X_1,X_5,X_4,最不重要、最不敏感的是基本事件 X_2。

(3) 从临界重要度系数分析可知,基本事件 X_3 不仅敏感度高,而且本身发生的概率较大,所以其临界重要度仍然最高;由于基本事件 X_1 发生概率较低,对其进一步改善有一定的困难,所以其临界重要度有所下降;基本事件 X_5 敏感度高,本身发生的概率较大,所以其临界重要度有所上升。

在三种重要度系数中,结构重要度系数从故障树结构上反映基本事件的重要程度,概率重要度系数反映基本事件概率的增减对顶上事件发生概率影响的敏感度,临界重要度系数从敏感度和自身发生概率大小的双重角度反映基本事件的重要程度。所以,临界重要度比概率重要度和结构重要度更能准确地反映对顶上事件发生概率大小的影响。

一般可以按这三种重要系数安排采取措施的先后顺序，也可按三种重要度顺序分别编制相应的安全检查表，以保证既有重点，又无遗漏、全面检查的目的。在三种检查表中，通过临界重要度分析产生的检查表，才能真正反映故障树的本质，也更具有实际意义。

6.9.3 示例

在安全评价中，故障树绘制完成后，一般难以确定各个基本事件的发生概率，所以并不能计算出顶上事件发生概率。一般只开展故障树定性分析，即根据故障树计算最小割集或最小径集，进而进行结构重要度排序，据此最后给出该故障树的评价结论。

试对故障树(图 6-27)开展评价。

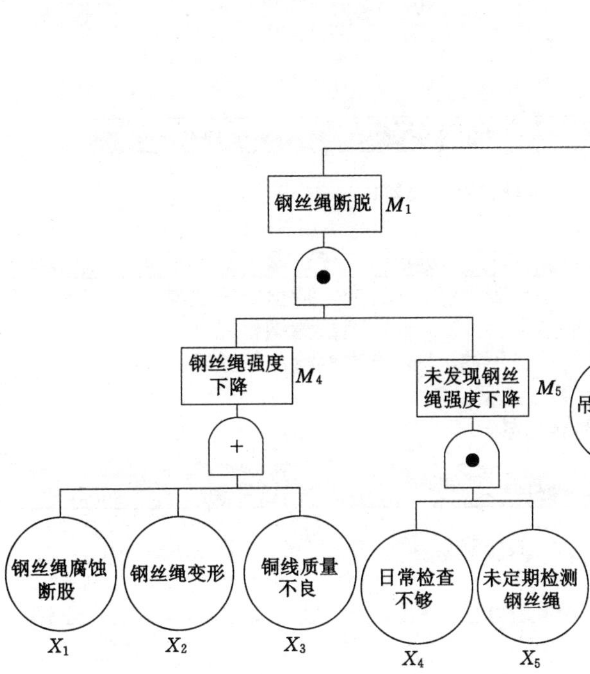

图 6-27　钢丝绳断裂故障树

可使用 FreeFta 软件辅助绘制与计算，以降低工作量，提高准确性。

FreeFta 软件可用于故障树(事故树)绘制与分析，可在网站(http://www.freefta.cn/)免费下载、安装、使用。软件具有如下特点：

(1) 简单易用，系统操作界面简洁美观，支持自定义画布颜色、事件颜色等，支持连续添加事件、批量设置基本事件概率、拖放改变父级事件、自动排列事故树等。

(2) 功能丰富，支持故障树的定性分析(最小割集、最小径集、结构重要度)和定量分析(顶上事件概率、概率重要度、临界重要度)、导出为图片、导出为 Rtf 文档。

(3) 算法高效，系统采用优化的定性定量分析算法，瞬间出现运算结果，最大减少等待时间。

使用该软件绘制故障树，如图 6-28 所示。

可直接求得最小割集与最小径集，以及基本事件结构重要度，见图 6-29～图 6-31。

评价结论：最小割集的数目较少，但是每个最小割集都是顶上事件发生的一种可能渠

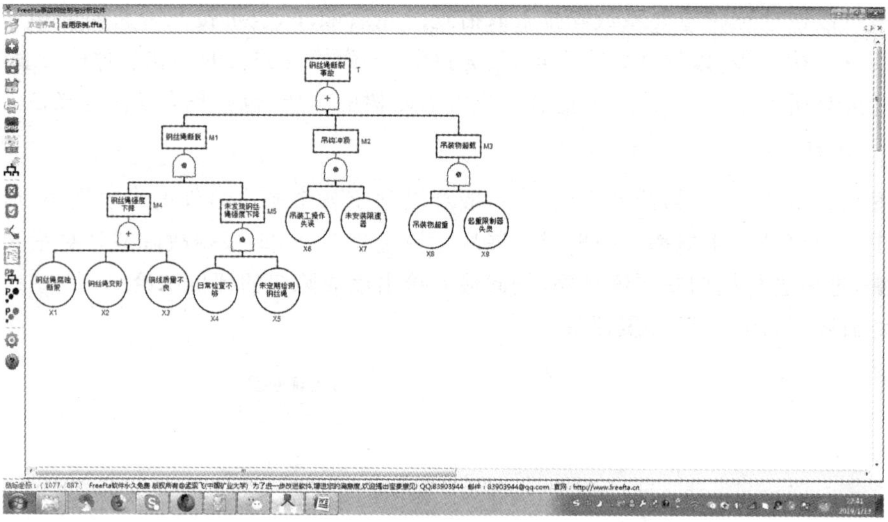

图 6-28　FreeFta 软件绘制故障树

事故树的最小割集

1、(X1*X4*X5),X1:钢丝绳腐蚀断股，X4:日常检查不够，X5:未定期检测钢丝绳。
2、(X2*X4*X5),X2:钢丝绳变形，X4:日常检查不够，X5:未定期检测钢丝绳。
3、(X3*X4*X5),X3:铜线质量不良，X4:日常检查不够，X5:未定期检测钢丝绳。
4、(X6*X7),X6:吊装工操作失误，X7:未安装限速器。
5、(X8*X9),X8:吊装物超重，X9:起重限制器失灵。

复制全部文本　复制选中内容　保存为文本文件

图 6-29　最小割集

事故树的最小径集

1、(X1*X2*X3*X6*X8),X1:钢丝绳腐蚀断股，X2:钢丝绳变形，X3:铜线质量不良，X6:吊装工操作失误，X8:吊装物超重。
2、(X1*X2*X3*X6*X9),X1:钢丝绳腐蚀断股，X2:钢丝绳变形，X3:铜线质量不良，X6:吊装工操作失误，X9:起重限制器失灵。
3、(X1*X2*X3*X7*X8),X1:钢丝绳腐蚀断股，X2:钢丝绳变形，X3:铜线质量不良，X7:未安装限速器，X8:吊装物超重。
4、(X1*X2*X3*X7*X9),X1:钢丝绳腐蚀断股，X2:钢丝绳变形，X3:铜线质量不良，X7:未安装限速器，X9:起重限制器失灵。
5、(X4*X6*X8),X4:日常检查不够，X6:吊装工操作失误，X8:吊装物超重。
6、(X4*X6*X9),X4:日常检查不够，X6:吊装工操作失误，X9:起重限制器失灵。
7、(X4*X7*X8),X4:日常检查不够，X7:未安装限速器，X8:吊装物超重。
8、(X4*X7*X9),X4:日常检查不够，X7:未安装限速器，X9:起重限制器失灵。
9、(X5*X6*X8),X5:未定期检测钢丝绳，X6:吊装工操作失误，X8:吊装物超重。
10、(X5*X6*X9),X5:未定期检测钢丝绳，X6:吊装工操作失误，X9:起重限制器失灵。
11、(X5*X7*X8),X5:未定期检测钢丝绳，X7:未安装限速器，X8:吊装物超重。
12、(X5*X7*X9),X5:未定期检测钢丝绳，X7:未安装限速器，X9:起重限制器失灵。

复制全部文本　复制选中内容　保存为文本文件

图 6-30　最小径集

道，应加强日常检查(X_4)，并定期检测钢丝绳(X_5)，确认限速器(X_7)、起重限制器(X_9)有效，在吊装过程中，吊装工应严格遵循操作规范(X_6)，严禁吊装物超重(X_8)。

假设，已知各基本事件概率，可继续利用 FreeFta 软件直接求得顶上事件概率、基本事件的概率重要度和临界重要度并排序，见图 6-32～图 6-35。

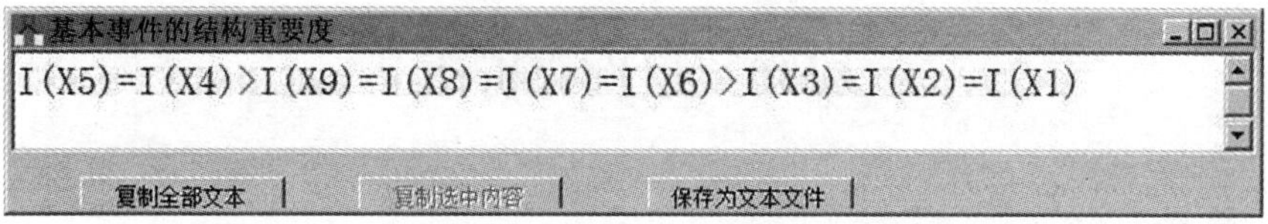

图 6-31　基本事件的结构重要度

基本事件概率

事件编号	事件名称	事件概率
X1	钢丝绳腐蚀断股	0.1
X2	钢丝绳变形	0.1
X3	钢线质量不良	0.1
X4	日常检查不够	0.1
X5	未定期检测钢丝绳	0.1
X6	吊装工操作失误	0.1
X7	未安装限速器	0.1
X8	吊装物超重	0.1
X9	起重限制器失灵	0.1

图 6-32　基本事件概率

图 6-33　顶上事件概率

图 6-34　基本事件概率重要度

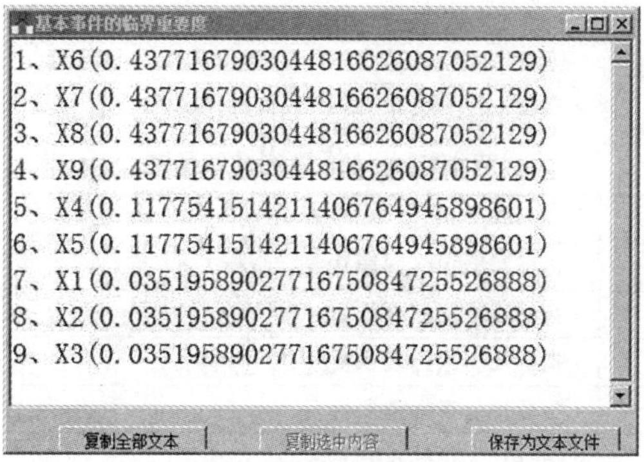

图 6-35　基本事件临界重要度

6.10　层次分析法

6.10.1　概述

层次分析法(analytic hierarchy process,AHP),于20世纪70年代中期由美国运筹学家托马斯·塞蒂(T.L.Satty)正式提出,是将与决策有关的元素分解成目标、准则、方案等层次,在此基础之上进行定性和定量分析的决策方法,已在经济计划和管理、能源政策和分配、行为科学、军事指挥、运输、农业、教育、人才、医疗和环境等领域得到广泛应用。

6.10.2　方法基础

1）建立递阶层次结构模型

在深入地对实际问题进行分析时,将问题中涉及的各因素按不同属性自上而下逐层分解为若干个指标,同一层所有因素应隶属于上层的因素,或对于上层的因素有影响,同时支配下层因素或受到下层因素影响。最高层称为目标层,通常只有一个因素,最下的一层通常为方案层,中间可以有若干个层次,通常为准则层或称指标层。当指标过多时应对其进一步分解为子指标层。

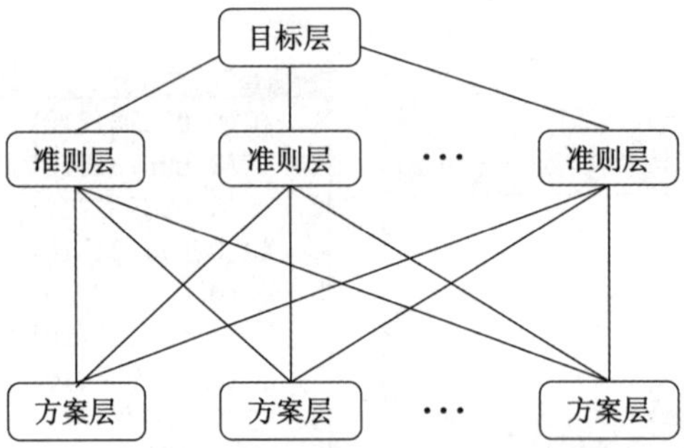

图6-36　层次分析结构模型

2）构造两两比较判断矩阵

对同一层次的各因素关于上一层中某一准则的重要性进行两两比较,构造判断矩阵,其中哪一个因素更重要,重要多少,需要对重要程度赋予一定的数值,可采用表6-48的比较标度取值。

表6-48　两指标之间比较标度取值表

标度 a_{ij}	含义
1	i 指标与 j 指标同样重要
3	i 指标比 j 指标略重要
5	i 指标比 j 指标较重要
7	i 指标比 j 指标重要得多
9	i 指标比 j 指标重要更多
2,4,6,8	介于上述两个相邻判断的中间值
倒数	i 指标比 j 指标次要

表 6-48 中 1～9 的标度方法是将思维判断数量化的一种好方法。首先，在区分事物差别时，人们总是用相同、较强、强、更强、极端强的语言，再进一步细分，可以在相邻的两级中插入折中的提法，因此对于大多数决策判断来说 1～9 的标度是适用的。其次，心理学实验表明，大多数人对不同事物在相同属性上差别的分辨能力在 5～9，采用 1～9 的标度反映多数人的判断能力。第三，当被比较元素其属性处于不用的数量级，一般需要将较高数量级的元素进一步分解，这可以保证被比较元素在所考虑的属性上有同一个数量级或比较接近，从而适用于 1～9 的标度。当然根据问题的特点也可以采用别的类型标度方法。

3）计算权重向量以及一致性检验

层次分析中的排序计算采用特征向量方法，现说明如下。

假设 n 个物体，它们的质量分别为 $w_1, w_2, \cdots, w_n$，且质量和为单位 1，两两比较它们之间的质量，可得判断矩阵：

$$\boldsymbol{A}=\begin{bmatrix} \frac{w_1}{w_1} & \frac{w_1}{w_2} & \cdots & \frac{w_1}{w_n} \\ \frac{w_2}{w_1} & \frac{w_2}{w_2} & \cdots & \frac{w_2}{w_n} \\ \vdots & \vdots & & \vdots \\ \frac{w_n}{w_1} & \frac{w_n}{w_2} & \cdots & \frac{w_n}{w_n} \end{bmatrix}=(a_{ij})_{n\times n}$$

可知，该矩阵反对称矩阵，具有如下性质：

$$a_{ij}=\frac{1}{a_{ji}}, a_{ii}=1, a_{ij}=\frac{a_{ik}}{a_{jk}}, \text{其中 } i,j,k=1,2,\cdots,n$$

用质量向量 $\boldsymbol{W}=[w_1, w_2, \ldots w_n]^{\mathrm{T}}$ 右乘矩阵 $\boldsymbol{A}$，则

$$\boldsymbol{AW}=\begin{bmatrix} \frac{w_1}{w_1} & \frac{w_1}{w_2} & \cdots & \frac{w_1}{w_n} \\ \frac{w_2}{w_1} & \frac{w_2}{w_2} & \cdots & \frac{w_2}{w_n} \\ \vdots & \vdots & & \vdots \\ \frac{w_n}{w_1} & \frac{w_n}{w_2} & \cdots & \frac{w_n}{w_n} \end{bmatrix}\begin{bmatrix} w_1 \\ w_2 \\ \vdots \\ w_n \end{bmatrix}=\begin{bmatrix} nw_1 \\ nw_2 \\ \vdots \\ nw_n \end{bmatrix}=n\boldsymbol{W} \tag{6-29}$$

$(\boldsymbol{A}-nI)\boldsymbol{W}=0$，则以 n 个物体质量为分量的向量 $\boldsymbol{W}$ 是比较判断矩阵 $\boldsymbol{A}$ 的对应与 n 的特征向量。根据矩阵理论，n 为上述矩阵 $\boldsymbol{A}$ 的唯一非零且最大的特征值，$\boldsymbol{W}$ 是其对应的特征向量。

依据该原理，当一组物体需要估计它们的相对质量，而又没有称量仪器时，那么可以通过逐对比较物体的相对质量，得出每对物体相对质量比的判断，从而形成比较判断矩阵。通过求解判断矩阵的最大特征值和它所对应的特征向量问题，可以计算这组物体的相对质量。

在实际应用时，很难给出精确的 $\frac{w_i}{w_j}$，只能对它们估计判断，得到判断矩阵 $\boldsymbol{A}'$，因此可得

$$\boldsymbol{A}'\boldsymbol{W}'=\lambda_{\max}\boldsymbol{W}' \tag{6-30}$$

式中：λ_{max}为判断矩阵$\boldsymbol{A}'$的最大特征值；$\boldsymbol{W}'$为λ_{max}的特征向量。

当$\boldsymbol{A}'$与$\boldsymbol{A}$完全一致时，$\lambda_{max}=n$；当$\boldsymbol{A}'$与$\boldsymbol{A}$不完全一致时，就需对λ_{max}进行一致性检验：

首先，计算一致性指标C.I.值，

$$\text{C.I.}=\frac{\lambda_{max}-n}{n-1} \tag{6-31}$$

再计算一致性比例C.R.值，

$$\text{C.R.}=\frac{\text{C.I.}}{\text{R.I.}} \tag{6-32}$$

式中，R.I.是随机一致性指标，其值见表6-49。

表6-49　随机一致性指标R.I.检验表

n	3	4	5	6	7	8	9	10
R.I.	0.58	0.89	1.12	1.26	1.36	1.41	1.46	1.49

当C.R.<0.1时，λ_{max}通过一致性检验，一般认为判断矩阵是可以接受的，对应于λ_{max}的特征向量$\boldsymbol{W}'$可认为是$\boldsymbol{W}$。若未通过，则需检验判断矩阵、更换数据并按以上步骤重新进行检验，直至通过为止。

在精度要求不高的情况下，可以用近似方法计算λ_{max}和$\boldsymbol{W}$，有以下两种方法：

(1) 根法

第一步，$\boldsymbol{A}$的元素按行相乘；

第二步，将所得的乘积分别开n次方；

第三步，将方根向量归一化得排序权向量$\boldsymbol{W}$；

第四步，按下列公式计算λ_{max}：

$$\lambda_{max}=\sum_{i=1}^{n}\frac{(\boldsymbol{A}w)_i}{nw_i} \tag{6-33}$$

式中，$(\boldsymbol{A}w)_i$表示$\boldsymbol{A}w$的第i个元素。

(2) 和法

第一步，$\boldsymbol{A}$的元素按列归一化；

第二步，将$\boldsymbol{A}$的元素按行相加；

第三步，所得到的行向量归一化的排序权向量$\boldsymbol{W}$；

第四步，按式(6-33)计算λ_{max}。

4) 计算组合权重，排序

计算准则层对于目标层的权重向量，方案层对于准则层的权重向量，并进行组合权重一致性检验。若检验通过，即可最终获得方案层对于目标层的权重向量，利用所得结果进行总排序，选取决策方案；若检验未通过，则需要修改模型或找出一致性比例较大的判断矩阵重新进行构造。

6.10.3　示例

某油库安全层次结构模型构建如图6-37所示。

(1) 构造$S-C$判断矩阵见表6-50。

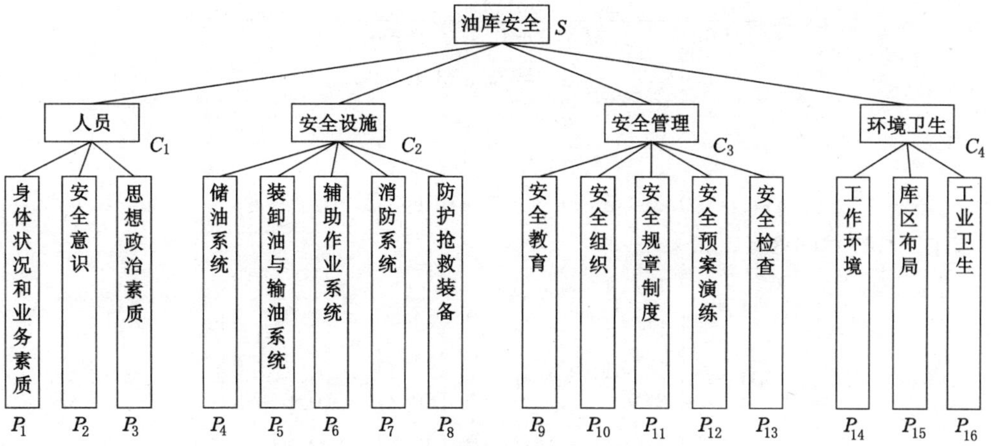

图 6-37 油库安全层次结构模型

表 6-50 **S—C 判断矩阵**

S	C_1	C_2	C_3	C_4
C_1	1	1	2	3
C_2	1	1	2	3
C_3	1/2	1/2	1	1
C_4	1/3	1/3	1	1

将上表数据矩阵化为：

$$\mathbf{A}=\begin{pmatrix} 1 & 1 & 2 & 3 \\ 1 & 1 & 2 & 3 \\ \frac{1}{2} & \frac{1}{2} & 1 & 1 \\ \frac{1}{3} & \frac{1}{3} & 1 & 1 \end{pmatrix}$$

利用根法，第一步，$\mathbf{A}$ 的元素按行相乘；第二步，将所得的乘积分别开 n 次方；

$$w_i^* = \left(\prod_{j=1}^{n} a_{ij}\right)^{\frac{1}{n}} (i = 1,2,\cdots,n)$$

$$w_1^* = \sqrt[4]{1\times1\times2\times3} = 1.565\ 1$$

$$w_2^* = \sqrt[4]{1\times1\times2\times3} = 1.565\ 1$$

$$w_3^* = \sqrt[4]{\frac{1}{2}\times\frac{1}{2}\times1\times1} = 0.707\ 1$$

$$w_4^* = \sqrt[4]{\frac{1}{3}\times\frac{1}{3}\times1\times1} = 0.577\ 4$$

第三步，将方根向量归一化得排序权向量 $\mathbf{W}$。

$$w_i = \frac{w_i^*}{\sum_{i=1}^{n} w_i^*} (i = 1,2,\ldots,n)$$

$$w_1=\frac{1.5651}{1.5651+1.5651+0.7071+0.5774}=0.3534$$

$$w_2=0.3534$$

$$w_3=0.1602$$

$$w_4=0.5774$$

$$\boldsymbol{W}=(0.3545 \quad 0.3545 \quad 0.1602 \quad 0.1308)^{T}$$

第四步,按式(6-33)计算 λ_{max}。

$$\boldsymbol{AW}=\begin{pmatrix}1 & 1 & 2 & 3\\ 1 & 1 & 2 & 3\\ \frac{1}{2} & \frac{1}{2} & 1 & 1\\ \frac{1}{3} & \frac{1}{3} & 1 & 1\end{pmatrix}\begin{pmatrix}0.3545\\0.3545\\0.1602\\0.1308\end{pmatrix}=\begin{pmatrix}1.4218\\1.4218\\0.6455\\0.5273\end{pmatrix}$$

最大特征值 $\lambda_{max}=\left(\frac{1.4218}{0.3545}+\frac{1.4218}{0.3545}+\frac{0.6455}{0.1602}+\frac{0.5273}{0.1308}\right)/4=4.0206$

一致性指标 C. I. 为:

$$C.I.=\frac{\lambda_{max}-n}{n-1}=\frac{4.0206-4}{4-1}=0.0069$$

一致性比例 C. R. 为:

$C.R.=\frac{C.I.}{R.I.}=\frac{0.00687}{0.89}=0.0078<0.1$,通过一致性检验。

(2) 同理,构造 C_1—P 判断矩阵见表 6-51。

表 6-51　C_1—P 判断矩阵

C_1	P_1	P_2	P_3
P_1	1	2	4
P_2	1/2	1	2
P_3	1/4	1/2	1

$\boldsymbol{W}=(0.5714 \quad 0.2857 \quad 0.1429)^{T}$,$\lambda_{max}=3.0000$,$C.R.=0<0.1$,通过一致性检验。

同理,构造 C_2—P 判断矩阵见表 6-52。

表 6-52　C_2—P 判断矩阵

C_2	P_4	P_5	P_6	P_7	P_8
P_4	1	1	4	2	6
P_5	1	1	4	3	6
P_6	1/4	1/4	1	1/2	2
P_7	1/2	1/3	2	1	4
P_8	1/6	1/6	1/2	1/4	1

$\boldsymbol{W}=(0.3349 \quad 0.3632 \quad 0.0887 \quad 0.1635 \quad 0.0497)^{T}$,$\lambda_{max}=5.0425$,C. R. =

0.009 5<0.1，通过一致性检验。

同理，构造 C_3—P 判断矩阵见表 6-53。

表 6-53　　C_3—P 判断矩阵

C_3	P_9	P_{10}	P_{11}	P_{12}	P_{13}
P_9	1	2	1/3	4	2
P_{10}	1/2	1	1/4	3	1
P_{11}	3	4	1	8	4
P_{12}	1/4	1/3	1/8	1	1/3
P_{13}	1/2	1	1/4	3	1

$\boldsymbol{W}=(0.210\ 1, 0.123\ 6, 0.494\ 3, 0.048\ 4, 0.123\ 6)^{\mathrm{T}}$，$\lambda_{\max}=5.046\ 2$，C. R. =0.0103<0.1，通过一致性检验。

同理，构造 C_4—P 判断矩阵见表 6-54。

表 6-54　　C_4—P 判断矩阵

C_4	P_{14}	P_{15}	P_{16}
P_{14}	1	5	2
P_{15}	1/5	1	1/2
P_{16}	1/2	2	1

通过一致性检验，

$\boldsymbol{W}=(0.595\ 4\quad 0.128\ 3\quad 0.276\ 4)^{\mathrm{T}}$，$\lambda_{\max}=3.005\ 5$，C. R. =0.005 3<0.1，通过一致性检验。

(3) 组合一致性检验

由(1)、(2)可知，均通过一致性检验，可继续对其组合权重向量进行一致性检验，以确定这些权重向量能否作为最终的权重向量，为决策提供依据。

首先，我们将(1)、(2)所得数据列于表 6-55 中。

表 6-55　　组合一致性检验表

$W^{(2)}$	0.354 5	0.354 5	0.160 2	0.130 8
$W^{(3)}$	0.571 4	0.334 9	0.210 1	0.595 4
	0.285 7	0.363 2	0.123 6	0.128 3
	0.142 9	0.088 7	0.494 3	0.276 4
	0	0.163 5	0.048 4	0
	0	0.0497	0.1236	0
$\lambda_{\max}{}^{(3)}$	3.000 0	5.042 5	5.046 2	3.005 5
C. I. $^{(3)}$	0	0.010 6	0.011 5	0.003 1
R. I. $^{(3)}$	0.58	1.12	1.12	0.58
C. R. $^{(3)}$	0	0.009 5	0.010 3	0.005 3

方案层对目标层的组合权重向量为：

$$W=\begin{bmatrix}0.5714 & 0.3349 & 0.2101 & 0.5954\\0.2857 & 0.3632 & 0.1236 & 0.1283\\0.1429 & 0.0887 & 0.4943 & 0.2764\\0 & 0.1635 & 0.0484 & 0\\0 & 0.0497 & 0.1236 & 0\end{bmatrix}\begin{pmatrix}0.3545\\0.3545\\0.1602\\0.1308\end{pmatrix}=\begin{pmatrix}0.7709\\0.3775\\0.5469\\0.0892\\0.0974\end{pmatrix}$$

$$=(0.7709\quad 0.3775\quad 0.5469\quad 0.0892\quad 0.0974)^{T}$$

组合一致性指标 C. I.：

$$C.I.=(0\quad 0.0106\quad 0.0115\quad 0.0031)\begin{pmatrix}0.3545\\0.3545\\0.1602\\0.1308\end{pmatrix}=0.0128$$

则组合一致性比例 C. R. $=0.0128/0.89=0.0144<0.1$，通过组合一致性检验。

且 $W=(0.7709\quad 0.3775\quad 0.5469\quad 0.0892\quad 0.0974)^{T}$ 可作为决策依据，所以在油库安全运行过程中，人员的各个控制措施应作为重点进行风险管理。

(4) 确定方案层对于目标层的权重

人员对油库安全的权重为：

$0.3545\times(0.5714\quad 0.2857\quad 0.1429)^{T}=(0.2026\quad 0.1013\quad 0.0506)^{T}$

安全设施对油库安全的权重为：

$0.3545\times(0.3349\quad 0.3632\quad 0.0887\quad 0.1635\quad 0.0497)^{T}=$

$(0.1187\quad 0.1287\quad 0.0314\quad 0.0580\quad 0.0176)^{T}$

安全管理对油库安全的权重为：

$0.1602\times(0.2101\quad 0.1236\quad 0.4943\quad 0.0484\quad 0.1236)^{T}=$

$(0.0337\quad 0.0198\quad 0.0792\quad 0.0078\quad 0.0198)^{T}$

环境卫生对油库安全的权重为：

$0.1308\times(0.5954\quad 0.1283\quad 0.2764)^{T}=(0.0779\quad 0.0168\quad 0.0361)^{T}$

据此，可得到油库安全权重表(表 6-56)。

由表 6-56 中各指标的权重值可知，影响油库安全的各个因素的重要程度是不同的，有些是起决定性作用的，有些则影响很小，其中人员和安全设施起主要作用，尤其是人员的身体状况和业务素质、装卸油与输油系统、储油系统、人员的安全意识占支配地位。掌握这些主要的影响因素、警惕那些容易被忽略的因素，做到防患于未然，提高油库安全程度。

AHP 的分析计算较为烦琐，可以利用 Microsoft Office Excel 或 MATLAB 软件等辅助计算，也可以直接利用 yaahp 软件(该软件是一款辅助软件，可为使用层次分析法的决策过程提供模型构造、计算和分析等方面的帮助)等直接计算，yaahp 软件界面及计算示例如下图 6-38 所示，可以绘制层次结构模型、赋值判断矩阵后并直接获得计算结果。

表 6-56　　　　油库安全指标权重表

目标层	决策层	方案层	方案层对目标层的权重	排序
油库安全 S	人员 C_1 (0.353 4)	身体状况和业务素质 P_1(0.571 4)	0.354 5×0.571 4=0.202 6	1
		安全意识 P_2(0.285 7)	0.101 3	4
		思想政治素质 P_3(0.142 9)	0.050 6	8
	安全设施 C_2 (0.353 4)	储油系统 P_4(0.334 9)	0.118 7	3
		装卸油与输油系统 P_5(0.363 2)	0.128 7	2
		辅助作业系统 P_6(0.088 7)	0.031 4	11
		消防系统 P_7(0.163 5)	0.058 0	7
		防护抢救装备 P_8(0.049 7)	0.017 6	14
	安全管理 C_3 (0.160 2)	安全培训教育 P_9(0.210 1)	0.033 7	10
		安全组织 P_{10}(0.123 6)	0.019 8	12
		安全规章制度 P_{11}(0.494 3)	0.079 2	5
		安全预案演练 P_{12}(0.048 4)	0.007 8	16
		安全检查 P_{13}(0.123 6)	0.019 8	13
	环境卫生 C_4 (0.130 8)	工作环境 P_{14}(0.595 4)	0.077 9	6
		库区布局 P_{15}(0.128 3)	0.016 8	15
		工业卫生 P_{16}(0.276 4)	0.036 1	9

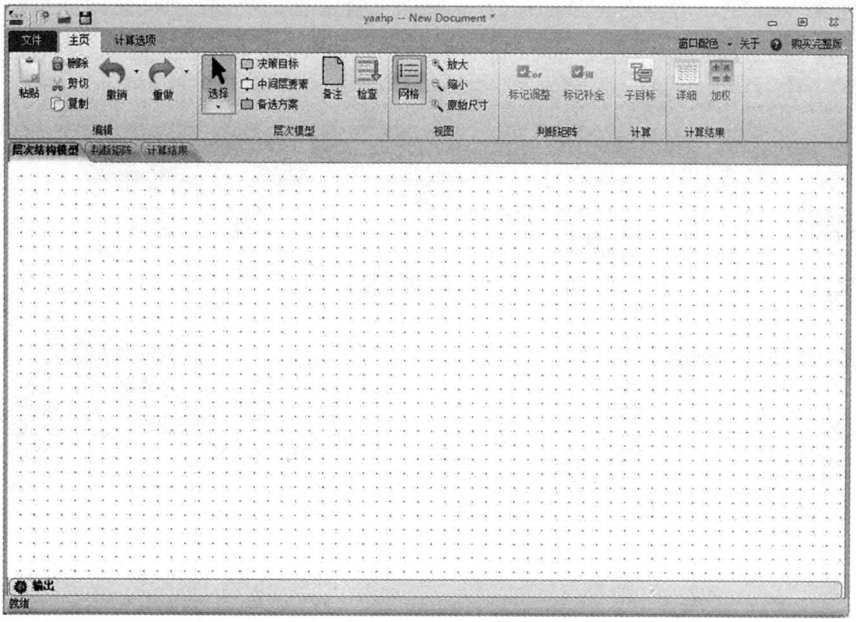

图 6-38　yaahp 软件界面及计算示例图

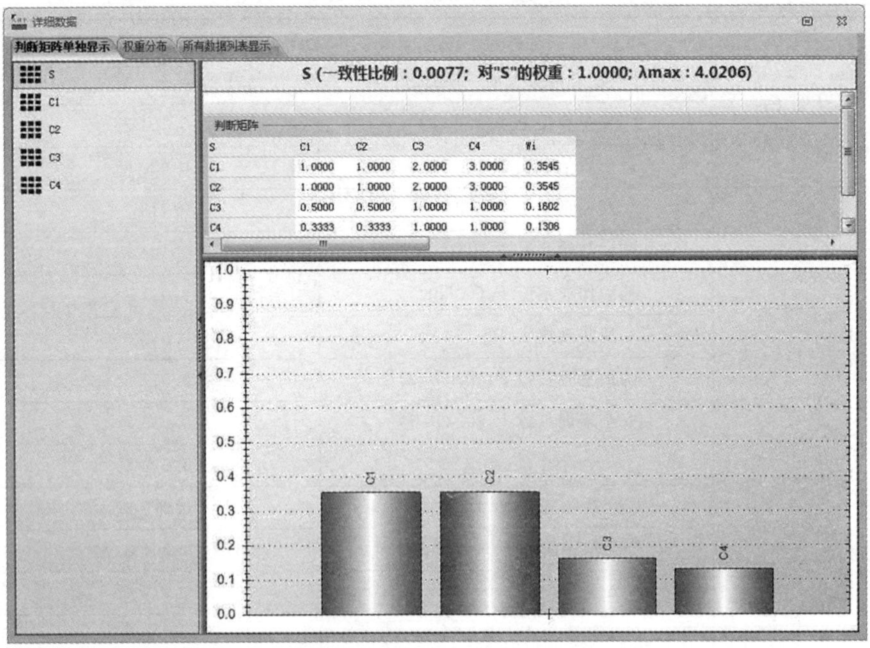

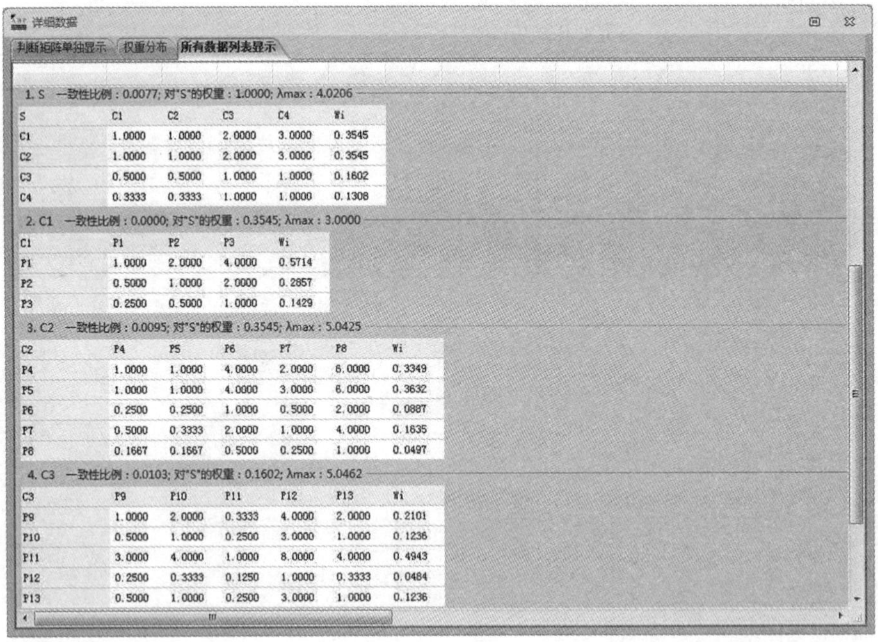

1. S 一致性比例：0.0077; 对"S"的权重：1.0000; λmax：4.0206

S	C1	C2	C3	C4	Wi
C1	1.0000	1.0000	2.0000	3.0000	0.3545
C2	1.0000	1.0000	2.0000	3.0000	0.3545
C3	0.5000	0.5000	1.0000	1.0000	0.1602
C4	0.3333	0.3333	1.0000	1.0000	0.1308

2. C1 一致性比例：0.0000; 对"S"的权重：0.3545; λmax：3.0000

C1	P1	P2	P3	Wi
P1	1.0000	2.0000	4.0000	0.5714
P2	0.5000	1.0000	2.0000	0.2857
P3	0.2500	0.5000	1.0000	0.1429

3. C2 一致性比例：0.0095; 对"S"的权重：0.3545; λmax：5.0425

C2	P4	P5	P6	P7	P8	Wi
P4	1.0000	1.0000	4.0000	2.0000	6.0000	0.3349
P5	1.0000	1.0000	4.0000	3.0000	6.0000	0.3632
P6	0.2500	0.2500	1.0000	0.5000	2.0000	0.0887
P7	0.5000	0.3333	2.0000	1.0000	4.0000	0.1635
P8	0.1667	0.1667	0.5000	0.2500	1.0000	0.0497

4. C3 一致性比例：0.0103; 对"S"的权重：0.1602; λmax：5.0462

C3	P9	P10	P11	P12	P13	Wi
P9	1.0000	2.0000	0.3333	4.0000	2.0000	0.2101
P10	0.5000	1.0000	0.2500	3.0000	1.0000	0.1236
P11	3.0000	4.0000	1.0000	8.0000	4.0000	0.4943
P12	0.2500	0.3333	0.1250	1.0000	0.3333	0.0484
P13	0.5000	1.0000	0.2500	3.0000	1.0000	0.1236

续图 6-38　yaahp 软件界面及计算示例图

6.11 模糊综合评判法

6.11.1 概述

模糊综合评价法(Fuzzy Comprehensive Evaluation,FCE)是一种基于模糊数学的综合评标方法,该综合评价法根据模糊数学的隶属度理论把定性评价转化为定量评价,即用模糊数学对受到多种因素制约的事物或对象做出一个总体的评价。它具有结果清晰,系统性强的特点,能较好地解决模糊的、难以量化的问题,适合各种非确定性问题的解决。

6.11.2 方法基础

模糊综合评价法评价步骤包括:

(1) 建立评价对象的因素集,$U=\{u_1,u_2,\cdots,u_m\}$,因素即为评价对象的各种评价指标。

(2) 建立评语集,$V=\{v_1,v_2,\cdots,v_n\}$,即评价者对评价对象做出的评价等级,一般可划为 3~5 个等级。

(3) 确定评价因素的权重向量,$\boldsymbol{A}=(a_1,a_2,\cdots,a_m)$,是对评价因素的一个统一的权衡,满足 $\sum_{i=1}^{m}a_i=1$,在进行模糊综合评价时,权重最终的评价结果会产生很大的影响,不同的权重有时会得到完全不同的结论,通常可利用 6.10 节所述的层次分析法来确定权重。

(4) 建立模糊关系矩阵,从因素集中单个因素(评价指标)出发,根据评语集(评价等级)做出的一个隶属程度的模糊判断,进而得到模糊关系矩阵,即:

$$\boldsymbol{R}=\begin{bmatrix} r_{11} & r_{12} & \cdots & r_{1n} \\ r_{21} & r_{22} & \cdots & r_{2n} \\ \vdots & \vdots & & \vdots \\ r_{m1} & r_{m2} & \cdots & r_{mn} \end{bmatrix}=(r_{ij})_{m\times n}$$

式中,r_{ij}—关于因素 u_i 具有评语 v_j 的隶属关系($i=1,2,\cdots,n;j=1,2,\cdots,m$)。

在确定隶属关系时,通常是由专家或与评价对象相关的专业人员依据评价等级对评价对象进行打分,然后统计计算打分结果。

(5) 综合评价,利用合适的模糊合成算子将权重向量 $\boldsymbol{A}$ 与模糊关系矩阵 $\boldsymbol{R}$ 合成得到模糊综合评价结果 $\boldsymbol{B}$,是对评价对象的一个总体评价。

$$\boldsymbol{B}=\boldsymbol{A}\cdot\boldsymbol{R}=(a_1,a_2,\cdots,a_m)\begin{bmatrix} r_{11} & r_{12} & \cdots & r_{1n} \\ r_{21} & r_{22} & \cdots & r_{2n} \\ \vdots & \vdots & & \vdots \\ r_{m1} & r_{m2} & \cdots & r_{mn} \end{bmatrix}=(b_1,b_2,\cdots,b_n) \tag{6-34}$$

(6) 分析模糊综合评价结果。模糊综合评价结果 $\boldsymbol{B}$ 不是一个点值,而是一个模糊矢量,因此能够提供的信息更为丰富,但需要进一步处理,得到评价对象的综合分值,按大小排序,按序择优。

处理模糊综合评价矢量 $\boldsymbol{B}$,常用的有两种方法:

① 最大隶属度原则。若模糊综合评价矢量中 $b_r=\max\limits_{1\leqslant j\leqslant n}\{b_j\}$,则评价对象总体上隶属于第 r 等级。

② 加权平均原则。将等级看作一种相对位置，使其连续化。为了能定量处理，用“1，2，3，…，m”以表示个等级，并称其为个等级的秩。然后用 **B** 中对应分量将各等级的秩加权求和，从而得到评价对象的相对位置，其表达式如下：

$$B' = \frac{\sum_{j=1}^{n} (b_j^k \cdot V_j)}{\sum_{j=1}^{n} b_j^k} \tag{6-35}$$

式中，k 为待定系数（$k=1$ 或 2），目的是控制较大 b_j 的所引起的作用。当 k 趋近无穷大时，加权平均原则就是最大隶属度原则。

在实际应用中最常用的方法是最大隶属度原则，但是在某些情况下应用该原则会损失较多信息，甚至得到不合理的评价结果。因此，可以采用加权平均原则，对多个评价对象依据其等级位置进行排序。

6.11.3 示例

尾矿库是一种人造的具有高势能的泥石流。我国多数尾矿库是采用上游法堆积，该方法具有简单易行、便于管理、适应性强、筑坝费用少等优点，但是这种坝体的沉积密度低、浸润线偏高，受多种原因影响，具有较大的危险性。试采用模糊综合评价法对尾矿库的运行情况进行安全评价。

结合尾矿库的实际运行状况，分析得到尾矿库安全评价因素：尾矿坝坝体特性，排洪系统状况，水利输送系统状况，安全管理绩效，可用因素集来表示：$U=\{u_1,u_2,u_3,u_4\}$。

确定尾矿库综合评价的评语：好，较好，中，较差，差，可用评语集来表示：

$V=\{v_1=100,v_2=80,v_3=60,v_4=40,v_5=20\}$

权重系数由 10 位专家组成的检查组讨论决定，确定 U 中各因素的权重分别是：0.2，0.2，0.2，0.4，可用权重集来表示：

$$\mathbf{A}=(0.2,0.2,0.2,0.4)$$

由 10 位专家组成的检查组对尾矿库 1# 和 2# 实际运行情况分别进行了现场考察、评价，结果见表 6-57 和表 6-58。

表 6-57　尾矿库 1# 评价结果统计表

评价	好	较好	中	较差	差
尾矿坝坝体特性	4 人	3 人	2 人	1 人	0 人
排洪系统状况	2 人	2 人	4 人	1 人	1 人
水利输送系统状况	1 人	6 人	2 人	1 人	0 人
安全管理绩效	0 人	3 人	5 人	2 人	0 人

表 6-58　尾矿库 2# 评价结果统计表

评价	好	较好	中	较差	差
尾矿坝坝体特性	3 人	4 人	2 人	1 人	0 人
排洪系统状况	3 人	2 人	3 人	1 人	1 人
水利输送系统状况	2 人	4 人	2 人	1 人	1 人
安全管理绩效	0 人	2 人	5 人	2 人	1 人

首先，对尾矿库1#评价结果统计表进行数据处理后，则：

$$\boldsymbol{R}=\begin{bmatrix}0.4 & 0.3 & 0.2 & 0.1 & 0\\ 0.2 & 0.2 & 0.4 & 0.1 & 0.1\\ 0.1 & 0.6 & 0.2 & 0.1 & 0\\ 0 & 0.3 & 0.5 & 0.2 & 0\end{bmatrix}$$

$$\boldsymbol{B}_1=\boldsymbol{A}\cdot\boldsymbol{R}=(0.2,0.2,0.2,0.4)\begin{bmatrix}0.4 & 0.3 & 0.2 & 0.1 & 0\\ 0.2 & 0.2 & 0.4 & 0.1 & 0.1\\ 0.1 & 0.6 & 0.2 & 0.1 & 0\\ 0 & 0.3 & 0.5 & 0.2 & 0\end{bmatrix}=(0.14,0.34,0.36,0.14,0.02)$$

根据最大隶属度原则，尾矿库1#安全状况是“中”。同理，尾矿库2#的模糊综合评价结果：

$\boldsymbol{B}_2=(0.16,0.28,0.34,0.14,0.08)$

根据最大隶属度原则，尾矿库2#安全状况是“中”。可知，应用最大隶属度原则，两座尾矿库均属于相同等级，无法库进行比较排序。此时，可利用加权平均原则，则尾矿库1#：

$$B_1'=\frac{\sum_{j=1}^{n}(b_j^k\cdot V_j)}{\sum_{j=1}^{n}b_j^k}$$

$$=\frac{0.14^2\times100+0.34^2\times80+0.36^2\times60+0.14^2\times40+0.02^2\times20}{0.14^2+0.34^2+0.36^2+0.14^2+0.02^2}=69.44$$

尾矿库2#：

$$B_2'=\frac{\sum_{j=1}^{n}(b_j^k\cdot V_j)}{\sum_{j=1}^{n}b_j^k}$$

$$=\frac{0.16^2\times100+0.28^2\times80+0.34^2\times60+0.14^2\times40+0.08^2\times20}{0.16^2+0.28^2+0.34^2+0.14^2+0.08^2}=67.92$$

式中，$k=2$。

可知，尾矿库1#的安全运行情况好于尾矿库2#。

6.11.4 应用实践

进行安全评价时，层次分析法与模糊综合评判法通常会成对出现，主要是源于“整—分—合”的系统原理，根据该原理首先应对安全评价对象进行评价指标划分，利用层次分析法达成“整—分”的目的，并可确定各个指标的权重，后利用模糊综合评判法实施“分—合”的过程，得到一个综合的结果，最终给出科学、合理的评价结论。

本章思考题

1. 说明事件树分析与故障树分析两种方法的不同之处及相互联系。

2. 安全评价时没有规定使用的安全检查表时，自行编制的安全检查表的格式应该包括哪些项目？

3. 预先危险性分析表的格式应该包括哪些项目?

4. 简述火灾爆炸危险指数法评价过程。

5. 如何利用火灾爆炸危险指数法提出相应的安全对策措施?

6. 下载安装 FreeFta 软件后绘制并复算例 6-4、例 6-7、例 6-8 所示故障树的顶上事件发生概率、各基本事件的结构重要度、概率重要度以及临界重要度。

7. 任选 Microsoft Office Excel,MATLAB,yaahp 等软件复算图 6-37 所示某油库安全层次结构模型。

7 事故后果预测

评价方法的趋势是由定性向定量发展，由粗糙向准确发展，可采用模拟仿真软件进行更为可信的事故后果预测。在《安全评价通则》中，要求“根据评价单元的特性，选择合理的评价方法，对评价对象发生事故的可能性及其严重程度进行定性、定量评价。”在《安全验收评价导则》中也有“采用科学、合理、适用的评价方法对建设项目、工业园区实际存在的危险、有害因素引发事故的可能性及其严重程度进行预测性评价”的要求。

7.1 泄 漏

7.1.1 泄漏场景及频率

7.1.1.1 泄漏场景

泄漏场景根据泄漏孔径大小可分为完全破裂以及孔泄漏两大类，有代表性的泄漏场景见表 7-1。当设备(设施)直径小于 150 mm 时，取小于设备(设施)直径的孔泄漏场景以及完全破裂场景。

表 7-1 泄漏场景

泄漏场景	范围	代表值
小孔泄漏	0～5 mm	5 mm
中孔泄漏	5～50 mm	25 mm
大孔泄漏	50～150 mm	100 mm
完全破裂	＞150 mm	1. 设备(设施)完全破裂或泄漏孔径＞150 mm； 2. 全部存量瞬时释放

泄漏场景的选择还应考虑设备(设施)的工艺条件、历史事故和实际的运行环境，典型泄漏场景包括：管线、常压储罐、压力储罐、换热器、工艺容器和反应容器、泵和压缩机、压力释放设施、化学品仓库、爆炸物品储存、公路槽车或铁路槽车、运输船舶等 11 类。

以下选择管线、常压储罐、压力储罐、换热器进行详细说明。

1) 管线

管线泄漏场景见表 7-1，并满足以下要求：

(1) 对于完全破裂场景，如果泄漏位置严重影响泄漏量或泄漏后果，应至少分别考虑 3 个位置的完全破裂：管线前端、管线中间、管线末端。

(2) 对于长管线，宜沿管线选择一系列泄漏点，泄漏点的初始间距可取为 50 m，泄漏点数应确保当增加泄漏点数量时，风险曲线不会显著变化。

2) 常压储罐

常压储罐的泄漏场景见表 7-2。

表 7-2　　常压储罐泄漏场景

储罐类型	泄漏到环境中				泄漏到外罐中			
	5 mm 孔径泄漏	25 mm 孔径泄漏	100 mm 孔径泄漏	完全破裂	5 mm 孔径泄漏	25 mm 孔径泄漏	100 mm 孔径泄漏	完全破裂
单防罐	√	√	√	√				
双防罐				√	√	√	√	√
全防罐				√				
地下储罐	注 1							

注:1. 对地下储罐,如果设有限制液体蒸发到环境中的封闭设施,则泄漏场景考虑为地下储罐完全破裂以及封闭设施失效引发的液池蒸发,反之,根据地下储罐类型,考虑为单防罐、双防罐或全防罐的泄漏场景。

2. 如果储罐的储存液位变化较大,且对风险计算结果产生重大影响时,可考虑不同液位的概率。

3. 对于其他类型的储罐,可根据实际情况选择表 7-2 中的场景。

3) 压力储罐

压力储罐泄漏场景见表 7-1。对于储存压缩液化气体的压力储罐,当储存液位变化较大,且对风险计算结果产生重大影响时,可考虑不同液位的概率。

4) 换热器

换热器泄漏场景见表 7-3。

表 7-3　　换热器泄漏场景

换热器类型	具体分类	泄漏位置	场景			
			泄漏场景 1	泄漏场景 2	泄漏场景 3	泄漏场景 4
板式换热器	1. 危险物质在板间通道内	板间危险物质泄漏	5 mm 孔径泄漏	25 mm 孔径泄漏	100 mm 孔径泄漏	破裂
管式换热器	2. 危险物质在壳程	壳程内危险物质泄漏	5 mm 孔径泄漏	25 mm 孔径泄漏	100 mm 孔径泄漏	破裂
	3. 危险物质在管程,壳程设计压力>管程危险物质的最大压力	管程内危险物质泄漏				10 条管道破裂
	4. 危险物质在管程,壳程设计压力≤管程危险物质的最大压力	管程内危险物质泄漏	1 条管道 5 mm 孔径泄漏	1 条管道 25 mm 孔径泄漏	1 条管道破裂	10 条管道破裂

续表 7-3

换热器类型	具体分类	泄漏位置	场景			
			泄漏场景 1	泄漏场景 2	泄漏场景 3	泄漏场景 4
管式换热器	5. 管程和壳程内同时存在危险物质,壳程的设计压力＞管程危险物质的最大压力	壳程内危险物质泄漏	5 mm孔径泄漏	25 mm 孔径泄漏	100 mm孔径泄漏	破裂
		管程内危险物质泄漏				10 条管道破裂
	6. 管程和壳程内同时存在危险物质,壳程的设计压力≤管程危险物质的最大压力	壳程内危险物质泄漏	5 mm孔径泄漏	25 mm 孔径泄漏	100 mm孔径泄漏	破裂
		管程内危险物质泄漏	1 条管道 5 mm孔径泄漏	1 条管道 25 mm 孔径泄漏	1 条管道破裂	10 条管道破裂

注:1. 假设泄漏物质直接泄漏到大气环境中。

2. 其他换热器可按表 7-3 的具体分类进行泄漏场景设置。

7.1.1.2　泄漏频率

泄漏频率可使用以下数据来源:

(1) 适用于化工行业的失效数据库。

(2) 企业历史统计数据。

(3) 基于可靠性的失效概率模型。

(4) 其他数据来源。

泄漏频率数据选择应考虑以下事项:

(1) 应确保使用的失效数据与数据内在的基本假设相一致。

(2) 使用化工行业数据库时,宜考虑下列因素对泄漏频率的影响:减薄、衬里、外部破坏、应力腐蚀开裂、高温氢腐蚀、机械疲劳(对于管线)、脆性断裂,以及其他引起泄漏的危害因素。

(3) 如果使用企业历史统计数据,则只有该历史数据充足并具有统计意义时才能使用。

可考虑企业工艺安全管理水平对泄漏频率的影响,可采用 SY/T 6714 中 8.4 条的规定进行修正。

当各泄漏场景发生的频率小于 10^{-8}/a 或事故场景造成的死亡概率小于 1%时,在定量风险评价时可不考虑这种场景。

7.1.1.3　泄漏位置与方向

泄漏位置应根据设备(设施)实际情况而确定。在工艺容器或反应容器中,当容器内同时存在气相和液相时,应模拟气相泄漏和液相泄漏两种场景。

泄漏方向应根据设备安装的实际情况确定。如果没有准确的信息,泄漏方向宜设为水平方向,与风向相同。对于地下管道,泄漏方向宜为垂直向上。

泄漏一般考虑为无阻挡释放，以下两种情况宜考虑泄漏位置附近的地面或者物体的阻挡作用：

(1) L_o/L_j 小于 0.33，L_o 为泄漏点到阻挡物的距离，L_j 为自由喷射长度：

$$L_j = 12 \times u_0 b_0 / u_{air} \tag{7-1}$$

式中 u_0——源处的喷射速度，m/s；

b_0——泄漏源半径，m；

u_{air}——平均环境风速，m/s，通常取 5 m/s。

(2) 对所有可能的释放方向，L_o/L_j 小于 0.33 的概率 P_i 大于 0.5，在这种情况下，频率为 f 的泄漏场景应分成两个独立的泄漏场景：频率 $P_i f$ 的有阻挡释放和频率为 $(1-P_i)f$ 的无阻挡释放。

7.1.1.4　最大可能泄漏量

最大可能泄漏量取(1)和(2)的较小值：

(1) 泄漏设备单元中的物料加上相连设备截断前可流入到泄漏设备单元中的物料，设定流入速度等于泄漏速度；

(2) 泄漏设备及相连单元内所有的物料量。泄漏设备及相连单元内所有的物料量应根据实际运行数据确定，当缺乏数据时可采用 SY/T 6714 中 7.4 条推荐的方法进行估算。

7.1.1.5　有效泄漏时间

在确定有效泄漏时间时，应考虑如下因素：

(1) 设备和相连系统中的存量。

(2) 探测和隔离时间。

(3) 可能采取的任何反应措施。

应对每个泄漏场景的有效泄漏时间逐个确认，有效泄漏时间可取以下 3 项中的最小值：

(1) 60 min。

(2) 最大可能泄漏量与泄漏速率的比值。

(3) 基于探测及隔离系统等级的泄漏时间，见表 7-4 和表 7-5。

表 7-4　　探测和隔离系统的分级指南

探测系统类型	探测系统分级
专门设计的仪器仪表，用来探测系统的运行工况变化所造成的物质损失(压力损失或流量损失)	A
适当定位探测器，确定物质何时会出现在承压密闭体以外	B
外观检查、照相机，或带远距功能的探测器	C
隔离系统类型	**隔离系统等级**
直接在工艺仪表或探测器启动，而无须操作者干预的隔离或停机系统	A
操作者在控制室或远离泄放点的其他合适位置启动的隔离或停机系统	B
手动操作阀启动的隔离系统	C

该表中给出的信息只在评价连续性泄漏时使用。

通过对探测和隔离系统的分级，结合人因分析的结果，各孔径下的泄漏时间见表 7-5。

表 7-5　　基于探测及隔离系统等级的泄漏时间

探测系统等级	隔离系统等级	泄放时间	探测系统等级	隔离系统等级	泄放时间
A	A	5 mm 泄漏孔径,20 min 25 mm 泄漏孔径,10 min 100 mm 泄漏孔径,5 min	B	A 或 B	5 mm 泄漏孔径,40 min 25 mm 泄漏孔径,30 min 100 mm 泄漏孔径,20 min
A	B	5 mm 泄漏孔径,30 min 25 mm 泄漏孔径,20 min 100 mm 泄漏孔径,10 min	B	C	5 mm 泄漏孔径,60 min 25 mm 泄漏孔径,30 min 100 mm 泄漏孔径,20 min
A	C	5 mm 泄漏孔径,40 min 25 mm 泄漏孔径,30 min 100 mm 泄漏孔径,20 min	C	A,B 或 C	5 mm 泄漏孔径,60 min 25 mm 泄漏孔径,40 min 100 mm 泄漏孔径,20 min

7.1.2　泄漏模型

对每一个泄漏场景应选择一个合适的泄漏模型,不同泄漏场景的泄漏速率计算方法如下。

7.1.2.1　液体经管道上的孔流出

质量流速为:

$$Q_m = AC_0\sqrt{2\rho(p - p_0)} \tag{7-2}$$

式中　Q_m——质量流速,kg/s;

A——泄漏孔面积,m^2;

C_0——液体泄漏系数;

p——管道内液体压力,Pa;

ρ——泄漏液体密度,kg/m^3;

p_0——环境压力,Pa。

液体泄漏系数 C_0 是雷诺准数和孔直径的函数,经验数据如下:

(1) 对于锋利的孔和雷诺准数大于 30 000 时,液体泄漏系数近似取 0.61。对于这种情况,液体的流出速率不依赖于裂口的尺寸;

(2) 对于圆滑喷嘴,液体泄漏系数可近似取 1;

(3) 对于与容器相连的管嘴(长度与直径之比不小于 3),液体泄漏系数近似取 0.81;

(4) 当液体泄漏系数不知道或不能确定时,取 1.0 使所计算的流量最大。

7.1.2.2　液体经储罐上的孔流出

瞬时质量流速为:

$$Q_m = \rho AC_0\sqrt{2\left(\frac{p - p_0}{\rho} + gh_L\right)} \tag{7-3}$$

式中　p——储罐内液体压力,Pa;

g——重力加速度,9.8 m/s^2;

h_L——泄漏孔上方液体高度,m。

7.1.2.3　液体管道断裂

不可压缩液体在管道中流动,能量式如下:

$$\frac{\Delta p}{\rho}+\frac{\Delta \overline{u^2}}{2\alpha}+g\Delta Z+F=-\frac{W_s}{Q_m} \tag{7-4}$$

式中 Δp——管道两端压力差,Pa;

$\bar{u}$——液体平均瞬时流速,m/s;

α——速率轮廓修正系数,无量纲,其取值为:对于层流,α 取 0.5;对于塞流,α 取 1.0;对于湍流 $\alpha\to 1.0$;

ΔZ——终止状态减去初始状态的高度差,m。

F——摩擦导致的机械能损失,包括来自流经管道长度的摩擦损失,适用于诸如阀门、弯头、孔、管道的进口和出口,m·N/kg。

W_s——轴功,Pa·m;

对于有摩擦阻力的设备,摩擦损失项形式为:

$$F=K_f\left(\frac{u^2}{2}\right) \tag{7-5}$$

式中 K_f——管道或管道配件摩擦导致的压差损失,无量纲;

对于流经管道的液体,压差损失项 K_f 为:

$$K_f=\frac{4fL}{d} \tag{7-6}$$

式中 f——范宁(Fanning)摩擦系数,无量纲;

L——管道长度,m;

d——管道内径,m。

Fanning 摩擦系数 f 是雷诺准数 Re 和管道粗糙度 ε 的函数。表 7-6 给出了各种类型净管道的 ε 值。

表 7-6　净管道的粗糙系数 ε

管道材料	ε/mm	管道材料	ε/mm
水泥覆护钢	1～10	熟铁	0.046
混凝土	0.3～3	拉制钢管	0.001 5
铸铁	0.26	玻璃	0
镀锌铁	0.15	塑料	0
型钢	0.046		

对于层流,摩擦系数可按下式计算:

$$f=\frac{16}{Re} \tag{7-7}$$

对于湍流,可按下式求解:

$$\frac{1}{\sqrt{f}}=-4\lg\left(\frac{1}{3.7}\frac{\varepsilon}{d}+\frac{1.255}{Re\sqrt{f}}\right) \tag{7-8}$$

对于粗糙管道中发展完全的湍流,f 独立于雷诺准数。此时,摩擦系数可按下式计算:

$$\frac{1}{\sqrt{f}}=4\lg\left(3.7\frac{d}{\varepsilon}\right) \tag{7-9}$$

对于光滑管道，$\varepsilon=0$，摩擦系数可按下式计算：

$$\frac{1}{\sqrt{f}}=4\lg\frac{Re\sqrt{f}}{1.255} \tag{7-10}$$

对于光滑管道，当 $Re<10\ 000$ 时，

$$f=0.079Re^{-1/4} \tag{7-11}$$

对于管道附件、阀门及其他流动障碍物，可采用改进的 2-K 方法来计算能量损失，2-K 方法根据雷诺准数和管道内径定义压差损失。

$$K_f=\frac{K_1}{Re}+K_{\infty}\left(1+\frac{25.4}{d}\right) \tag{7-12}$$

式中 K_f——超压位差损失，无量纲；

K_1——常数，无量纲，见表 7-7；

K_{∞}——常数，无量纲，见表 7-7；

Re——雷诺准数，无量纲。

表 7-7　管道附件和阀门中损失系数的 2—K 常数

附件	附件描述	K_1	K_{∞}
弯头 90°	标准($\frac{r}{D}=1$)，带螺纹	800	0.40
	标准($\frac{r}{D}=1$)，采用法兰连接/焊接	800	0.25
	长半径($\frac{r}{D}=1.5$)，所有类型	800	0.2
	斜接($\frac{r}{D}=1.5$)：1 焊缝(90°)	1 000	1.15
	2 焊缝(45°)	800	0.35
	3 焊缝(30°)	800	0.30
	4 焊缝(22.5°)	800	0.27
	5 焊缝(18°)	800	0.25
45°	长半径($\frac{r}{D}=1$)，所有类型	500	0.20
	长半径($\frac{r}{D}=1.5$)	500	0.15
	斜接，1 焊缝(45°)	500	0.25
	斜接，2 焊缝(22.5°)	500	0.15
180°	标准($\frac{r}{D}=1$)，带螺纹	1 000	0.60
	标准($\frac{r}{D}=1$)，采用法兰连接/焊接	1 000	0.35
	长半径($\frac{r}{D}=1.5$)，所有类型	1 000	0.30
三通管			
作为弯头使用	标准的，带螺纹	500	0.70
	长半径，带螺纹	800	0.40
	标准的，采用法兰连接/焊接	800	0.80
	短分支	1 000	1.00
贯通	带螺纹	200	0.10
	采用法兰连接/焊接	150	0.50
	短分支	100	0.00

续表 7-7

附件	附件描述	K_1	K_∞
阀门			
闸阀、球阀或旋塞阀	全尺寸，$\beta=1.0$	300	0.10
	缩减尺寸，$\beta=0.9$	500	0.15
	缩减尺寸，$\beta=0.8$	1 000	0.25
球心阀	标准	1 500	4.00
	斜角或 Y 形	1 000	2.00
隔膜阀	Dam(闸坝)类型	1 000	2.00
蝶形阀		800	0.25
止回阀	提升阀	2 000	10.0
	回转阀	1 500	1.50
	倾斜片状阀	1 000	0.50

对于管道的入口和出口，可改为：

$$K_f=\frac{K_1}{Re}+K_\infty \tag{7-13}$$

对于管道进口，$K_1=160$；对于一般的进口，$K_\infty=0.50$；对于边界类型的入口，$K_\infty=1.0$。对于管道出口，$K_1=0$；$K_\infty=1.0$。对于高雷诺数($Re>10\ 000$)，上式中的第一项可忽略，即 $K_f=K_\infty$；对于低雷诺数($Re<50$)，Re 小于 50，第一项占支配地位，$K_f=K_1/Re$。

物质从管道系统中流出，质量流率的求解步骤如下：

(1) 假设：管道长度、直径和类型；沿管道系统的压力和高度变化；来自泵、涡轮等对液体的输入或输出功；管道上附件的数量和类型；液体的特性，包括密度和黏度。

(2) 指定初始点(点 1)和终止点(点 2)。

(3) 确定点 1 和点 2 处的压力和高度。确定点 1 处的初始液体流速。

(4) 推测点 2 处的液体流速，如果认为是完全发展的湍流，则不需要这一步。

(5) 用式(7-7)～式(7-11)确定管道的摩擦系数。

(6) 确定管道的超压位差损失[式(7-6)]、附件的超压位差损失[式(7-12)]和进出口效应的超压位差损失[式(7-13)]。将这些压差损失相加，使用式(7-5)计算净摩擦损失项。使用点 2 处的高度。

(7) 计算式(7-4)中的所用各项的值，并将其带入到方程中。如果式(7-4)所用项的和等于零，那么计算结束；如果不等于零，返回到第 4 步重新计算。

(8) 使用方程 $m=\bar{\rho u}A$ 确定质量流率。

如果为完全发展的湍流，则将已知项代入到式(7-4)中，将点 2 处的速度设为变量，直接求解该速度。

7.1.2.4 气体经孔泄漏

当式(7-14)成立时，气体流动属声速流动；当式(7-15)成立时，气体流动属亚声速流动。

$$\frac{p_0}{p}\leqslant\left(\frac{2}{\gamma+1}\right)^{\frac{\gamma}{\gamma-1}} \tag{7-14}$$

$$\frac{p_0}{p} > \left(\frac{2}{\gamma+1}\right)^{\frac{\gamma}{\gamma-1}} \tag{7-15}$$

式中 p——容器内介质压力，Pa；

γ——绝热指数，$\gamma = c_p / c_V$。

声速流动的气体泄漏质量流速为：

$$Q = C_d A p \sqrt{\frac{M\gamma}{R_g T}\left(\frac{2}{\gamma+1}\right)^{\frac{\gamma+1}{\gamma-1}}} \tag{7-16}$$

亚声速流动的气体泄漏质量流速为：

$$Q = YC_d A p \sqrt{\frac{M\gamma}{R_g T}\left(\frac{2}{\gamma+1}\right)^{\frac{\gamma+1}{\gamma-1}}} \tag{7-17}$$

式中 Q——气体泄漏质量流速，kg/s；

C_d——气体泄漏系数，与泄漏孔形状有关，泄漏孔形状为圆形时取 1.00，三角形时取 0.95，长方形时取 0.90；

M——泄漏气体或蒸气的相对分子质量；

R_g——理想气体常数，J /(mol · K)；

T——气体温度，K；

Y——流出系数，按式(7-18)计算。

$$Y = \left[\frac{p_0}{p}\right]^{\frac{1}{\gamma}} \left\{1 - \left[\frac{p_0}{p}\right]^{\frac{\gamma-1}{\gamma}}\right\}^{\frac{1}{2}} \left\{\left[\frac{2}{\gamma-1}\right] \times \left[\frac{\gamma+1}{2}\right]^{\frac{\gamma+1}{\gamma-1}}\right\}^{\frac{1}{2}} \tag{7-18}$$

7.1.2.5 气体管道断裂

1) 绝热流动

对于长管或沿管程有较大压差，气体流速在大部分情况下接近声速。对于涉及塞流绝热流动的情况下，已知管长(L)、内径(d)、上游压力(p_1)和温度(T_1)，计算质量通量 G 步骤如下：

(1) 由式(7-9)确定 Fanning 摩擦系数 f。假设是高雷诺数的完全发展的湍流。随后将验证这一假设，通常情况下该假设是正确的。

(2) 确定 Ma_1：

$$\frac{\gamma+1}{2}\ln\left[\frac{2Y_1}{(\gamma+1)Ma_1{}^2}\right] - \left(\frac{1}{Ma_1{}^2} - 1\right) + \gamma\left(\frac{4fL}{d}\right) = 0 \tag{7-19}$$

$$Y_1 = 1 + \frac{\gamma-1}{2}Ma_1{}^2 \tag{7-20}$$

式中 Ma_1——马赫数；

Y_1——气体膨胀系数，无量纲。

(3) 确定质量通量 G_{choked}：

$$G_{\text{choked}} = p_{\text{choked}} \sqrt{\frac{\gamma M}{R_g T_{\text{choked}}}} \tag{7-21}$$

$$\frac{T_{\text{choked}}}{T_1} = \frac{2Y_1}{\gamma+1} \tag{7-22}$$

$$\frac{P_{\text{choked}}}{p_1} = Ma_1\sqrt{\frac{2Y_1}{\gamma+1}} \tag{7-23}$$

式中 G_{choked}——质量通量,$kg/m^2 \cdot s$;

p_1——上游气体压力,Pa;

p_{choked}——下游气体压力,Pa;

T_1——上游气体温度,K;

T_{choked}——下游气体温度,K。

(4) 由式(7-23)确定 p_{choked},以确认处于塞流情况。

2) 等温流动

对于大多数典型问题,已知管长(L)、内径(d)、上游压力(p_1)和温度(T_1),质量通量 G_{choked}计算步骤如下:

(1) 由式(7-8)确定 Fanning 摩擦系数 f。假设是高雷诺数的完全发展的湍流。随后将验证这一假设。通常情况下,该假设是正确的。

(2) 确定 Ma_1:

$$\ln\left(\frac{1}{\gamma Ma_1^2}\right)-\left(\frac{1}{\gamma Ma_1^2}\right)+\frac{4fL}{d}=0 \tag{7-24}$$

(3) 确定质量通量 G_{choked}:

$$\frac{p_{choked}}{p_1}=Ma_1\sqrt{\gamma} \tag{7-25}$$

$$G_{choked}=p_{choked}\sqrt{\frac{M}{R_g T}} \tag{7-26}$$

式中 T——上游初始温度,K;

p_{choked}——下游塞流压力,Pa;

p_1——上游压力,Pa。

绝热和等温管道方法得到的结果很接近,对于大多数实际情况,并不能很容易地确定热传递特性。因此,选择绝热管道方法,计算所得的质量通量较大,适合于保守的安全设计。

7.1.2.6 泄漏液体蒸发量

泄漏液体的蒸发分为闪蒸蒸发、热量蒸发和质量蒸发 3 种,其蒸发量为这 3 种蒸发之和。

(1) 闪蒸蒸发

闪蒸蒸发见 7.2 节。

(2) 热量蒸发

当液体闪蒸不完全,有一部分液体在地面形成液池,并吸收地面热量而气化称为热量蒸发。热量蒸发的蒸发速度 Q_2 按下式计算:

$$Q_2=\frac{KA_1(T_0-T_b)}{H\sqrt{\pi\alpha t}} \tag{7-27}$$

式中 Q_2——热量蒸发速率,kg/s;

A_1——液池面积,m^2;

T_0——环境温度,K;

T_b——液体沸点,K;

H——液体蒸发热，J/kg；

α——表面热扩散系数，m^2/s，见表 7-8；

K——表面导热系数，W/(m·K)，见表 7-8；

t——蒸发时间，s。

表 7-8　某些地面的热传递(热扩散、导热)系数

地面情况	导热系数 $K/(W \cdot m^{-1} \cdot K^{-1})$	热扩散系数 $\alpha/(m^2 \cdot s^{-1})$
水泥	1.1	1.29×10^{-7}
土地(含水 8%)	0.9	4.3×10^{-7}
干涸土地	0.3	2.3×10^{-7}
湿地	0.6	3.3×10^{-7}
沙砾地	2.5	1.1×10^{-6}

(3) 质量蒸发

当热量蒸发结束，转由液池表面气流运动使液体蒸发，称为质量蒸发。质量蒸发速度 Q_3 可按下式计算：

$$Q_3 = aPM/(RT_0)u^{(2-n)(2+n)}r^{(4+n)/(2+n)} \tag{7-28}$$

式中 Q_3——质量蒸发速率，kg/s；

a,n——大气稳定度系数，见表 7-9；

p——液体表面蒸气压，Pa；

u——风速，m/s；

r——液池半径，m。

表 7-9　液池蒸发模式参数

稳定度条件	n	a
不稳定(A,B)	0.2	3.846×10^{-3}
中性(D)	0.25	4.685×10^{-3}
稳定(E,F)	0.3	5.285×10^{-3}

液池最大直径取决于泄漏点附近的地域构型、泄漏的连续性或瞬时性。有围堰时，以围堰最大等效半径为液池半径；无围堰时，设定液体瞬间扩散到最小厚度时，推算液池等效半径。

(4) 液体蒸发总量

$$W_p = Q_1t_1 + Q_2t_2 + Q_3t_3 \tag{7-29}$$

式中 W_p——液池蒸发总量，kg；

Q_1——闪蒸蒸发速率，kg/s；

t_1——闪蒸蒸发时间，s；

t_2——热量蒸发时间，s；

t_3——从液体泄漏到液体全部处理完毕的时间，s。

7.2 闪 蒸

过热液体泄漏计算应考虑闪蒸的影响。

液池扩展应考虑地面粗糙度、障碍物以及液体收集系统等影响，如果存在围堰、防护堤等拦蓄区，且泄漏的物质不溢出拦蓄区时，液池最大半径为拦蓄区的等效半径。

7.2.1 闪蒸带走的气体量

液体中闪蒸部分：

$$F_v = \frac{c_p(T_T - T_b)}{H_v} \tag{7-30}$$

过热液体闪蒸蒸发速率可按下式计算：

$$Q_1 = Q_L F_v \tag{7-31}$$

式中 F_v——泄漏液体的闪蒸比例；

T_T——储存温度，K；

T_b——泄漏液体的沸点，K；

H_v——泄漏液体的蒸发热，J/kg；

c_p——泄漏液体的定压热容，kJ/(kg·K)；

Q_1——过热液体闪蒸蒸发速率，kg/s；

Q_L——物质泄漏速率，kg/s。

7.2.2 闪蒸带走的液体量

当需要计算闪蒸带走的液体量时，可按照以下方法计算。

在液体闪蒸过程中，除了有一部分液体转变成气体外，还有一部分液体以液滴的形式悬浮在气体中，闪蒸带走的液体量的计算如下：

(1) 当 $F_v \leqslant 0.2$ 时：

带到空气中的液体量：

$$D = 5F_v Q_L \tag{7-32}$$

式中 D——带到空气中的液体量，kg/s；

地面液池内液体量：

$$D_s = (1 - 5F_v)Q_L \tag{7-33}$$

式中 D_s——地面液池内液体量，kg/s。

(2) 当 $F_v > 0.2$ 时，液体全部带走，地面无液池形成。

7.3 扩 散

计算扩散时，应至少考虑以下两种情况：

(1) 射流。对于射流需确定喷射高度或距离。

(2) 大气扩散。大气扩散计算应考虑实际气体特性，根据扩散气体的初始密度、Richardson 数等条件选择重气扩散或非重气扩散。

室内的容器、油罐和管道等设备泄漏，应考虑建筑物对扩散的影响，选择模型时应考虑以下情况：

(1) 建筑物不能承受物质泄漏带来的压力，可设定物质直接释放到大气中。

(2) 建筑物可承受物质泄漏带来的压力，则室外扩散源项应考虑建筑物内的源项以及通风系统的影响。

7.3.1 大气稳定度确定

大气稳定度通常采用 Pasquill 分类方法确定，大气稳定度分为 A、B、C、D、E 和 F 六类，大气稳定度的具体分类见表 7-10 和表 7-11。

表 7-10　Pasquill 大气稳定度确定

地面风速(在 10 m 处) /($m \cdot s^{-1}$)	白天日照			夜间条件	
	强	中等	弱	阴天且云层薄，或低空云量为 4/8	天空云量为 3/8
<2	A	A～B	B		
2～3	A～B	B	C	E	F
3～4	B	B～C	C	D	E
4～6	C	C～D	D	D	D
>6	C	D	D	D	D

表 7-11　日照强度确定

天空云层情况	60°<日照角	35°<日照角<60°	15°<日照角<35°
天空云量为 4/8，或高空有薄云	强	中等	弱
天空云量为 5/8～7/8，云层高度为 2 134～4 877 m	中等	弱	弱
天空云量为 5/8～7/8，云层高度<2 134 m	弱	弱	弱

在计算扩散时，宜选择稳定、中等稳定、不稳定、低风速、中风速和高风速等多种天气条件，可选择以下 6 种天气类别，见表 7-12。

表 7-12　选择的天气条件

大气稳定度	风速	大气稳定度	风速
B	中风速：3～5 m/s	D	低风速：1～2 m/s
D	中风速：3～5 m/s	D	高风速：8～9 m/s
E	中风速：3～5 m/s	F	低风速：1～2 m/s

扩散计算时，应考虑当地的风速、风向及稳定度联合频率，宜选择 16 种风向。气象统计资料宜采用评价单元附近气象站的气象统计数据。

7.3.2 Pasquill-Gifford 模型扩散方程

1) Pasquill-Gifford 模型扩散方程

(1) 位于地面 H_r 高处的连续稳态源的烟羽：

$$\langle C\rangle(x,y,z)=\frac{Q}{2\pi\sigma_y\sigma_z u}\exp\left[-\frac{1}{2}\left(\frac{y}{\sigma_y}\right)^2\right]\cdot\left\{\exp\left[-\frac{1}{2}\left(\frac{z-Hr}{\sigma_z}\right)^2\right]+\exp\left[-\frac{1}{2}\left(\frac{z+H_r}{\sigma_z}\right)^2\right]\right\} \tag{7-34}$$

式中 $\langle C\rangle(x,y,z)$——连续排放时，形成稳定的流场后，给定地点(x,y,z)的污染物的浓度，kg/m^3；

Q——连续排放的物料质量流量，kg/s；

σ_y，σ_z——侧风向和垂直风向的扩散系数，m；

x——下风向距离，m；

y——侧风向距离，m；

z——垂直风向距离，m。

（2）位于地面 H_r 高处的瞬时点源的烟团，地面上的坐标系随烟团移动，坐标系的中心位于烟团的中心，在 $x=ut$ 处，平均浓度方程为：

$$\langle C\rangle(x,y,z,t)=\frac{Q^*}{(2\pi)^{3/2}\sigma_x\sigma_y\sigma_z}\exp\left[-\frac{1}{2}\left(\frac{y}{\sigma_y}\right)^2\right]\cdot\left\{\exp\left[-\frac{1}{2}\left(\frac{z-H_r}{\sigma_z}\right)^2\right]+\exp\left[-\frac{1}{2}\left(\frac{z+H_r}{\sigma_z}\right)^2\right]\right\} \tag{7-35}$$

式中 $\langle C\rangle(x,y,z,t)$——瞬时排放时，给定地点$(x,y,z)$和时间 t 的污染物的浓度，kg/m^3；

Q^*——瞬时排放的物料质量，kg；

σ_x，σ_y，σ_z——下风向，侧风向和垂直风向的扩散系数，m。

2）Pasquill-Gifford 模型扩散系数

扩散系数确定见表 7-13 和 7-14。

表 7-13　　烟羽扩散 Pasquill-Gifford 模型扩散系数方程(一)

Pasquill-Gifford 稳定度等级		σ_y/m	σ_z/m
开阔乡间条件	A	$0.22x(1+0.0001x)^{-1/2}$	$0.20x$
	B	$0.16x(1+0.0001x)^{-1/2}$	$0.12x$
	C	$0.11x((1+0.0001x)^{-1/2}$	$0.08x(1+0.0002x)^{-1/2}$
	D	$0.08x(1+0.0001x)^{-1/2}$	$0.06x(1+0.0015x)^{-1/2}$
	E	$0.06x(1+0.0001x)^{-1/2}$	$0.03x(1+0.0003x)^{-1}$
	F	$0.04x(1+0.0001x)^{-1/2}$	$0.016x(1+0.0003x)^{-1}$
城市条件	A～B	$0.32x(1+0.0004x)^{-1/2}$	$0.24x(1+0.0001x)^{1/2}$
	C	$0.22x(1+0.0004x)^{-1/2}$	$0.20x$
	D	$0.16x(1+0.0004x)^{-1/2}$	$0.014x(1+0.0003x)^{-1}$
	E～F	$0.11x(1+0.0004x)^{-1/2}$	$0.08x(1+0.0015x)^{-1}$

注：下风向距离 x 的单位为 m。

表 7-14 烟团扩散 Pasquill-Gifford 模型扩散系数方程(二)

Pasquill-Gifford 稳定度等级	σ_y/m 或 σ_x/m	σ_z/m	Pasquill-Gifford 稳定度等级	σ_y/m 或 σ_x/m	σ_z/m
A	$0.18x^{0.92}$	$0.60x^{0.75}$	D	$0.06x^{0.92}$	$0.15x^{0.70}$
B	$0.14x^{0.92}$	$0.53x^{0.73}$	E	$0.04x^{0.92}$	$0.10x^{0.65}$
C	$0.10x^{0.92}$	$0.34x^{0.71}$	F	$0.02x^{0.89}$	$0.05x^{0.61}$

注：下风向距离 x 的单位为 m。

7.4 火灾、爆炸与中毒模型

7.4.1 池火

池火(pool fire)火焰的几何尺寸及热辐射参数按如下步骤计算。

(1) 计算液池直径

当危险单元为油罐或油罐区时，可根据防护堤所围池面积 S 计算液池直径 D：

$$D=\left(\frac{4S}{\pi}\right)^{1/2} \tag{7-36}$$

式中 S——液池面积，m^2；

D——液池直径，m。

当危险单元为输油管道且无防护堤时，假定泄漏的液体无蒸发、并已充分蔓延、地面无渗透，则根据泄漏的液体量和地面性质，按下式可计算最大的池面积。

$$S=W/(H_{min}\rho) \tag{7-38}$$

式中 W——泄漏液体的质量，kg；

H_{min}——最小物料层厚度，m；

ρ——液体的密度，kg/m^3。

最小物料层与地面性质对应关系见表 7-15。

表 7-15 不同性质地面物料层厚度

地面性质	最小物料层厚度/m	地面性质	最小物料层厚度/m
草地	0.020	粗糙地面	0.025
平整地面	0.010	混凝土地面	0.005
平静的水面	0.0018		

(2) 确定火焰高度

计算池火焰高度的经验公式如下：

$$\frac{L}{D}=42\times\left[m_f/(\rho_0\sqrt{gD})\right]^{0.61} \tag{7-39}$$

式中 L——火焰高度，m；

m_f——燃烧速率，$kg/(m^2\cdot s)$；

ρ_0——空气密度，kg/m^3。

(3) 计算火焰表面热通量

假定能量由圆柱形火焰侧面和顶部向周围均匀辐射，用下式计算火焰表面的热通量：

$$q_0=\frac{0.25\pi D^2 H_c m_f f_h}{0.25\pi D^2+\pi DL} \tag{7-40}$$

式中 q_0——火焰表面的热通量，kW/m^2；

H_c——燃烧热，kJ/kg；

f_h——热辐射系数，可取 0.15。

(4) 目标接收到的热通量的计算

目标接收到的热通量 $q(r)$ 的计算公式为：

$$q(r)=q_0(1-0.058\ln r)V \tag{7-41}$$

式中 $q(r)$——目标接收到的热通量，kW/m^2；

r——目标到泄漏中心的水平距离，m；

V——视角系数。

(5) 视角系数的计算

视角系数 V 与目标到火焰垂直轴的距离与火焰半径之比 s 和火焰高度与直径之比 h 有关。

$$V=\sqrt{(V_V^2+V_H^2)} \tag{7-42}$$

$$\pi V_H=A-B \tag{7-43}$$

$$A=(b-1/s)\left\{\cot^{-1}\left[\frac{(b+1)(s-1)}{(b-1)(s+1)}\right]^{0.5}\right\}/(b^2-1)^{0.5} \tag{7-44}$$

$$B=(a-1/s)\left\{\cot^{-1}\left[\frac{(a+1)(s-1)}{(a-1)(s+1)}\right]^{0.5}\right\}/(a^2-1)^{0.5} \tag{7-45}$$

$$\pi V_V=\cot^{-1}[h/(s^2-1)^{0.5}]/s+h(J-K)/s \tag{7-46}$$

$$J=\left[\frac{a}{(a^2-1)^{0.5}}\right]\cot^{-1}\left[\frac{(a+1)(s-1)}{(a-1)(s+1)}\right]^{0.5} \tag{7-47}$$

$$K=\tan^{-1}[(s-1)/(s+1)]^{0.5} \tag{7-48}$$

$$a=(h^2+s^2+1)/(2s) \tag{7-49}$$

$$b=(1+s^2)/(2s) \tag{7-50}$$

式中 s——目标到火焰垂直轴的距离与火焰半径之比；

h——火焰高度与直径之比；

A,B,J,K,V_H,V_V——描述方便而引入的中间变量。

7.4.2 沸腾液体扩展为蒸气云爆炸

采用国际劳工组织建议的沸腾液体扩展为蒸气云爆炸(Boiling Liquid Expanding Vapor Explosion，BLEVE)模型进行计算，步骤如下：

(1) 火球直径的计算

火球直径计算公式为：

$$R=2.9W^{1/3} \tag{7-51}$$

式中 R——火球直径，m。

W——火球中消耗的可燃物质量，kg。对于单罐储存，W 取罐容量的 50%，对于双罐储存，W 取罐容量的 70%；对于多罐储存，W 取罐容量的 90%。

(2) 火球持续时间的计算

火球持续时间按下式计算：

$$t=0.45W^{1/3} \tag{7-52}$$

式中 t——火球持续时间，s。

(3) 目标接收到热辐射通量的计算

$$q(r)=\frac{q_0R^2r(1-0.058\ln r)}{(R^2+r^2)^{3/2}} \tag{7-53}$$

式中 q_0——火球表面的辐射通量，W/m^2；对于柱形罐，取 270 W/m^2，对于球形罐取 200 W/m^2。

r——目标到火球中心的平均距离，m。

7.4.3 喷射火

喷射火(jet fire)的方向为物质的实际泄漏方向；如果没有准确的信息，宜考虑垂直方向喷射火和水平方向喷射火。

7.4.3.1 垂直方向喷射火计算

垂直方向喷射火热辐射通量计算步骤如下：

(1) 火焰高度的计算

火焰长度按下式计算：

$$\frac{L}{d_j}=\frac{5.3}{C_T}\sqrt{\frac{T_f/T_j}{\alpha_T}\left[C_T+(1-C_T)\frac{M_a}{M_f}\right]} \tag{7-54}$$

式中 L——火焰长度，m；

d_j——喷管直径，m；

C_T——燃料—空气计算化学反应中燃料的摩尔系数；

T_f——燃烧火焰的绝热温度，K；

T_j——喷射流体的绝热温度，K；

α_T——燃料—空气计量化学反应中产生每摩尔燃烧产物所需反应物的摩尔数；

M_a——空气的摩尔质量，g/mol；

M_f——燃料的摩尔质量，g/mol。

对于大多数燃料而言，C_T远小于 1，α_T近似等于 1，T_f和 T_j的比值在 7～9。

(2) 目标接收到热辐射通量的计算

$$q(r)=\tau_a\eta\dot{m}H_cF_p \tag{7-55}$$

式中 $q(r)$——距离 r 处目标接收到的热通量，kW/m^2；

τ_a——大气传输率；

η——热辐射系数；

$\dot{m}$——燃料的质量流速，kg/s；

F_p——视角因子。

大气传输率可按下式计算：

$$\tau_a=2.02\times(p_wX_s)^{-0.09} \tag{7-56}$$

式中 τ_a——大气传输率；

p_w——大气中水蒸气的分压，Pa；

X_s——目标到火焰表面的距离，m。

大气中水蒸气分压 p_w 可按下式计算：

$$p_w = 101\ 325 \times \varphi \times e^{(14.411\ 4 - \frac{5\ 328}{T_a})} \tag{7-57}$$

式中 φ——相对湿度，%；

T_a——环境温度，K。

视角因子 F_p 可按下式计算：

$$F_p = \frac{1}{4\pi r^2} \tag{7-58}$$

式中 r——目标到火焰中心的距离，m。

7.4.3.2 水平方向喷射火计算

加压的可燃物泄漏时形成射流，如果在泄漏裂口处被点燃，则形成喷射火。假定火焰为圆锥形，并用从泄漏处到火焰长度 4/5 处的点源模型来表示。

(1) 火焰长度计算

喷射火的火焰长度可用如下方程得到：

$$L = \frac{(H_c \dot{m})^{0.444}}{161.66} \tag{7-59}$$

(2) 热辐射的通量计算

距离火焰点源为 X(m)处接收到的热辐射通量可用下式表示：

$$q = \frac{f H_c \dot{m} \tau_a}{4\pi X^2 \times 1\ 000} \tag{7-60}$$

式中 q——距离 X 处接收的热辐射的通量，kW/m^2；

f——热辐射率。

大气传输率 τ_a 按下式计算：

$$\tau_a = 1 - 0.056\ 5 \ln X \tag{7-61}$$

用户也可根据实际情况选择固体火焰模型。

7.4.4 蒸气云爆炸

蒸气云爆炸(vapor cloud explosion，VCE)是指可燃气体或蒸气与空气混合，在某一有限空间遇点火源而导致的爆炸。常用 TNO 多能法和 TNT 当量法进行爆炸后果计算与分析。

7.4.4.1 TNO 多能法

TNO 多能法是由荷兰 TNO 实验室构建起来的，可用于分析计算蒸气云爆炸，其应用步骤包括：

(1) 进行扩散计算，确定可燃气云的范围。

(2) 进行区域检查，确定拥挤的区域。

(3) 在被可燃气云覆盖的区域内，确定引起强烈冲击波的爆炸源，包括：

① 拥挤的空间和建筑物(如工艺设备、平台和管架等)；

② 平行平面之间的空间(如汽车底部与地面之间等)；

③ 管状结构内的空间(如隧道、桥梁及下水道系统等)；

④ 高压泄放喷射形成的剧烈扰动的燃料—空气。

(4) 通过下列步骤，估算区域内(作为爆炸源)燃料—空气混合物的燃烧能：

① 单独考虑每一个爆炸源。

② 假设位于部分受约束或受阻碍区域的燃料—空气或喷射时剧烈绕动的燃料—空气为气云中的爆炸源，对爆炸冲击波有贡献。

③ 估算出现在区域内(爆炸源)的燃料—空气混合物体积。(估算是基于整个区域的大小。注意，燃料—空气混合物可能没有充满整个区域，此时爆炸源内的燃料—空气混合物为实际进入该区域的体积；此外在估算受阻碍区域体积时，应减去该区域内设备所占体积。)

④ 计算爆炸源的燃烧能：

$$E=V_{爆炸源}\times 3.5\times 10^{6} \tag{7-62}$$

式中 E——爆炸源内燃料—空气混合物的燃烧能，J；

$V_{爆炸源}$——爆炸源中燃料—空气混合物体积，m^3。

(5) 估计爆炸源的强度$\overline{R}_0$，取值范围为1～10。例如：

① 对气云中未受约束或未受阻碍的部分，取1。

② 对喷射时强扰动的气云部分，取3。

③ 典型工艺单元，取7～9。

④ 最大爆炸源强度取10。

爆炸源强度$\overline{R}_0$可选用定性方法确定，Kinsella方法见表7-16。

表7-16　定性判断法分析表

点火能		受阻塞程度			受约束程度		爆炸源强度$\overline{R}_0$等级
弱	强	强	弱	不存在阻塞	不存在约束	存在约束	
	×	×			×		7～10
	×	×				×	7～10
×		×			×		5～7
	×		×		×		5～7
	×		×			×	4～6
	×			×	×		4～6
×		×				×	4～5
	×			×		×	4～5
×			×		×		3～5
×			×			×	2～3
×				×	×		1～2
×				×		×	1

爆炸源强度$\overline{R}_0$也可选用定量方法确定，可参考相关文献，受篇幅所限，此处略。

(6) 计算比拟距离$\overline{R}$：

$$\overline{R}=\frac{R}{(E/p_0)^{1/3}} \tag{7-63}$$

式中 $\overline{R}$——爆炸源的 Sachs 比拟距离，无量纲；

R——距爆炸源中心的距离，m；

p_0——环境压力，Pa。

(7) 计算爆炸超压：

查图 7-1，选取不同爆炸源强度$\overline{R}_0$ 曲线，由比拟距离 $\overline{R}$ 得到 Sachs 比拟爆炸超压 $\Delta\overline{p}_s$，则爆炸超压的计算见下式：

$$p=\Delta\overline{p}_s p_0 \tag{7-64}$$

式中 p——爆炸超压，Pa；

$\Delta\overline{p}_s$——Sachs 比拟爆炸超压，无量纲。

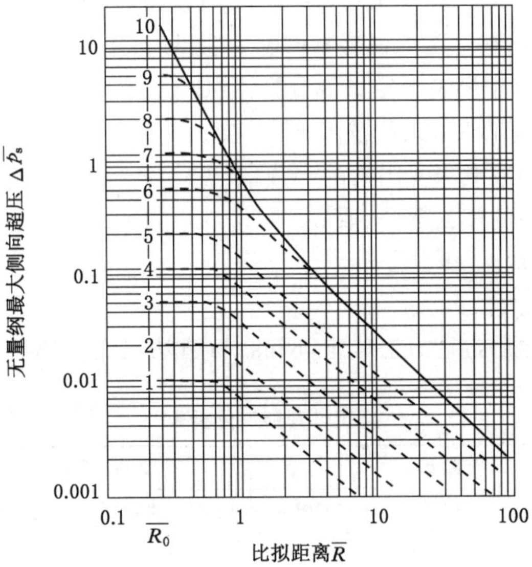

图 7-1 TNO 模型的 Sachs 比拟超压

(8) 根据爆炸超压 P 判定对暴露人群的伤害、对附近建筑物的破坏程度。

(9) 如果两个爆炸源的距离很近，需考虑两个爆炸源同时爆炸的影响。

【例 7-1】 设想受限于储罐下部的丙烷和空气混合物发生爆炸。储罐位于 1 m 高的混凝土桩上。气云内的蒸气浓度假设为化学计量浓度，假设气运体积为 2 094 m^3，受限在储罐下方。采用 TNO 多能法，计算该蒸气云在距爆炸点 100 m 处的超压。已知，化学计量浓度的丙烷—空气混合物的燃烧热约为 3.5×10^6 J/m^3。

解 $E=V_{爆炸源}\times3.5\times10^6=2\ 094\times3.5\times10^6=7\ 329\times10^6$ (J)

选择爆炸源强度$\overline{R}_0=7$，则：

$$\overline{R}=\frac{R}{(E/p_0)^{1/3}}=\frac{100}{\left(\frac{7\ 329\times10^6}{101.325}\right)^{\frac{1}{3}}}=24$$

查图 7-1，由曲线 7 确定比拟爆炸超压 $\Delta\overline{p}_s=0.13$

$$p=\Delta\overline{p}_s p_0=0.13\times101.325=13.2\ (\text{kPa})$$

7.4.4.2 TNT 当量法

TNT 当量法是把气云爆炸的破坏作用转化成 TNT 爆炸的破坏作用，从而把蒸气云的

量转化成 TNT 当量。TNT 当量法简单易行,可按下列程序进行:

(1) 将可燃蒸气云爆破能量换算成 TNT 当量:

$$W_{TNT}=\frac{\alpha W H_c}{H_{TNT}} \tag{7-65}$$

式中 α——可燃蒸气云的爆炸效率,统计平均值为 0.04;

W——可燃蒸气云的质量,kg;

H_c——可燃气体的标准燃烧热,kJ/kg;

H_{TNT}——TNT 的爆炸当量能量,一般取平均值 4686 kJ/kg;

W_{TNT}——可燃蒸气云的 TNT 当量,kg。

(2) 将实际距离转化成无量纲距离:

$$\overline{R}=\frac{R}{\sqrt[3]{W_{TNT}}} \tag{7-66}$$

式中 R——实际距离,m;

$\overline{R}$——比拟距离,无量纲。

(3) 由无量纲距离计算得到超压值,用于预测相应的人员伤害和建筑物破坏情况:

$$\frac{p}{p_0}=\frac{1\,616\left[1+\left(\frac{\overline{R}}{4.5}\right)^2\right]}{\sqrt{1+\left(\frac{\overline{R}}{0.048}\right)^2}\sqrt{1+\left(\frac{\overline{R}}{0.32}\right)^2}\sqrt{1+\left(\frac{\overline{R}}{1.35}\right)^2}} \tag{7-67}$$

式中 $\overline{R}$——距离,无量纲;

p_0——环境,Pa。

还可以利用 W_{TNT} 近似计算财产损失半径:

$$R_{损失}=\frac{K_{Ⅲ}\sqrt[3]{W_{TNT}}}{\left[1+\left(\frac{3175}{W_{TNT}}\right)^2\right]^{\frac{1}{6}}} \tag{7-68}$$

式中 $R_{损失}$——财产损失半径,m;

$K_{Ⅲ}$——破坏系数,在精度不太高的财产损失计算中,取 4.6。

【例 7-2】 1 000 kg 甲烷从储罐泄漏,同空气混合发生爆炸,计算距离爆炸 50 m 处的侧向差压峰值。已知,甲烷的燃烧热为 51 168.75 kJ/kg。

解 $W_{TNT}=\frac{\alpha W H_c}{H_{TNT}}=\frac{0.04\times 1\,000\times 51\,168.75}{4\,686}=437\text{ kg}$

$$\overline{R}=\frac{R}{\sqrt[3]{W_{TNT}}}=\frac{50}{\sqrt[3]{437}}=6.588$$

$$\frac{p}{p_0}=\frac{1\,616\left[1+\left(\frac{\overline{R}}{4.5}\right)^2\right]}{\sqrt{1+\left(\frac{\overline{R}}{0.048}\right)^2}\sqrt{1+\left(\frac{\overline{R}}{0.32}\right)^2}\sqrt{1+\left(\frac{\overline{R}}{1.35}\right)^2}}=0.37$$

则 $p=0.37\times 101.32=37.48$ Pa。

7.4.5 中毒

有毒物质泄漏扩散后可采用有毒气体暴露阈值直接估算毒害区域,有毒气体暴露阈值详见 7.5.1.3 节。

还有一种简易的中毒估算方法，主要针对有毒液化气体在容器破裂时假定全部泄漏，静风条件下发生扩散，将会造成大面积的毒性危害，可如下进行毒害区域估算。

设有毒液化氧化质量为 W(kg)，容器破裂前器内介质温度为 t(℃)，液体介质比热容为 c(kJ/kg・℃)，当容器破裂时，容器内压力降至大气压，处于过热状态的液化气温度迅速降至标准沸点 t_o(℃)，此时全部液体所放出的热量为：

$$Q=Wc(t-t_o) \tag{7-69}$$

假设这些热量全部用于器内液体的蒸发，其汽化潜热为 q(kJ/kg)，则其蒸发量：

$$W'=\frac{Q}{q}=\frac{Wc(t-t_o)}{q} \tag{7-70}$$

介质的相对分子质量为 M，则在沸点下蒸发蒸气的体积 V_g(m^3)为：

$$V_g=\frac{22.4W}{M}\times\frac{273+t_o}{273}=\frac{22.4W\cdot c(t-t_o)}{Mq}\times\frac{273+t_o}{273} \tag{7-71}$$

若已知某种有毒物质的危险浓度，则可求出其危险浓度下的有毒空气体积。如二氧化硫在空气中的浓度达到 0.05%时，人吸入 5～10 min 即致死，则 V_g(m^3)的二氧化硫可以产生令人致死的有毒空气体积为：

$$V=V_g\times100/0.05=2\ 000V_g(m^3)$$

假设这些有毒空气以半球形向地面扩散，则可求出该有毒气体扩散半径为：

$$R=\sqrt[3]{\frac{V_g/C}{\frac{1}{2}\times\frac{4}{3}\pi}}=\sqrt[3]{\frac{V_g/C}{2.094\ 4}} \tag{7-73}$$

式中 R——有毒气体的半径，m；

V_g——有毒介质的蒸气体积，m^3；

C——有毒介质在空气中危险浓度，%。

7.5 暴露影响

7.5.1 暴露阈值

7.5.1.1 热辐射

可燃物质泄漏时，遇点火源燃烧，辐射热会对暴露人群造成不同程度的灼伤，会对附近设备造成损害。

表 7-17 不同热辐射强度造成的伤害和损坏

热辐射强度/($kW\cdot m^{-2}$)	对设备的损坏	对人的伤害
37.5	操作设备损坏	1%死亡(10s) 100%死亡(1 min)
25.0	在无火焰，长时间辐射下木材燃烧的最小能量	重大烧伤(10 s) 100%死亡(1 min)

续表 7-17

热辐射强度/(kW·m⁻²)	对设备的损坏	对人的伤害
12.5	有火焰时，木材燃烧及塑料熔化的最低能量	1度烧伤(10 s) 1%死亡(1 min)
6.3	—	在8 s内裸露皮肤有痛感；无热辐射屏蔽设施时，操作人员穿上防护服可停留1 min
4.7	—	暴露16 s，裸露皮肤有痛感；无热辐射屏蔽设施时，操作人员穿上防护服可停留几分钟
1.58	—	长时间暴露无不适感

7.5.1.2 超压

可燃物质泄漏时，延迟遇点火源爆炸，冲击波超压会对暴露人群造成不同程度的伤害，会对附近建筑物造成破坏。

表 7-18 超压对人体的伤害作用

压力/kPa	伤害作用
20～30	轻微损伤
30～50	听觉器官损伤或骨折
20～100	内脏严重损伤或死亡
>100	大部分人员死亡

表 7-19 超压对建筑物的影响(近似值)

压力/kPa	影响
0.14	令人厌恶的噪声(137 dB，或低频 10～15 Hz)
0.21	已经处于疲劳状态下的大玻璃偶尔破碎
0.28	产生大的噪声(143 dB)、玻璃破裂
0.69	处于压力应变状态的小玻璃破裂
1.03	玻璃破裂的典型压力
2.07	“安全距离”(低于该值，不造成严重损坏的概率为0.95)；抛射限值；屋顶出现某些破坏；10%的窗户玻璃被打碎
2.76	有限的较小结构破坏
3.4～6.9	大窗户和小窗户通常破碎；窗户框架偶尔遭到破坏
4.8	房屋建筑物受到较小的破坏
6.9	房屋部分破坏，不能居住
6.9～13.8	石棉板粉碎；钢板或铝板起皱，紧固失效；木板固定失效、吹落
9.0	钢结构的建筑物轻微变形
13.8	房屋的墙和屋顶局部坍塌
13.8～20.7	没有加固的混凝土墙毁坏

续表 7-19

压力/kPa	影响
15.8	严重结构破坏的低限值
17.2	房屋砌砖 50%破坏
20.7	工厂建筑物内的重型机械(1 362 kg)轻微损坏;钢结构建筑变形,并离开基础
20.7~27.6	自成构架的钢面板建筑破坏;油储罐破裂
27.6	轻工业建筑物的覆层破裂
34.5	木制的支撑柱折断;建筑物内高大液压机(18 160 kg)轻微破坏
34.5~48.2	房屋几乎完全破坏
48.2	装载货物的火车车厢倾翻
48.2~55.1	未加固的 203.2~304.8 mm 厚的砖板因剪切或弯曲导致失效
62.0	装载货物的火车货车车厢完全破坏
68.9	建筑物可能全部遭到破坏;重型机械工具(3 178 kg)移位并严重损坏,非常重的机械工具(5 448 kg)幸免

7.5.1.3 毒性暴露阈值

有毒物质泄漏时,在大气中扩散,会对暴露人群造成不同程度的毒性危害,可用阈值法简便估算。在《化工企业定量风险评价导则》(AQ/T 3046—2013)中推荐使用应急响应计划指南值(emergency response planning guideline,ERPG)。但是,目前国际上更为通用的是急性暴露指引水平(acute exposure guideline level,AEGL),二者均介绍如下。

1) ERPG

ERPG 的定义如下:

(1) ERPG-1:空气中的最高浓度,低于该值就可以认为,几乎所有人都能暴露于其中 1 h,除了轻微的短暂的有害于健康的影响,或明显感觉到令人讨厌的气味,而没有其他影响。

(2) ERPG-2:空气中的最高浓度,低于该值就可以认为,几乎所有人都能暴露于其中 1 h,不会逐步显示出不可逆或其他严重的健康影响,或者削弱他们采取防护行动的能力。

(3) ERPG-3:空气中的最高浓度,低于该值就可以认为,几乎所有人都能暴露于其中 1 h,不会逐步显示出危及生命健康的影响。

部分 ERPG 值见表 7-20,更多的不断更新的 ERPG 值可以在 AIHA 网站查询。同时,AIHA 每年也会出版 ERPG 手册及每一个 ERPG 技术支持文件。目前,大约有 250 种化学物质正在考虑中以继续发展新的 ERPG 值。

2016 年,已有约 150 种 ERPG,由美国工业卫生协会(AIAH,American Industrial Hygiene Association)(https://www.aiha.org/get-involved/aihaguidelinefoundation/emergencyresponseplanningguidelines)定期更新,宜使用最新的 ERPG 值。

以氯为例,其 ERPG 值见表 7-20。

表 7-20　　**氯的 ERPGs 值**

Chemical(CAS Number)	ERPG-1	ERPG-2	ERP-3
Chlorine(7782-50-5)	1×10^{-6}	3×10^{-6}	20×10^{-6}

2) AEGL

AEGL 包括 3 个指引值来代表健康影响严重水平：AEGL-1，AEGL-2 和 AEGL-3；每一个指引值均涉及 5 个暴露时间段：10 min，30 min，1 h，4 h 和 8 h。3 个 AEGL 定义如下：

(1) AEGL-1 为物质空气浓度，表示为百万分之一或者毫克每立方米(ppm or mg/m^3)，超过该值则暴露于这一毒气环境中，包括敏感人群在内的大多数人员会出现不适、愤怒或某些无症状的丧失感觉的现象，但是这些现象不会使人致残并且是暂时的，一旦暴露停止就可恢复。

(2) AEGL-2 为物质空气浓度，表示为百万分之一或者毫克每立方米(ppm or mg/m^3)，超过该值则暴露于这一毒气环境中，包括敏感人群在内的大多数人员会出现不可逆转的或其他严重的、长期的对健康有害的影响，或者会削弱逃生能力。

(3) AEGL-3 为物质空气浓度，表示为百万分之一或者毫克每立方米(ppm or mg/m^3)，超过该值则暴露于这一毒气环境中，包括敏感人群在内的大多数人员会出现危及生命的影响或者死亡。

根据 EPA/AEGL 计划网站 https://www.epa.gov/aegl，截至 2018 年 7 月，已有 176 种最终 AEGLs，84 种临时 AEGLs，12 种 AEGLs 提案，以及 46 种 AEGLs 草案。其中，NRC(national research council)已将最终 AEGLs 结册(共 19 册)公开出版发行。

以氯为例，其 AEGL 值见表 7-21。

表 7-21　　**氯的 AEGL 值**

氯 7782-50-5/10^{-6}					
时间	10 min	30 min	60 min	4 h	8 h
AEGL-1	0.50	0.50	0.50	0.50	0.50
AEGL-2	2.8	2.8	2.0	1.0	0.71
AEGL-3	50	28	20	10	7.1

7.5.2　死亡概率与概率值对应关系

给定暴露下死亡概率可采用概率函数法计算，死亡概率 P_d 与相应的概率值 P_r 函数关系见下式；死亡概率与概率值对应关系(P_d 和 P_r 的对应关系)见表 7-22。

$$P_d = 0.5 \times \left[1 + \mathrm{erf}\left(\frac{P_r - 5}{\sqrt{2}}\right)\right] \tag{7-74}$$

$$\mathrm{erf}(x) = \frac{2}{\sqrt{\pi}}\int_0^x e^{-t^2}\,dt \tag{7-75}$$

式中　t——暴露时间，s。

表 7-22　　P_d 和 P_r 的对应关系

P/%	0	1	2	3	4	5	6	7	8	9
0		2.67	2.95	3.12	3.25	3.36	3.45	3.52	3.59	3.66
10	3.72	3.77	3.82	3.87	3.92	3.96	4.01	4.05	4.08	4.12
20	4.16	4.19	4.23	4.26	4.29	4.33	4.36	4.39	4.42	4.45
30	4.48	4.50	4.53	4.56	4.59	4.61	4.64	4.67	4.69	4.72
40	4.75	4.77	4.80	4.82	4.85	4.87	4.90	4.92	4.95	4.97
50	5.00	5.03	5.05	5.08	5.10	5.13	5.15	5.18	5.20	5.23
60	5.25	5.28	5.31	5.33	5.36	5.39	5.41	5.44	5.47	5.50
70	5.52	5.55	5.58	5.61	5.64	5.67	5.71	5.74	5.77	5.81
80	5.84	5.88	5.92	5.95	5.99	6.04	6.08	6.13	6.18	6.23
90	6.28	6.34	6.41	6.48	6.55	6.64	6.75	6.88	7.05	7.33
99	0.0	0.1	0.2	0.3	0.4	0.5	0.6	0.7	0.8	0.9
	7.33	7.37	7.41	7.46	7.51	7.58	7.58	7.65	7.88	8.09

(1) 中毒

毒性暴露下死亡概率值可按下式计算：

$$P_{r毒}=a+b\ln(C^n t) \tag{7-75}$$

式中　$P_{r毒}$——毒性暴露下的死亡概率；

a,b,n——描述物质毒性的常数，见表 7-23；

C——质量浓度，mg/m^3；

t——暴露于毒物环境中的时间，min，最大值为 30 min。

表 7-23　　常用物质毒性常数 a,b,n

物质	a	b	n	物质	a	b	n
丙烯醛	−4.1	1	1	氟化氢	−8.4	1	1.5
丙烯腈	−8.6	1	1.3	硫化氢	−11.5	1	1.9
烯丙醇	−11.7	1	2	溴甲烷	−7.3	1	1.1
氨	−15.6	1	2	异氰酸盐钾	−1.2	1	0.7
谷硫磷	−4.8	1	2	二氧化氮	−18.6	1	3.7
溴	−12.4	1	2	对硫磷	−6.6	1	2
二氧化碳	−7.4	1	1	光气(碳酰氯)	−10.6	2	1
氯	−6.35	0.5	2.75	磷铵(大灭虫)	−2.8	1	0.7
乙烯	−6.8	1	1	磷化氢	−6.8	1	2
氯化氢	−37.3	3.69	1	二氧化硫	−19.2	1	2.4
氰化氢	−9.8	1	2.4	四乙基铅	−9.8	1	2

(2) 热辐射

火球、池火及喷射火的死亡概率值可按下式计算：

$$P_{r热}=-36.38+2.56\ln(Q^{4/3}t) \tag{7-77}$$

式中 $P_{r热}$——热辐射暴露下的死亡概率；

Q——热辐射强度，W/m^2；

t——暴露时间，s，最大值为 20 s。

在计算热辐射暴露死亡概率时，处于火球、池火及喷射火火场中或热辐射强度不小于 37.5 kW/m^2时，人员的死亡概率为 100%。

(3) 闪火和爆炸

闪火的火焰区域等于点燃时可燃云团 LFL 的范围。闪火火焰区域内，人员的死亡概率值为 100%；闪火火焰区域外，人员的死亡概率值为 0。

对于蒸气云爆炸，在 0.03 MPa 超压影响区域内，人员的死亡概率为 100%；在 0.01 MPa 超压影响区域外，人员的死亡概率为 0。

7.6 事故后果预测软件及应用

目前，已开发出多种运用不同种类的数学模型对意外泄漏事故进行扩散模拟的软件，可预测事故影响范围和危害程度，包括 SLAB、DEGADIS、ARCHIE 和 ALOHA 等，我国的研究机构也自行开发了一些应用软件，比较典型的有南京工业大学开发的 RDSHM 等。其中，ALOHA 既可在小型计算机上快速运行，便于操作，又可满足工程计算精度的要求，这种实时、快速的特点使其在世界范围内广泛应用于风险评价和应急辅助决策等领域。

7.6.1 ALOHA 软件简介

ALOHA(areal locations of harzordous atmospheres)是由美国环保署化学制品突发事件和预备办公室与国家海洋和大气管理响应和恢复办公室共同开发的计算机辅助应急管理操作系统(computer aided management of emergency operations，CAMEO)的一部分。ALOHA 包括了一个近 1000 种常用化学品的数据库。该数据库的信息包括化学品类型、意外事故位置、天气情况、意外事故变量等。ALOHA 采用的数学模型有：高斯模型、DEGADIS 重气扩散模型、蒸气云爆炸、BELEVE 火球等成熟的计算模型。ALOHA 软件能够模拟毒性、可燃性、热辐射和超压等与化学品泄漏而导致毒性气体扩散、火灾或爆炸相关的主要危害，可以快速预测出事故可能产生的危害范围。

该软件可在美国环境保护署网站(https://www.epa.gov/cameo/aloha-software)中免费下载、安装、使用。

7.6.2 示例

某化工厂位于某处(主导风向为南风，平均风速为 5 m/s)，已知该化工厂储罐区基本数据：卧式液氨储罐容积 25 m^3(直径 2.7 m，长 4.4 m)，夏季工作温度 30 ℃，压力为1.55 MPa。液氨的充装系数为 0.53 kg/L，最大液氨储量为 25 m^3×0.530.53 kg/L=13 250 kg。

氨具有易燃易爆、有毒有害的特性，发生泄漏后，可能发生火灾、爆炸、中毒等事故。假设，液氨储罐上离地面 0 m 的位置处因材料老化问题生成了 5 mm 孔径的圆孔，发生泄漏，可能发生 BLEVE，造成液氨储罐整体破裂，此时立即点燃，则形成火球造成热辐射危害；未发生 BLEVE，小孔连续泄漏扩散，重气扩散转为高斯烟羽扩散，此时遇点火源，氨—空气混合物可能导致蒸气云爆炸，造成爆炸超压危害，若扩散过程中未遇火源，则其云团毒性会引起暴露人员中毒。据此设置以下 3 个场景进行模拟预测。

情景 1　泄漏后立即点燃，储罐整体破裂爆炸，BLEVE 形成火球（fire ball），造成热辐射危害。

ALOHA 模拟，储罐失效模式选取“BLEVE，tank explode and chemical burns in a fireball”，则物质参数（chemical data）、大气参数（atmospheric data）、源强度（source strength）、危害区域（Threat Zone）—热辐射阈值，与热辐射危害区域见图 7-2。

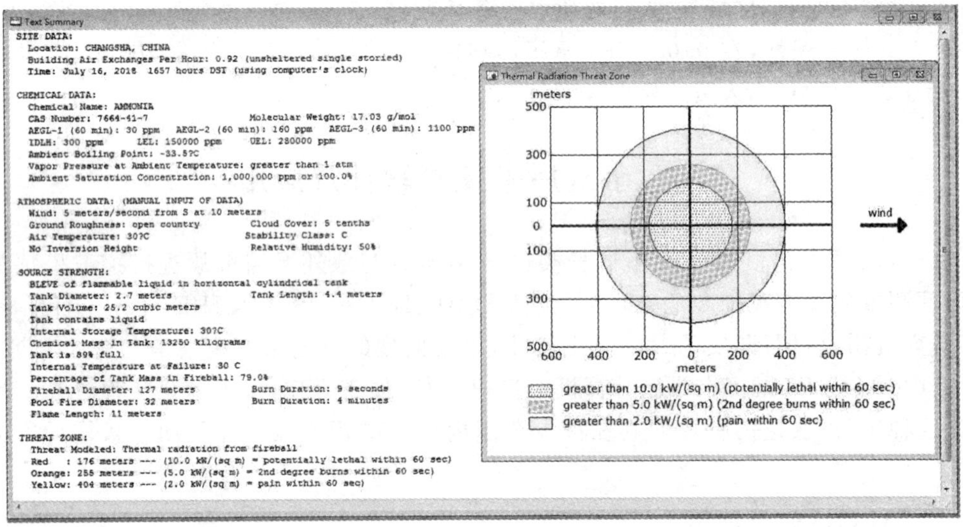

图 7-2　情景 1 模拟预测结果

情景 2　圆孔（5 mm 孔径）泄漏后未立即点燃，连续泄漏，形成高斯烟羽模型扩散，沿下风向形成爆炸毒性区域，遇点火源，蒸气云爆炸，造成超压危害。

ALOHA 模拟，储罐失效模式选取“leaking tank，chemical is not burning as it escapes into the atmosphere”，则物质参数（chemical data）、大气参数（atmospheric data）、源强度（source strength）、危害区域（threat zone）—超压阈值，与爆炸危害区域见图 7-3。

情景 3　圆孔（5 mm 孔径）泄漏后未立即点燃，连续泄漏，形成高斯烟羽模型扩散，沿下风向形成爆炸毒性区域，未遇点火源，造成中毒危害。

ALOHA 模拟，储罐失效模式选取“Leaking tank，chemical is not burning as it escapes into the atmosphere”，则物质参数（chemical data）、大气参数（atmospheric data）、源强度（source strength）、危害区域（Threat Zone）-AEGL 阈值，与毒性危害区域见图 7-4。

可进一步利用 MARPLOT 地图软件将 ALOHA 软件模拟结果显示在地图上，以情景 3 为例，可见下图 7-5。

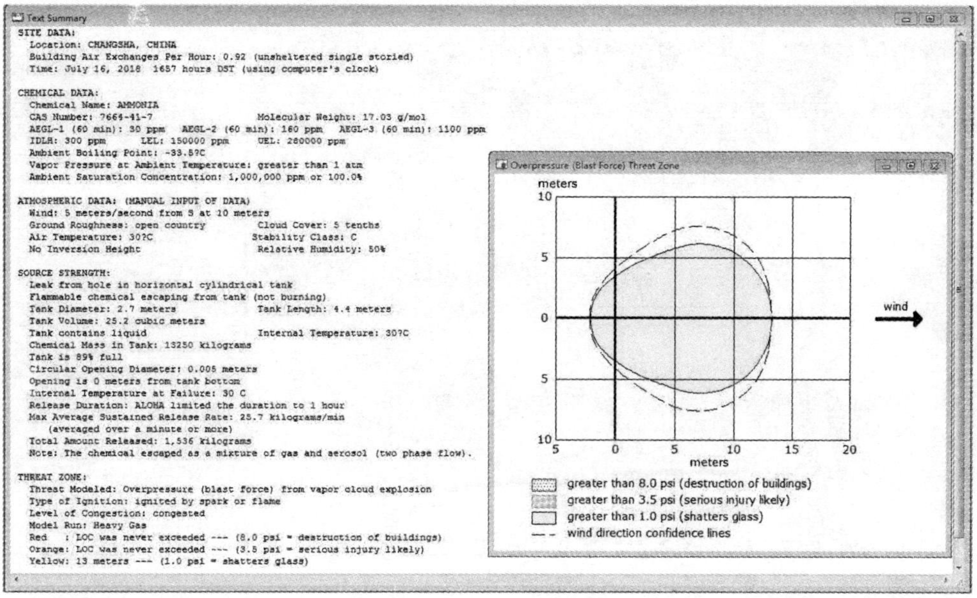

图 7-3　情景 2 模拟预测结果

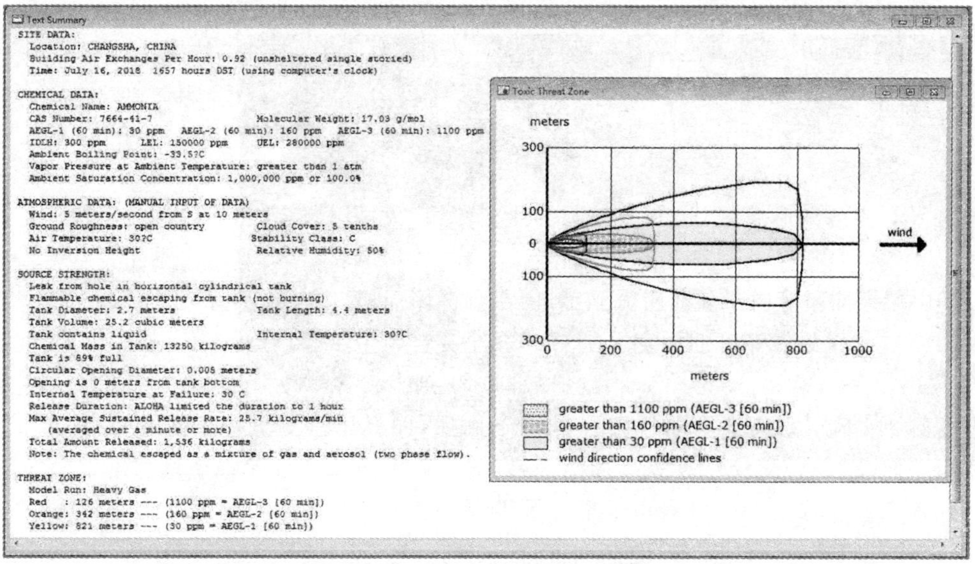

图 7-4　情景 3 模拟预测结果

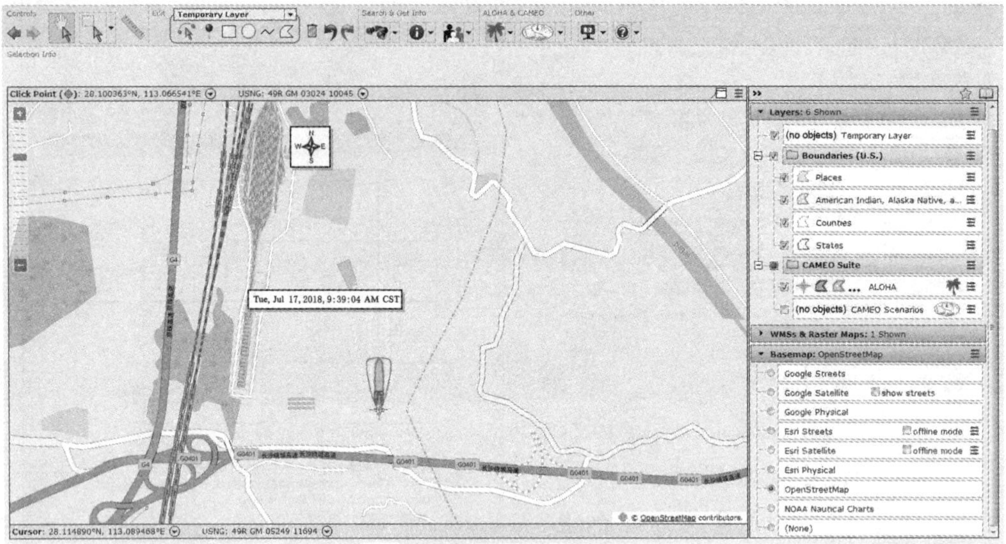

(a) street 显示

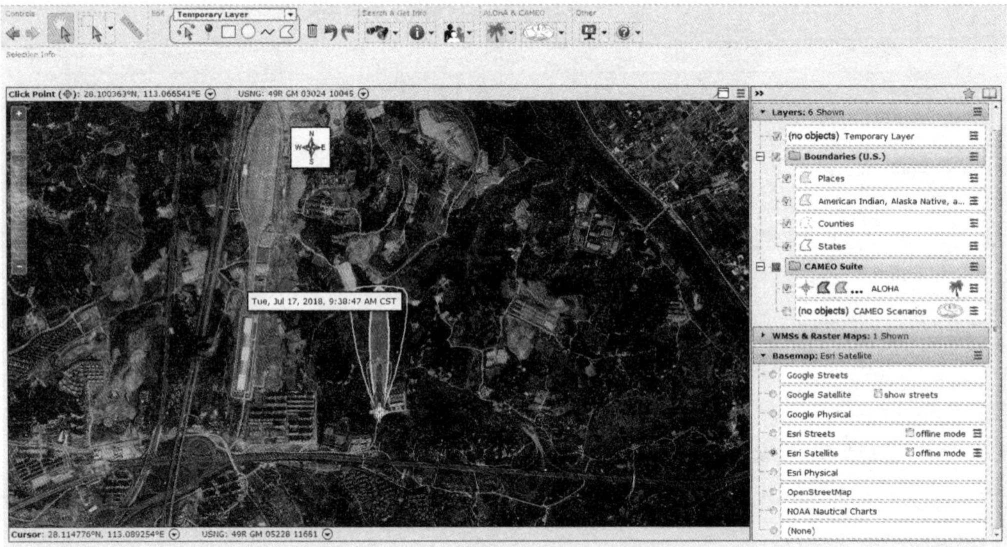

(b) satellite 显示

图 7-5　情景 3 模拟预测结果的 MARPLOT 显示

本章思考题

1. 简述火灾、爆炸与中毒模型的暴露准则？
2. 下载安装 ALOHA 软件后复算 7.6.2 节示例。

8　安全对策措施

在《安全评价通则》(AQ 8001—2007)中提出“依据危险、有害因素辨识结果与定性、定量评价结果，遵循针对性、技术可行性、经济合理性的原则，提出消除或减弱危险、危害的技术和管理对策措施建议。对策措施建议应具体、翔实，具有可操作性。按照针对性和重要性的不同，措施和建议可分为应采纳和宜采纳两种类型”。

安全对策措施是要求设计单位、建设单位、生产经营单位在建设项目设计、建设施工、生产经营管理中采取的消除或减弱危险、有害因素的技术措施和管理措施，制定并演练事故应急预案，全面保障整个生产、经营过程安全。

8.1　安全对策措施概述

8.1.1　安全对策措施的基本原则

安全对策措施的基本原则包括：

(1) 针对性，是指针对不同行业特点和评价类型针对主要危险、有害因素及其后果提出的安全对策措施。由于危险、有害因素及其后果具有隐蔽性、随机性、交叉影响性，对策措施不仅要针对某项危险、有害因素孤立地采取措施，而且应使系统全面地达到安全指标为目的，采取优化组合的综合措施。

(2) 技术可行性，安全评价中提出的安全对策措施是设计单位、建设单位、生产经营单位进行安全设计、施工、生产经营管理的重要依据，因而对策措施应在经济、技术、时间上是可行的，能够落实和实施的。此外，要尽可能具体指明对策措施所依据的法规、标准，说明应采取的具体的对策措施，以便于应用和操作。不宜笼统地将“按某某标准有关规定执行”作为对策措施提出。

(3) 经济合理性，是指不应超越国家及建设项目生产经营单位的经济、技术水平，按过高的安全指标提出安全对策措施。即在采用先进技术的基础上，考虑到进一步发展的需要，以安全法规、标准和指标为依据，结合评价对象的经济、技术状况，使安全术装备水平与工艺装备水平相适应，求得经济、技术、安全的合理统一。

8.1.2　安全对策措施的基本内容

在评价中，应严格按有关规定的要求从以下 3 个方面提出安全对策措施：

(1) 安全技术对策措施，以工程技术手段解决安全问题，是预防和控制事故的最佳安全措施。其内容包括：

① 厂址及厂区平面布置的对策措施。

② 防火、防爆对策措施。

③ 电气安全对策措施。

④ 机械伤害对策措施。

⑤ 有害因素控制对策措施(包括尘、毒、窒息、噪声和振动等有害因素的控制对策措施)。

⑥ 其他安全对策措施(包括:高处坠落、物体打击、安全色、安全标志等方面)。

(2) 安全管理对策措施,以制度手段解决安全问题,是预防和控制事故的切实可行措施,内容包括:

① 建立安全管理制度。

② 完善安全管理机构和人员配置。

③ 加强安全生产教育与培训。

④ 保证安全投入。

⑤ 实施生产监督和检查。

(3) 事故应急预案,事故应急救援在安全对策措施中占有非常重要的地位,是预防和控制事故的关键措施,《安全生产法》专门设置了“生产安全事故的应急救援与调查处理”的章节,在安全评价报告中安全对策措施的章节内应设有事故应急预案的内容。

8.1.3 安全对策措施的基本顺序

在确定控制措施或考虑变更现有控制措施时,应按如下顺序考虑降低风险:

① 消除。

② 替代。

③ 工程控制措施。

④ 标志、警告和(或)管理控制措施。

⑤ 个体防护装备。

8.2 安全技术对策措施(通用)

安全技术对策措施的原则是优先应用无危险或危险性较小的工艺和物料,广泛采用机械化、自动化生产装置(生产线)和自动化监测、报警、排除故障和安全联锁保护等装置,实现自动化控制、遥控或隔离操作。尽可能防止操作人员在生产过程中直接接触可能产生危险因素的设备、设施和物料,使系统在人员误操作或生产装置(系统)发生故障的情况下也不会造成事故的综合措施,是应优先采取的对策措施。

8.2.1 厂址及厂区平面布局的对策措施

8.2.1.1 项目选址

选址时,除考虑建设项目经济性和技术合理性并满足工业布局和城市规划要求外,在安全方面应重点考虑地质、地形、水文、气象等自然条件对企业安全生产的影响,以及企业与周边区域的相互影响。

1) 自然条件的影响

(1) 不得在各类(风景、自然、历史文物古迹、水源等)保护区、有开采价值的矿藏区、各种(滑坡、泥石流、溶洞、流沙等)直接危害地段、高放射本底区、采矿陷落(错动)区、淹没区、地震断层区、地震烈度高于九度地震区、Ⅳ级湿陷性黄土区、Ⅲ级膨胀土区、地方病高发区和化学废弃物层上面建设。

（2）依据地震、台风、洪水、雷击、地形和地质构造等自然条件资料，结合建设项目生产过程和特点采取易地建设或采取有针对性的、可靠的对策措施。如设置可靠的防洪排涝设施、按地震烈度要求设防、工程地质和水文地质不能完全满足工程建设需要时的补救措施、产生有毒气体的工厂不宜设在盆地窝风处等。

（3）对产生和使用危险危害性大的工业产品、原料、气体、烟雾、粉尘、噪声、振动和电离、非电离辐射的建设项目，还必须依据国家有关专门（专业）法规、标准的要求，提出对策措施。例如生产和使用氰化物的建设项目禁止建在水源的上游附近。

2）与周边区域的相互影响

除环保、消防行政部门管理的范畴外，主要考虑风向和建设项目与周边区域（特别是周边生活区、旅游风景区、文物保护区、航空港和重要通讯、输变电设施和开放型放射工作单位、核电厂、剧毒化学品生产厂等）在危险、危害性方面相互影响的程度，采取位置调整、按国家规定保持安全距离和卫生防护距离等对策措施。

例如，根据区域内各工厂和装置的火灾、爆炸危险性分类，考虑地形、风向等条件进行合理布置，以减少相互间的火灾爆炸威胁；易燃易爆的生产区沿江河岸边布置时，宜位于邻近江河的城镇、重要桥梁、大型锚地、船厂、港区、水源等重要建筑物或构筑物的下游，并采取防止可燃液体流入江河的有效措施；公路、地区架空电力线路或区域排洪沟严禁穿越厂区。与相邻的工厂或设施的防火间距应符合《建筑设计防火规范》（GB 50016—2014）、《石油化工企业设计防火规范》（GB 50160—2008）等有关标准的规定。危险、危害性大的工厂企业应位于危险、危害性小的工厂企业全年主导风向的下风侧或最小频率风向的上风侧；使用或生产有毒物质、散发有害物质的工厂企业应位于城镇和居住区全年主导风向的下风侧或最小频率风向的上风侧；有可能对河流、地下水造成污染的生产装置及辅助生产设施，应布置在城镇、居住区和水源地的下游及地势较低地段（在山区或丘陵地区应避免布置在窝风地带）；产生高噪声的工厂应远离噪声敏感区（居民、文教、医疗区等）并位于城镇居民集中区的夏季最小风频风向的上风侧，对噪声敏感的工业企业应位于周围主要噪声源的夏季最小风频风向的下风侧；建设项目不得建在开放型放射工作单位的防护检测区和核电厂周围的限制区内；按建设项目的生产规模、产生危险、有害因素的种类和性质、地区平均风速等条件，与居住区的最短距离，应不小于规定的卫生防护距离；与爆炸危险单位（含生产爆破器材的单位）应保持规定的安全距离等。

8.2.1.2　厂区平面布置

在满足生产工艺流程、操作要求、使用功能需要和消防、环保要求的同时，主要从风向、安全（防火）距离、交通运输安全和各类作业、物料的危险、危害性出发，在平面布置方面采取对策措施。

1）功能分区

将生产区、辅助生产区（含动力区、储运区等）、管理区和生活区按功能相对集中分别布置，布置时应考虑生产流程、生产特点和火灾爆炸危险性，结合地形、风向等条件，以减少危险、有害因素的交叉影响。管理区、生活区一般应布置在全年或夏季主导风向的上风侧或全年最小风频风向的下风侧。

辅助生产设施的循环冷却水塔（池）不宜布置在变配电所、露天生产装置和铁路冬季主导风向的上风侧和怕受水雾影响设施全年主导风向的上风侧。

2）厂内运输和装卸

厂内运输和装卸包括厂内铁路、道路、输送机通廊和码头等运输和装卸（含危险品的运输、装卸）。应根据工艺流程、货运量、货物性质和消防的需要，选用适当运输和运输衔接方式，合理组织车流、物流、人流（保持运输畅通、物流顺畅且运距最短、经济合理，避免迂回和平面交叉运输、道路与铁路平交和人车混流等），为保证运输、装卸作业安全，应从设计上对厂内的路和道路（包括人行道）的布局、宽度、坡度、转弯（曲线）半径、净空高度、安全界线及安全视线、建筑物与道路间距和装卸（特别是危险品装卸）场所、堆扬（仓库）布局等方面采取对策措施。

依据行业、专业标准（如化工企业、炼油厂、工业锅炉房、氧气站、乙炔站等）规定的要求，应采取运输、装卸对策措施。

根据满足工艺流程的需要和避免危险、有害因素交叉相互影响的原则，布置厂房内的生产装置、物料存放区和必要的运输、操作、安全、检修通道。

例如，全厂性污水处理场及高架火炬等设施，宜布置在人员集中场所及明火或散发火花地点的全年最小风频风向的上风侧；空气分离装置，应布置在空气清洁地段并位于散发乙炔、其他烃类气体、粉尘等场所的全年最小风频风向的下风侧；液化烃或可燃液体罐组，不应毗邻布置在高于装置、全厂性重要设施或人员集中场所的阶梯上，并且不宜紧靠排洪沟；当厂区采用阶梯式布置时，阶梯间应有防止泄漏液体漫流措施；设置环形通道，保证消防车、急救车顺利通过可能出现事故的地点；易燃、易爆产品的生产区域和仓储区域，根据安全需要，设置限制车辆通行或禁止车辆通行的路段；道路净空高度不得小于 5 m；厂内铁路线路不得穿过易燃、易爆区；主要人流出入口与主要货流出入口分开布置，主要货流出口、入口宜分开布置；码头应设在工厂水源地下游，设置单独危险品作业区并与其他作业区保持一定的防护距离等；汽车装车站、液化烃装车站、危险品仓库等机动车辆频繁出入的设施，应布置在厂区边缘或厂区外，并设独立围墙；采用架空电力线路进出厂区的总变配电所，应布置在厂区边缘等。

3）危险设施/处理有害物质设施的布置

可能泄漏或散发易燃、易爆、腐蚀、有毒、有害介质（气体、液体、粉尘等）的生产、储存和装卸设施（包括锅炉房、污水处理设施等）、有害废弃物堆场等的布置应遵循以下原则：

（1）应远离管理区、生活区、中央实（化）验室、仪表修理间，尽可能露天、半封闭布置。应布置在人员集中场所、控制室、变配电所和其他主要生产设备的全年或夏季主导风向的下风侧或全年最小风频风向的上风侧并保持安全、卫生防护距离；当评价出的危险、危害半径大于规定的防护距离时，宜采用评价推荐的距离。储存、装卸区宜布置在厂区边缘地带。

（2）有毒、有害物质的有关设施应布置在地势平坦、自然通风良好地段，不得布置在窝风低洼地段。

（3）剧毒物品的有关设施还应布置在远离人员集中场所的单独地段内，宜以围墙与其他设施隔开。

（4）腐蚀性物质的有关设施应按地下水位和流向，布置在其他建筑物、构筑物和设备的下游。

（5）易燃易爆区应与厂内外居住区、人员集中场所、主要人流出入口、铁路、道路干线和产生明火地点保持安全距离；易燃易爆物质仓储、装卸区宜布置在厂区边缘，可能泄漏、散发液化石油气及相对密度大于0.7（空气＝1）可燃气体和可燃蒸气的装置不宜毗邻生产控制室、变配电所布置；油、气储罐宜低位布置。

（6）辐射源（装置）应设在僻静的区域，与居住区、人员集中场所，人流密集区和交通主干道、主要人行道保持安全距离。

4）强噪声源、振动源的布置

（1）主要噪声源应符合《工业企业厂界环境噪声排放标准》（GB 12348—2008）、《工业企业噪声控制设计规范》（GB/T 50087—2013）、《工业企业设计卫生标准》（GBZ 1—2010）等的要求，噪声源应远离厂内外要求安静的区域，宜相对集中、低位布置；高噪声厂房与低噪声厂房应分开布置，其周围宜布置对噪声非敏感设施（如辅助车间、仓库、堆场等）和较高大、朝向有利于隔声的建（构）筑物作为缓冲带；交通干线应与管理区、生活区保持适当距离。

（2）强振动源（包括锻锤、空压机、压缩机、振动落沙机、重型冲压设备等生产装置、发动机实验台和火车、重型汽车道路等）应与管理、生活区，以及对其敏感的作业区（如实验室、超精加工、精密仪器等），按功能需要和精密仪器、设备的允许振动速度要求保持防振距离。

5）建筑物自然通风及采光

为了满足采光、避免西晒和自然通风的需要，建筑物的采光应符合《工业企业设计卫生标准》（GBZ 1—2010）的要求，建筑物（特别是热加工和散发有害介质的建筑物）的朝向应根据当地纬度和夏季主导风向确定（一般夏季主导风向与建筑物长轴线垂直或夹角应大于45°）。半封闭建筑物的开口方向，面向全年主导风向，其开口方向与主导风向的夹角不宜大于45°。在丘陵、盆地和山区，则应综合考虑地形、纬度和风向来确定建筑物的朝向。建筑物的间距应满足采光、通风和消防要求。

6）其他要求

依据《工业企业总平面设计规范》（GB 50187—2012）、《厂矿道路设计规范》（GBJ 22—87）、行业规范（机械、化工、石化、冶金、核电厂等）和有关单体、单项（石油库、氧气站、压缩空气站、乙炔站、锅炉房、冷库、辐射源和管路布置等）规范的要求，应采取的其他相应的平面布置对策措施。

8.2.2 防火、防爆对策措施

引发火灾、爆炸事故的因素很多，一旦发生事故，危害后果极其严重。为了确保安全生产，首先必须做好预防工作，消除可能引起燃烧爆炸的危险因素。从理论上讲，使可燃物质不处于危险状态，或者消除一切着火源，这两个措施，只要控制其一，就可以防止火灾和化学爆炸事故的发生。但在实践中，由于生产条件的限制或某些不可控因素的影响，仅采取一种措施是不够的，往往需要采取多方面的措施，以提高生产过程的安全程度。另外还应考虑其他辅助措施，以便在万一发生火灾爆炸事故时，减少危害的程度，将损失降到最低限度，这些都是在防火防爆工作中必须全面考虑的问题。

8.2.2.1 防火、防爆对策措施的原则

1）防止可燃可爆系统的形成

防止可燃物质、助燃物质（空气、强氧化剂）、引燃能源（明火、撞击、炽热物体、化学反应热等）同时存在；防止可燃物质、助燃物质混合形成的爆炸性混合物（在爆炸极限范围内）与引燃能源同时存在。

为防止可燃物与空气或其他氧化剂作用形成危险状态，在生产过程中，首先，应加强对可燃物的管理和控制，利用不燃或难燃物料取代可燃物料，不使可燃物料泄漏和聚集形成爆炸性混合物；其次是防止空气和其他氧化性物质进入设备内，或防止泄漏的可燃物料与空气混合。

（1）取代或控制用量

在工艺上可行的条件下，在生产过程中不用或少用可燃可爆物质。如用不燃或不易燃烧爆炸的有机溶剂如 CCl_4 或水取代易燃的苯、汽油，根据工艺条件选择沸点较高的溶剂等。

（2）加强密闭

为防止易燃气体、蒸气和可燃性粉尘与空气形成爆炸性混合物，应设法使生产设备和容器尽可能密闭操作。对具有压力的设备，应防止气体、液体或粉尘逸出与空气形成爆炸浓度；对真空设备，应防止空气漏入设备内部达到爆炸极限。开口的容器、破损的铁桶、容积较大且没有保护措施的玻璃瓶不允许储存易燃液体；不耐压的容器不能储存压缩气体和加压液体。

为保证设备的密闭性，对处理危险物料的设备及管路系统应尽量少用法兰连接，但要保证安装检修方便；输送危险气体、液体的管道应采用无缝钢管；盛装具有腐蚀性介质的容器，底部尽可能不装阀门，腐蚀性液体应从顶部抽吸排出。如用计量玻璃管，要装设结实的保护罩，以免打碎玻璃，漏出易燃液体，应慎重使用脆性材料。

如设备本身不能密封，可采用液封或负压操作，以防系统中有毒或可燃性气体逸入厂房。

加压或减压设备，在投产前和定期检修后应检查密闭性和耐压程度；所有压缩机、液泵、导管、阀门、法兰接头等容易漏油、漏气部位应经常检查，填料如有损坏应立即调换，以防渗漏；设备在运行中也应经常检查气密情况，操作温度和压力必须严格控制，不允许超温、超压运行。

接触氧化剂如高锰酸钾、氯酸钾、硝酸铵、漂白粉等生产的传动装置部分的密闭性能必须良好。应定期清洗传动装置，及时更换润滑剂，以免传动部分因摩擦发热而导致燃烧爆炸。

（3）通风排气

为保证易燃、易爆、有毒物质在厂房生产环境里不超过危险浓度，必须采取有效的通风排气措施。

在防火防爆环境中对通风排气的要求应按两方面考虑：当仅是易燃易爆物质，其在车间内的浓度，一般应低于爆炸下限的 1/4；对于具有毒性的易燃易爆物质，在有人操作的场所，还应考虑该毒物在车间内的最高容许浓度。

应合理选择通风方式。通风方式一般宜采取自然通风，但自然通风不能满足要求时应采取机械通风。

对有火灾爆炸危险的厂房，通风气体不能循环使用；排风/送风设备应有独立分开的风机室，送风系统应送入较纯净的空气；排除、输送温度超过 80 ℃的空气或其他气体以及有燃烧爆炸危险的气体、粉尘的通风设备，应用非燃烧材料制成；空气中含有易燃易爆危险物质的厂所使用通风机和调节设备应防爆。

排除有燃烧爆炸危险的粉尘和容易起火的碎屑的排风系统，其除尘器装置也应防爆。

有爆炸危险粉尘的空气流体宜在进入排风机前选用恰当的方法进行除尘净化；如粉尘与水会发生爆炸，则不应采用湿法除尘；排风管应直接通往室外安全处。

对局部通风，应注意气体或蒸气的密度，密度比空气大的气体要防止在低洼处积聚；密度比空气小的要防止在高处死角上积聚。有时即使是少量也会使厂房局部空间达到爆炸极限。

设备的一切排气管（放气管）都应伸出屋外，高出附近屋顶；排气不应造成负压，也不应堵塞，如排出蒸气遇冷凝结，则放空管还应考虑有加热蒸汽保护措施。

(4) 惰性化

在可燃气体或蒸气与空气的混合气中充入惰性气体，可降低氧气、可燃物的百分比，从而消除爆炸危险和阻止火焰的传播。在以下几种场合常使用惰性化：

① 易燃固体的粉碎、研磨、混合、筛分以及粉状物料的气流输送。

② 可燃气体混合物的生产和处理过程。

③ 易燃液体的输送和装卸作业。

④ 开工、检修前的处理作业等。

2) 消除、控制引燃能源

为预防火灾及爆炸灾害，对点火源进行控制是消除燃烧三要素同时存在的一个重要措施。引起火灾爆炸事故的能源主要有明火、高温表面、摩擦和撞击、绝热压缩、化学反应热、电气火花、静电火花、雷击和光热射线等。在有火灾爆炸危险的生产场所，对这些着火源都应引起充分的注意，并采取严格的控制措施。

(1) 明火和高温表面

对于易燃液体的加热应尽量避免采用明火。一般加热时可采用过热水或蒸汽；当采用矿物油、联苯醚等载热体时，必须注意加热温度必须低于载热体的安全使用温度，在使用时要保持良好的循环并留有载热体膨胀的余地，防止传热管路产生局部高温出现结焦现象；定期检查载热体的成分，及时处理或更换变质的载热体；当采用高温熔盐载热体时，应严格控制熔盐的配比，不得混入有机杂质，以防载热体在高温下爆炸。如果必须采用明火，设备应严格密封，燃烧室应与设备分开建筑或隔离，并按防火规定留出防火间距。

在使用油浴加热时，要有防止油蒸气起火的措施。在积存有可燃气体、蒸气的管沟、深坑、下水道及其附近，没有消除危险之前，不能有明火作业。

在有火灾爆炸危险场所必须进行明火作业时应按动火制度进行。汽车、拖拉机、柴油机等在未采取防火措施时不得进入危险场所。烟囱应有足够的高度，必要时装火星熄灭器，在一定范围内不得堆放易燃易爆物品。

高温物料的输送管线不应与可燃物、可燃建筑构件等接触；应防止可燃物散落在高温表面上；可燃物的排放口应远离高温表面，如果接近，则应有隔热措施。

设立固定动火区应符合下述条件：固定动火区与易燃易爆设备、储罐、仓库、堆场等的距离，应符合有关防火规范的防火间距要求；区内可能出现的可燃气体的含量应在允许含量以下；在生产装置正常放空时可燃气应不致扩散到动火区；室内动火区，应与防爆生产现场隔开，不准有门窗串通，允许开的门窗应向外开启，道路应畅通；周围 10 m 以内不得存放易燃易爆物；区内备有足够的灭火器具。

维修作业在禁火区动火，有关动火审批、动火分析等要求，必须按有关规范规定严格执行，采取预防措施，并加强监督检查，以确保安全作业。

对危险化学品的设备、管道，维修动火前必须进行清洗、扫线、置换。此外，对附近的地面、阴沟也要用水冲洗。

明火与有火灾及爆炸危险的厂房和仓库等相邻时，应保证足够的安全间距。

(2) 摩擦与撞击

摩擦与撞击往往成为引起火灾爆炸事故的原因。如机器上轴承等摩擦发热起火；金属零件、铁钉等落入粉碎机、反应器、提升机等设备内，由于铁器和机件的撞击起火；磨床砂轮等摩擦及铁质工具相互撞击或与混凝土地面撞击发生火花；导管或容器破裂，内部溶液和气体喷出时摩擦起火；在某种条件下乙炔与铜制件生成乙炔铜，一经摩擦和冲击即能起火、起爆等。因此，在有火灾爆炸危险的场所，应采取防止火花生成的措施。

① 机器上的轴承等转动部件，应保证有良好的润滑，要及时加油并经常清除附着的可燃污垢；机件的摩擦部分，如搅拌机和通风机上的轴承，最好采用有色金属制造的轴瓦。

② 锤子、扳手等工具应防爆。

③ 为防止金属零件等落入设备或粉碎机里，在设备进料口前应装磁力离析器，不宜使用磁力离析器的危险物料破碎时应采用惰性气体保护。

④ 输送气体或液体的管道，应定期进行耐压试验，防止破裂或接口松脱喷射起火。

⑤ 凡是撞击或摩擦的两部分都应采用不同的金属(如铜与钢)制成，通风机的机翼应采用铜铝合金等不发生火花的材料制作。

⑥ 搬运金属容器，严禁在地上抛掷或拖拉，在容器可能撞碰部位覆盖不会发生火花的材料。

⑦ 防爆生产厂房，地面应铺不会发火材料的地坪，进入车间禁止穿带铁钉的鞋。

⑧ 吊装盛有可燃气和液体的金属容器用的吊车，应经常重点检查，以防吊绳断裂、吊钩松脱，造成坠落冲击发火。

⑨ 应防止高压气体通过管道时，管道中的铁锈随气流流动，并与管壁摩擦变成高温粒子，成为可燃气的着火源。

(3) 防止电气火花

一般的电气设备很难完全避免电火花的产生，因此在火灾爆炸危险场所必须根据物质的危险特性正确选用不同的防爆电气设备。

必须设置可靠的避雷设施；有静电积聚危险的生产装置和装卸作业应有控制流速、导除静电、静电消除器、添加防静电剂等有效的消除静电措施。

根据整体防爆的要求，按危险区域等级和爆炸性混合物的类别、级别、组别配备相应符合国家标准规定的防爆等级的电气设备，并按国家规定的要求施工、安装、维护和检修(详见电气防火、防爆措施部分)。

3) 有效监控，及时处理

在可燃气体、蒸气可能泄漏的区域设置检测报警仪，这是监测空气中易燃易爆物质含量的重要措施。当可燃气体或液体万一发生泄漏而操作人员尚未发现时，检测报警仪可在设定的安全浓度范围内发生警报，便于及时处理泄漏点，从而避免发生重大事故。

早发现，早排除，早控制，防止事故发生和蔓延扩大。

8.2.2.2 工艺防火、防爆对策措施

有爆炸危险的生产过程，应尽可能选择物质危险性较小、工艺条件较缓和成熟的工艺路线；生产装置、设备应具有承受超压性能和完善的生产工艺控制手段，设置可靠的温度、压力、流量、液面等工艺参数的控制仪表和控制系统，对工艺参数控制要求严格的，应设置双系列控制仪表和控制系统；还应设置必要的超温超压的报警、监视、泄压、抑制爆炸装置和防止高低压窜气(液)、紧急安全排放装置。

1）工艺过程的防火、防爆设计

(1) 工艺过程中使用和产生易燃易爆介质时，必须考虑防火、防爆等安全对策措施，在工艺设计时加以实施。

(2) 工艺过程中有危险的反应过程，应设置必要的报警、自动控制及自动联锁停车的控制设施。

(3) 工艺设计要确定工艺过程泄压措施及泄放量，明确排放系统的设计原则(排入全厂性火炬、排入装置内火炬、排入全厂性排气管网、排入装置的排气管道或直接放空)。

(4) 工艺过程设计应提出保证供电、供水、供风及供汽系统可靠性的措施。

(5) 生产装置出现紧急情况或发生火灾爆炸事故需要紧急停车时，应设置必要的自动紧急停车措施。

(6) 采用新工艺、新技术进行工艺过程设计时，必须审查其防火、防爆设计技术文件资料，核实其技术在安全防火、防爆方面的可靠性，确定所需的防火、防爆设施。

(7) 引进国外技术、国内自行设计时，生产工艺过程的防火、防爆设计，必须满足我国安全防火、防爆法规及标准的要求，应审查生产工艺的防火、防爆设计说明书。

(8) 成套引进建设工程，国外提供初步设计中，其生产过程的防火、防爆设计，除必须符合引进合同所规定的条款及确认的标准规范外，应审查国外厂商提供的各种防火、防爆设计内容，不得低于我国现行防火、防爆规范、法规及标准的要求。

2）物料的防爆设计

(1) 对生产过程中所用的易发生火灾爆炸危险的原材料、中间物料及成品，应列出其主要的化学性能及物理化学性能(如爆炸极限、密度、闪点、自燃点、引燃能量、燃烧速度、导电率、介电常数、腐蚀速度、毒性、热稳定性、反应热、反应速度、热容量等)。

(2) 对生产过程中的各种燃烧爆炸危险物料(包括各种杂质)的危险性(爆炸性、燃烧性、混合危险性等)，应综合分析研究，在设计时采取有效措施加以控制。

3）工艺流程防火、防爆设计

(1) 火灾爆炸危险性较大的工艺流程设计，应针对容易发生火灾爆炸事故的部位和一定时机(如开车、停车及操作切换等)，采取有效的安全措施，并在设计中组织各专业设计人员加以实施。

(2) 工艺流程设计，应考虑正常开停车、正常操作、异常操作处理及紧急事故处理时的安全对策措施和设施。

(3) 工艺安全泄压系统设计，应考虑设备及管线的设计压力，允许最高工作压力与安全阀、防爆膜的设定压力的关系，并对火灾时的排放量，停水、停电、停气等事故状态下的排放量进行计算及比较，选用可靠的安全泄压设备，以免发生爆炸。

(4) 化工企业火炬系统的设计，应考虑进入火炬的物料处理量、物料压力、温度、堵塞、爆炸等因素的影响。

(5) 工艺流程设计,应全面考虑操作参数的监测仪表、自动控制回路,设计应正确可靠,吹扫应考虑周全。应尽量减少工艺流程中火灾爆炸危险物料的存量。

(6) 控制室的设计,应考虑事故状态下的控制室结构及设施,不致受到破坏或倒塌,并能实施紧急停车、减少事故的蔓延和扩大。

(7) 工艺操作的计算机控制设计,应考虑分散控制系统、计算机备用系统及计算机安全系统,确保发生火灾爆炸事故时能正常操作。

(8) 对工艺生产装置的供电、供水、供风、供汽等公用设施的设计,必须满足正常生产和事故状态下的要求,并符合有关防火、防爆法规、标准的规定。

(9) 应尽量消除产生静电和静电积聚的各种因素,采取静电接地等各种防静电措施,静电接地设计应遵守有关静电接地设计规程的要求。

(10) 工艺过程设计中,应设置各种自控检测仪表、报警信号系统及自动和手动紧急泄压排放安全联锁装置。非常危险的部位,应设置常规检测系统和异常检测系统的双重检测体系。

4) 工艺布置的防火、防爆设计

(1) 生产装置的平面布置,除应按工艺流程进行设计外,还应考虑符合有关防火、防爆规范的要求。

(2) 生产装置中处理同类火灾爆炸危险物料的设备或厂房,应尽量集中布置,便于统筹安排防火防爆设施。

(3) 生产装置内的设备,应尽量布置在露天、敞开或半敞开式的建筑物、构筑物内,以减小火灾爆炸时造成的损坏。

(4) 室内有爆炸危险的生产部位,应布置在单层厂房内,并应靠近厂房的外墙。在多层厂房内易燃易爆的生产部位应布置在最上一层靠近外墙处。在有爆炸危险的厂房内,不应设置办公室、休息室等管理设施。

(5) 有火灾爆炸危险的生产厂房,靠近易爆部位应设置必要的泄压面积,泄压部位不应布置在邻近人员集中或交通要道处,以减少对邻近生产装置和建筑物的影响。必要时可设防护挡板或防护空地。有火灾爆炸危险的生产设备、建筑物、构筑物,应布置在一端,也可设在防爆构筑物内,如爆炸危险性大的反应器与其他设备之间,应设防爆墙隔离,若多个反应器,其间也应设防爆墙相互隔离。明火设备的布置应远离可能泄漏易燃液化气、可燃气体、可燃蒸气的工艺设备及储罐。

(6) 工艺生产装置内露天布置的设备、储罐、建筑物及构筑物,宜按生产流程分区集中布置。

(7) 生产装置的集中控制室、变配电室、分析化验室等辅助建筑物,应布置在非防火、防爆危险区。

(8) 工艺装置各类机械设备、建筑物、构筑物的分布间距,应考虑防火、防爆距离及安全疏散通道,且有足够的道路及空间便于作业人员操作检修。

8.2.2.3 仪表及自控防火、防爆对策措施

尽可能提高系统自动化程度,采用自动控制技术、遥控技术,自动(或遥控)控制工艺操作程序和物料配比、温度、压力等工艺参数;在设备发生故障、人员误操作形成危险状态时,

通过自动报警、自动切换备用设备、启动连锁保护装置和安全装置、实现事故性安全排放直至安全顺序停机等一系列的自动操作，保证系统的安全。

针对引发事故的原因和紧急情况下的需要，应设置故障的安全控制系统(fail safety control，FSC)、特殊的连锁保护、安全装置和就地操作应急控制系统，以提高系统安全的可靠性。具体要求为：

(1) 采用本质安全型电动仪表时，即使由于某种原因而产生火花、电弧或过热也不会构成点火源而引起燃烧或爆炸，因此原则上可以适用于最高级别的火灾爆炸危险场所。但在安装设计时必须要考虑有关的技术规定，如本质安全电路和非本质安全电路不能相混；构成本质安全电路必须应用安全栅；本质安全系统的接地问题必须符合有关防火、防爆规定的要求。

(2) 生产装置的监测、控制仪表除按工艺控制要求选型外，还应根据仪表安装场所的火灾危险性和爆炸危险性，按爆炸和火灾危险场所电力装置设计规范选型。

(3) 设计所选用的控制仪表及控制回路必须可靠，不得因设计重复控制系统而选用不能保证质量的控制仪表。

(4) 当仪表的供电、供气中断时，调节阀的状态应能保证不导致事故或扩大事故。

(5) 仪表的供电应有事故电源，供气应有储气罐，容量应能保证停电、停气后维持30 min的用量。

(6) 在考虑信号报警器及安全联锁防爆设计时，应遵循下列原则：

① 系统的构成可以选用有触点的继电器，也可以选用无触点的回路，但必须保证动作可靠。

② 信号报警接点可利用仪表的内藏接点，也可以单独设置报警单元。自动保护(联锁)用接点，重要场合宜与信号接点分开，单独设置故障检出。

③ 联锁系统动作后应有征兆报警设施。重要场合，联锁故障检查器可设 2 个或 2 个以上，以确保可靠性。

(7) 可燃气体监测报警仪的报警系统应设在生产装置的控制室内，设计时必须考虑以下几点：

① 可燃气体或有毒有害气体监测报警仪的质量、防爆性能必须达到国家标准。

② 必须正确确定监测报警仪的检测点。

③ 检测器和报警器等的选用和安装必须符合有关规定。

(8) 引进技术所选用监测控制仪表不应低于我国现行标准的要求。

(9) 生产装置的控制室不得兼值班工人休息室。

(10) 在容易泄漏油气和可能引起火灾爆炸事故的地点，如甲类压缩机附近，集中布置的甲类设备和泵附近，加热炉的防火墙外侧及其仪表送配电室，变电所附近的门外等处，在条件可能时，应设置可燃气体报警仪。

8.2.2.4 *设备防火、防爆设计*

设备、机器种类繁多，其中化工设备就可分为塔槽类、换热设备、反应器、分离器、加热炉和废热锅炉等设备，压力容器按工作压力不同，分为低压、中压、高压和超高压 4 个等级。

以化工设备、机器为例，生产过程中接触的物料大多具有易燃易爆、有毒、有腐蚀性，且生产工艺复杂，工艺条件苛刻，设备与机器的质量、材料等要求高。材料的正确选择是设备

与机器优化设计的关键,也是确保装置安全运行、防止火灾爆炸的重要手段。选择材料应注意以下几个问题:

(1) 必须全面考虑设备与机器的使用场合、结构形式、介质性质、工作特点、材料性能、工艺性能和经济合理性。

(2) 材料选用应符合各种相应标准、法规和技术文件的要求。

(3) 选用材料的化学成分、金相组织、机械性能、物理性能、热处理焊接方法应符合有关的材料标准,与之相应的材料试验和鉴定应由用户和制造厂商定。

(4) 由制造厂提供的其他材料,经试验、技术鉴定后,确能保证设计要求的,用户方可使用。

(5) 处理、输送和分离易燃易爆、有毒和强化学腐蚀性介质时,材料的选用尤其慎重,应遵循有关材料标准。

(6) 与设备所用材料相匹配的焊接材料要符合有关标准、规定。

(7) 进行技术革新、设备改造,使用新材料时,要有严格的审批手续。

(8) 严格执行进厂设备、备件、材料的质量检查验收制度,防止不合格设备、备件、材料进入生产装置投入生产,消除设备本身的不安全因素。

(9) 在设计、材料分类和加工等各阶段,都可能发生材料误用问题,因此要严格管理制度,严把设备采购关,防止低劣产品进厂。

(10) 在设备与机器的火灾爆炸破坏事故中,有的是由于结构设计不合理引起的。因此在结构安全设计上要符合要求,便于制造、便于无损检测,并考虑尽量降低局部附加应力和应力集中。

(11) 设备的强度设计直接涉及其安全可靠性,设计中一定要选择正确的计算方法。

总之,设备与机器在设计时必须安全可靠,其选型、结构、技术参数等方面必须准确无误,并符合设计标准的要求。工艺提出的专业设计条件应正确无误(包括形式、结构、材料、压力、温度、介质、腐蚀性、安全附件、抗震、防静电、泄压、密封、接管、支座、保温、保冷、喷淋等设计参数),对于易燃易爆、有毒介质的储运机械设备,应符合有关安全标准要求。

8.2.2.5 工艺管线的防火、防爆设计

(1) 工艺管线必须安全可靠,且便于操作。设计中所选用的管线、管件及阀门的材料,应保证有足够的机械强度及使用期限。管线的设计、制造、安装及试压等技术条件应符合国家现行标准和规范。

(2) 工艺管线的设计应考虑抗震和管线振动、脆性破裂、温度应力、失稳、高温蠕变、腐蚀破裂及密封泄漏等因素,并采取相应的安全措施加以控制。

(3) 工艺管线上安装的安全阀、防爆膜、泄压设施、自动控制检测仪表、报警系统、安全联锁装置及卫生检测设施,应设计合理且安全可靠。

(4) 工艺管线的防雷电、暴雨、洪水、冰雹等自然灾害以及防静电等安全措施,应符合有关法规的要求。

(5) 工艺管线的工艺取样、废液排放、废气排放等设计,必须安全可靠,且应设置有效的安全设施。

(6) 工艺管线的绝热保温、保冷设计,应符合设计规范的要求。

8.2.2.6 安全防护设计

1) 通风设计

非敞开式的甲乙类生产厂房应有良好通风，以减少厂房内部可燃气体、可燃液体蒸气或可燃粉尘的积聚，使之不可达到爆炸范围。

厂房通风有自然通风、机械通风或正压通风。采用自然通风时，要根据季节风向采取相应措施，保证厂房内有足够的换气次数。在寒冷季节自然通风用的进风口的位置其边缘不宜低于 4 m，如低于 4 m，应采取防止冷风吹向工作地点的措施。

当自然通风达不到生产要求时，应设置机械通风，且风机应采用防爆型。

(1) 机械通风的进风口位置，应符合下列要求：

① 应设置在室外空气比较清洁的地点。

② 应尽量在排风口上风侧(全年主导风向)，且应低于排风口。

③ 进风口的底部距室外地坪不宜低于 2 m。

④ 降温用的进风口，宜设置在北墙外。

(2) 机械通风的排风方式应符合下列要求：

① 放散的可燃气体较空气轻时，宜从上部排放。

② 放散的可燃气体较空气重时，宜从上、下部同时排出，但气体温度较高或受到散热影响产生气流上升时，宜从上部排出。

③ 当挥发性物质蒸发后，被周围空气冷却下沉或经常有挥发性物质洒落到地面时，应从上、下部同时排出。

有可燃气体的生产车间，应设事故排风装置。正压通风是化工等生产装置采用的一种独特形式。在多数工艺操作过程中，大量采用仪表自动控制。一般将各种自动控制仪表的表盘及其继电器集中在控制室内。由于各种自动控制仪表的接线点和继电器都不防爆，而大量的可燃气体又随时可能存在，因此，为安全操作仪表及保证仪表的准确性，设计时要对仪表控制室和在线分析室进行正压通风。

正压通风就是使控制室内的空气压略大于室外空气压。这样，就能阻止室外的可燃气体进入控制室内。送进控制室的正压风必须是洁净的，因而正压通风的风源必须取自安全清洁的地点。甲乙类生产区域内的变电所也应进行正压通风。各种通风的进风口位置、排风方式等的设计必须遵守有关标准或规范。

2) 惰性气体保护

惰性气体保护的作用是缩小或消除易燃可燃物质的爆炸范围，从而防止燃烧爆炸。

工业上常用的惰性气体保护有氮、二氧化碳、水蒸气等，惰性气体保护可应用于以下几种情况：

(1) 对具有爆炸性的生产设备和储罐，充灌惰性气体。

(2) 易燃固体的压碎、研磨、筛分、混合以及呈粉末状态输送时，可在惰性气体覆盖下进行。

(3) 易燃固体的粉状、粒状的料仓可用惰性气体加以保护。

(4) 可燃气体混合物在处理过程中，加惰性气体作为保护气体。

(5) 有火灾爆炸危险的工艺装置、储罐、管道等连接惰性气体管，以备在发生火灾时使用惰性气体充灌保护。

(6) 用惰性气体(如氮气)输送爆炸危险性液体。

(7) 在有爆炸危险性的生产中,对能引起火花危险的电器、仪表等,用惰性气体(如氮气)正压保护。

(8) 有火灾爆炸危险的生产装置停车检修时,在动火之前用惰性气体对有爆炸危险的设备、管线、容器等进行置换。

(9) 发生事故有大量危险物质泄漏时,用大量惰性气体(如水蒸气)稀释。

(10) 备用的反应器、干燥器等用惰性气体保护。

生产中惰性气体的需用量,一般不是根据惰性气体达到哪一数值时可以遏止爆炸发生,而是根据加入惰性气体后氧的浓度降到哪一数值时才不能发生爆炸来确定。

3) 保险装置

保险装置就是当生产中发生危险情况时,能自动地动作以消除危险状态的装置。例如,备用电源能在突然停电时,能自动投用,从而能避免发生各类事故。一般比较重要的工厂都设置双电源。正常生产时,两回路电源独立供电,每回路各带 1/2 负荷,事故时带全部负荷。当任一供电线路发生故障突然停电时,在极短的时间内母线联络开头自动闭合,使失电的一段母线立即恢复供电,对一些特别重要的机泵,设计时,应考虑装设失电再启动装置或不间断供电装置(uninterruptable power system,UPS)。

一些关键设备,设计时应考虑气动备用装置,以便在停电的情况下,确保安全生产。例如,蒸馏塔的回流调节阀,高压罐的压力控制调节阀,要选用气关式,以备停气时,确保调节阀开,避免塔、罐超温超压。储罐上的呼吸阀是防止储罐被抽瘪和超压破裂的安全保险设备。

4) 安全监测

生产中产生可燃气体、可燃液体蒸气或可燃粉尘时,当这些可燃物质在空气中的浓度达到爆炸极限时,遇火源就会发生爆炸。因此,随时监测空气中可燃物质的浓度是防止发生火灾爆炸的重要措施。当测量仪表测定出空气中的可燃物质浓度超过爆炸下限的 20%或25%时,就会发出报警,警告操作者尽快采取措施,降低空气中可燃物质的浓度。爆炸危险性大的生产装置和反应设备,设置可燃气体自动分析仪器并自动报警和联锁控制已成为必不可少的安全措施。

8.2.2.7 建(构)筑物防火防爆措施

1) 生产及储存的火灾危险性分类

根据《建筑设计防火规范》(GB 50016—2014)规定,生产的或储存的火灾危险性分为甲、乙、丙、丁、戊 5 类。《石油化工企业设计防火规范》(GB50160—2008)中,同样以使用、生产或储存的物质的危险性进行火灾危险性分类。根据火灾危险性的不同,可从防火间距、建筑耐火等级、允许层数、安全疏散、消防灭火设施等方面提出防止和限制火灾爆炸的要求和措施。

2) 建筑物的耐火等级

在《建筑设计防火规范》(GB 50016—2014)里,将建筑物分为 4 个耐火等级。对建筑物的主要构件,如承重墙、梁、柱、楼板等的耐火性能均做出了明确规定。在建筑设计时对那些火灾危险性特别大的,使用大量可燃物质和贵重器材设备的建筑,在允许的条件下,应尽可能采用耐火等级较高的建筑材料施工。在确定耐火等级时,各构件的耐火极限应全部达到要求。

3）厂房的耐火等级、层数和占地面积

厂房的层数及面积、耐火等级应符合《建筑设计防火规范》(GB 50016—2014)等标准的要求。

4）厂房建筑的防爆设计

(1) 合理布置有爆炸危险的厂房

① 有爆炸危险的厂房宜采用单层建筑。除有特殊需要外，一般情况下，有爆炸危险的厂房宜采用单层建筑。

② 有爆炸危险的生产不应设在地下室或半地下室。

③ 敞开式或半敞开式建筑的厂房，自然通风良好，因而能使设备系统中泄漏出来的可燃气、可燃液体蒸气及粉尘很快地扩散，使之不易达到爆炸极限，有效地排除形成爆炸的条件。但对采用敞开或半敞开式建筑的生产设备和装置，应注意气象条件对生产设备和操作人员健康的影响等，并妥善合理地处理夜间照明、雨天防滑、夏日防晒、冬季防寒和有关休息等方面的问题。

④ 对单层厂房来说，应将有爆炸危险的设备配置在靠近一侧外墙门窗的地方。工人操作位置在室内一侧，且在主导风向的上风位置。配电室、车间办公室、更衣室等有火源及人员集中的用房，采用集中布置在厂房一端的方式，设防爆墙与生产车间分隔，以保安全。

有爆炸危险的多层厂房的平面设备布置，其原则基本上与单层厂房相同，但对多层厂房不应将有爆炸危险的设备集中布置在底层或夹在中间层，应将有爆炸危险的生产设备集中布置在顶层或厂房一端的各楼层。

(2) 采用耐火、耐爆结构

对有爆炸危险的厂房，应选用耐火、耐爆较强的结构形式，以避免和减轻现场人员的伤亡和设备物资的损失。

厂房的结构形式有砖混结构、现浇钢筋砼结构、装配式钢筋砼结构和钢框架结构等。在选型时，应根据它们的特点以满足生产与安全的一致性及使用性和节约投资等方面的综合考虑。

钢结构厂房，其耐爆强度是很高的，但由于受热后钢材的强度大大下降，如温度升到 500 ℃时，其强度只有原来的 1/2，耐火极限低，在高温时将失去承受荷载的能力，所以对钢结构的厂房，其允许极限温度应控制在 400 ℃以下。至于可发生 400 ℃以上温度事故的厂房，如用钢结构则应在主要钢构件外包上非燃烧材料的被覆，被覆的厚度应满足耐火极限的要求，以保证钢构件不致因高温而降低强度。

(3) 设置必要的泄压面积

有爆炸危险的厂房，应设置泄压轻质屋盖、泄压门窗、轻质外墙。布置泄压面，应尽可能靠近爆炸部位，泄压方向一般向上，侧面泄压应尽量避开人员集中场所、主要通道及能引起二次爆炸的车间、仓库。

对有爆炸危险厂房所规定的泄压面积与厂房体积的比值，应采用 0.05～0.22 的比值。当厂房体积超过 1 000 m^3，采用上述比值有困难时，可适当降低，但不宜小于 0.03 m^2/m^3。

(4) 设置防爆墙、防爆门、防爆窗

① 防爆墙应具有耐爆炸压力的强度和耐火性能。防爆墙上不应开通气孔道，不宜开普

通门、窗、洞口，必要时应采用防爆门窗。

② 防爆窗的窗框及玻璃均应采用抗爆强度高的材料，窗框可用角钢、钢板制作，而玻璃则应采用夹层的防爆玻璃。

③ 防爆门应具有很高的抗爆强度，需采用角钢或槽钢、工字钢拼装焊接制作门框骨架，门板则以抗爆强度高的装甲钢板或锅炉钢板制作。门的铰链装配时，应衬有青铜套轴和垫圈，门扇的周边衬贴橡胶带软垫，以排除因开关时由于摩擦碰撞可能产生的火花。

(5) 不发火地面

不发火地面按构造材料性质可分为两大类，即不发火金属地面和不发火非金属地面。不发火金属地面，其材料一般常用铜板、铝板等有色金属制作。不发火非金属材料地面，又可分为不发火有机材料制造的地面，如沥青、木材、塑料橡胶等敷设的。由于这些材料的导电性差，具有绝缘性能，因此对导走静电不利，当用这种材料时，必须同时考虑导走静电的接地装置；另一种为不发火无机材料地面，是采用不发火水泥石砂、细石混凝土、水磨石等无机材料制造，骨料可选用石灰石、大理石、白云石等不发火材料，但这些石料在破碎时多采用球磨机加工，为防止可能带进的铁屑，在配料前应先用磁棒搅拌石子以吸掉钢屑铁粉，然后配料制成试块，进行试验，确认为不发火后才能正式使用。

在使用不发火混凝土制作地面时，分格材料不应使用玻璃，而应采用铝或铜条分格。

(6) 露天生产场所内建筑物的防爆

敞开布置生产设备、装置，使生产实现露天化，可以不需要建造厂房。但按工艺过程的要求，尚需建造中心控制室、配电室、分析室、办公室、生活室等用房，这些建筑通常设置在有爆炸危险场所内或附近。这些建筑自身内部不产生爆炸性物质，但它处于有爆炸危险场所范围，生产设备、装置或物料管道的跑、冒、滴、漏而逸出或挥发的气体，有可能扩散到这些建筑物内，而这些建筑物在使用过程中又有产生各种火源的可能，一旦着火爆炸将波及整个露天装置区域，所以这些建筑必须采取有效的防爆措施。具体包括：

① 保持室内正压。一般采用机械送风，使室内维持正压，从而避免室内爆炸性混合物的形成，排除形成爆炸的条件。送风机的空气引入口必须置于气体洁净的地方，防止可燃气体或蒸气的吸入。

② 开设双门斗。

③ 设耐爆固定窗。

④ 采用耐爆结构。

⑤ 室内地面应高出露天生产界区地面。

⑥ 当由于工艺布置要求建筑留有管道孔隙及管沟时，管道孔隙要采取密封措施，材料应为非燃烧体填料；管沟则应设置阻火分隔密封。

(7) 排水管网的防爆

应采取合理的排水措施，连接下水主管道处应设水封井。对工艺物料管道、热力管道、电缆等设施的地面管沟，为防止可燃气体或蒸气扩散到其他车间的管沟空间，应设置阻火分隔设施。如在地面管沟中段或地下管沟穿过防爆墙外设阻火分隔沟坑。坑内填满干砂或碎石以阻止火焰蔓延及可燃气体或蒸气、粉尘扩散窜流。

(8) 防火间距

在设计总平面布置时，留有足够的防火间距。在此间距间不得有任何建构筑物和堆放危险品。防火间距计算方法是以建筑物外墙凸出部分算起；铁路的防火间距是从铁路中心线算起；公路的防火间距是从邻近一边的路边算起。

防火间距的确定，应以生产的火灾危险性大小及其特点来综合评定。其考虑原则是：

① 发生火灾时，直接与其相邻的装置或设施不会受到火焰加热；

② 邻近装置中的可燃物（或厂房），不会被辐射热引燃；

③ 要考虑燃烧着的液体从火灾地点流不到或飞散不到其他地点的距离。

我国现行的设计防火规范，如《建筑设计防火规范》(GB 50016—2014)、《石油化工企业设计防火规范》(GB 50160—2008)等，对各种不同装置、设施、建筑物的防火间距均有明确规定，在总平面布置设计时，都应遵照执行。

(9) 安全疏散设施及安全疏散距离

安全疏散设施包括安全出口，即疏散门、过道、楼梯、事故照明和排烟设施等。

一般说，安全出口的数目不应少于两个（层面面积小、现场作业人员少者例外）；过道、楼梯的宽度是根据层面能容纳的最多人数在发生事故时能迅速撤出现场为依据而设计的，所以必须保证畅通，不得随意堆物，更不能堆放易燃易爆物品。疏散门应向疏散方向开启，不能采用吊门和侧拉门，严禁采用转门，要求在内部可随时推动门把手开门，门上禁止上锁。疏散门不应设置门槛。

为防止在发生事故时照明中断而影响疏散工作的进行，在人员密集的场所、地下建筑等疏散过道和楼梯上均应设置事故照明和安全疏散标志，照明应是专用的电源。

甲、乙、丙类厂房和高层厂房的疏散楼梯应采用封闭楼梯间，高度超过 32 m 且每层人数在 10 人以上的，宜采用防烟楼梯间或室外楼梯。

8.2.2.8 消防设施

在进行工厂设计时，必须同时进行消防设计。在采取有效的防火措施的同时应根据工厂的规模、火灾危险性和相邻单位消防协作的可能性，设置相应的灭火设施。

(1) 消防用水

消防用水量应为同一时间内火灾次数与一次灭火用水量的乘积。在考虑消防用水时，首先应确定工厂在同一时间内的火灾次数。

一次灭火用水量应根据生产装置区、辅助设施区的火灾危险性、规模、占地面积、生产工艺的成熟性以及所采用的防火设施等情况，综合考虑确定。

(2) 消防给水设施

① 消防水池或天然水源，可作为消防供水源。当利用此类水源时，应有可靠的吸水设施，并保证枯水时最低消防用水量，消防水池不得被易燃可燃液体污染。

② 消防给水管道，是保证消防用水的给水管道，可与生活、生产用水的水道合并，如不经济或不可能，则设独立管道。低压消防给水系统不宜与循环冷却水系统合并，但可作备用水源。消防给水管道可采用低压或高压给水。采用低压给水时，管道压力应保证在消防用水达到设计用水量时不低于 15 m（从地面算起）；采用高压给水时，其压力宜为 0.7～1.2 MPa。

③消防给水管网应采用环状布置，其输水干管不应少于两条，目的在于当其中一条发生事故时仍能保证供水。环状管道应用阀分成若干段，此阀应常开，以便检修时使用。

④ 室外消火栓应沿道路设置，便于消防车吸水，设置数量由消火栓的保护半径和室外

消防用水量确定。低压给水管网室外消火栓保护半径,不宜超过 120 m。露天生产装置的消火栓宜在装置四周设置。当装置宽度大于 120 m 时,可在装置内的路边增设。易燃、可燃液体罐区及液化石油气罐区的消火栓应该设在防火堤外。

⑤ 设有消防给水的建筑物,各层均应设室内消火栓;甲、乙类厂房室内消火栓的距离不应大于 50 m。宜设置在明显易于取用的地点,栓口离地面高度为 1.2 m。

(3) 露天装置区消防给水

石油化工企业露天装置区有大量高温、高压(或负压)的可燃液体或气体、金属设备、塔器等,一旦火警,必须及时冷却防止火势扩大,故应设灭火、冷却消防给水设施。

① 消防供水竖管。即输送泡沫液或消防水的主管,根据需要设置,在平台上应有接口,在竖管旁设消防水带箱,备齐水带、水枪和泡沫管枪。

② 冷却喷淋设备。当塔器、容器的高度超过 30 m 时,为确保火灾时及时冷却,宜设固定冷却设备。

③ 消防水幕。有些设备在不正常情况下会泄出可燃气体,有的设备则具有明火或高温,对此可采用水幕分隔保护,也可用蒸汽幕。消防水幕应具有良好的均匀连续性。

④ 带架水枪。在危险性较大且较高的设备四周,宜设置固定的带架水枪(水炮)。一般地,炼制塔群和框架上的容器除有喷淋、水幕设施外,再设带架水枪。

(4) 灭火器

根据《建筑灭火器配置设计规范》(GB 50140—2005)等要求,厂内设置全厂性的消防设施外,还应设置小型灭火机和其他简易的灭火器材。其种类及数量,应根据场所的火灾危险性、占地面积及有无其他消防设施等情况综合全面考虑。

灭火器类型的选择应符合下列规定:

A 类火灾场所应选择水型灭火器、磷酸铵盐干粉灭火器、泡沫灭火器或卤代烷灭火器。

B 类火灾场所应选择泡沫灭火器、碳酸氢钠干粉灭火器、磷酸铵盐干粉灭火器、二氧化碳灭火器、灭 B 类火灾的水型灭火器或卤代烷灭火器。极性溶剂的 B 类火灾场所应选择灭 B 类火灾的抗溶性灭火器。

C 类火灾场所应选择磷酸铵盐干粉灭火器、碳酸氢钠干粉灭火器、二氧化碳灭火器或卤代烷灭火器。

D 类火灾场所应选择扑灭金属火灾的专用灭火器。

E 类火灾场所应选择磷酸铵盐干粉灭火器、碳酸氢钠干粉灭火器、卤代烷灭火器或二氧化碳灭火器,但不得选用装有金属喇叭喷筒的二氧化碳灭火器。

非必要场所不应配置卤代烷灭火器。

(5) 消防站

消防站是消防力量的固定驻地。油田、石油化工厂、炼油及其他大型企业,应建立本厂的消防站。其布置应满是消防队接到火警后 5 min 内消防车能到达消防管辖区(或厂区)最远点的甲、乙、丙类生产装置、厂房或库房;按行车距离计,消防站的保护半径不应大于 2.5 km,对于丁类、戊类火灾危险性场所,也不宜超过 4 km。

消防车辆应按扑救工厂一处最大火灾的需要进行配备。

消防站应装设不少于两处同时报警的受警电话和有关单位的联系电话。

(6) 消防供电

为了保证消防设备不间断供电，应考虑建筑物的性质、火灾危险性、疏散和火灾扑救难度等因素。

高度超过 50 m 的可燃物品厂房、库房，其消防设备（如消防控制室、消防水泵、消防电梯、消防排烟设备、火灾报警装置、火灾事故照明、疏散指示标志和电动防火门窗、卷帘、阀门等）均应采用一级负荷供电。

户外消防用水量大于 0.03 m^3/s 的工厂、仓库或户外消防用水量大于 0.035 m^3/s 的易燃材料堆物、油罐或油罐区、可燃气体储罐或储罐区，以及室外消防用水量大于 0.025 m^3/s 的公共建筑物，应采用 6 kV 以上专线供电，并应有两回线路。超过 1 500 个座位的影剧院，户外消防用水量大于 0.03 m^3/s 的工厂、仓库等，宜采用由终端变电所两台不同变压器供电，且应有两回线路，最末一级配电箱处应能自动切换。

对某些电厂、仓库、民用建筑、储罐和堆物，如仅有消防水泵，而采用双电源或双回路供电确有困难，可采用内燃机作为带动消防水泵的动力。

鉴于消防水泵、消防电梯、火灾事故照明、防烟、排烟等消防用电设备在火灾时必须确保运行，而平时使用的工作电源发生火灾时又必须停电，从保障安全和方便使用出发，消防用电设备配电线路应设置单独的供电回路，即要求消防用电设备配电线路与其他动力、照明线路（从低压配电室至最末一级配电箱）分开单独设置，以保证消防设备用电。为避免在紧急情况下操作失误，消防配电设备应有明显标志。

为了便于安全疏散和火灾扑救，在有众多人员聚集的大厅及疏散出口处、高层建筑的疏散走道和出口处、建筑物内封闭楼梯间、防烟楼梯间及其前室，以及消防控制室、消防水泵房等处应设置事故照明。

8.2.2.9 其他防火、防爆对策措施

(1) 生产装置的采暖设计，应符合相关行业标准，如《石油化工采暖通风与空气调节设计规范》(SH/T 3004—2011)的要求。

(2) 生产过程中，散发可燃气体、蒸气、粉尘与采暖管道、散热器表面接触能引起燃烧的厂房；生产过程中，散发的粉尘受到水、水蒸气的作用能引起自燃、爆炸的厂房，应采用不循环使用的热风采暖。

(3) 在散发可燃粉尘、纤维的厂房内，集中采暖的热媒温度，不能过高。易燃易爆生产厂房不得采用火炉或其他明火采暖。

(4) 有燃烧爆炸危险的气体或粉尘的不采暖的厂房内，不应有有采暖管道穿过。

(5) 生产过程必须有可靠的供电、供气（汽）、供水等公用工程系统，对“特别危险场所”应设置双电源供电或备用电源，重要的控制仪表应设置不间断电源(UPS)。“特别危险场所”和“高度危险场所”应设置排除险情装置。

(6) 建筑物的朝向应有利于火灾、爆炸危险气体的散发；厂房应有足够的泄压面积和必要的安全通道（如：生产控制室在背向生产设备的一侧设安全通道）。

(7) 根据《危险化学品安全管理条例》等国家有关规定，严格限制火灾爆炸危险物料的加工、处理量和储存量。库房内的火灾爆炸危险物品必须分类存放，并有明显的货物标志，留有足够的垛距、墙距、顶距和安全通道。

(8) 按煤、黄磷、硝化纤维胶片等自燃物品的性能，采取定期（或自动）测温、通风（喷淋）降温措施和防止自燃的储存方式。

(9) 为防止电子计算机房火灾事故的发生,电子计算机房的设计应严格执行《数据中心设计规范》(GB 50174—2017)。

8.2.3 电气安全对策措施

以防触电、防电气火灾爆炸、防静电和防雷击为重点,提出防止电气事故的对策措施。

8.2.3.1 安全认证

电气设备必须具有国家指定机构的安全认证标志。

8.2.3.2 备用电源

停电能造成重大危险后果的场所,必须按规定配备自动切换的双路供电电源或备用发电机组、保安电源。

8.2.3.3 防触电

为防止人体直接、间接和跨步电压触电(电击、电伤),应采取以下措施:

1) 接零、接地保护系统

按电源系统中性点是否接地,分别采用保护接零(TN-S,TN-C-S,TN-C 系统)或保护接地(TT,IT 系统)。在建设项目中,中性点接地的低压电网应优先采用 TN-S,TN-C-S 保护系统。

2) 漏电保护

在电源中性点直接接地的 TN,TT 保护系统中,在规定的设备、场所范围内必须安装漏电保护器(部分标准称作漏电流动作保护器、剩余电流动作保护器)和实现漏电保护器的分级保护。对一旦发生漏电切断电源时,会造成事故和重大经济损失的装置和场所,应安装报警式漏电保护器。

例如,Ⅰ、Ⅱ类手持电动工具和生活日用电器、Ⅰ类移动式电气设备及建筑施工场所、临时用电的电气设备和高温、潮湿、强腐蚀、金属占有系数大的场所(机械加工、造船、冶金、化工、食品加工、纺织酿造等行业生产作业场所等)以及公用、辅助场所(锅炉房、水泵房、食堂、浴室、医院、托儿所、旅馆、影剧院、游泳池、喷水池等)、所有插座回路和新制造的低压配电、开关、动力柜(箱)、机电设备的动力配电箱等均必须安装漏电保护器。

不允许停电的特殊设备和场所、公共场所的应急照明和安全设备、防盗报警电源、消防电梯和消防设备电源均应安装报警式漏电保护器。

3) 绝缘

是指根据环境条件(潮湿、高温、有导电性粉尘、腐蚀性气体、金属占有系数大的工作环境,如:机加工、铆工、电炉电极加工、锻工、铸工、酸洗、电镀、漂染车间和水泵房、空压站、锅炉房等场所)选用加强绝缘或双重绝缘(Ⅱ类)的电动工具、设备和导线;采用绝缘防护用品(绝缘手套、绝缘鞋、绝缘垫等)、不导电环境(地面、墙面均用不导电材料制成);上述设备和环境均不得有保护接零或保护接地装置。

4) 电气隔离

采用原、副边电压相等的隔离变压器,实现工作回路与其他回路电气上的隔离。在隔离变压器的副边构成一个不接地隔离回路(工作回路),可阻断在副边工作的人员单相触电时电击电流的通路。

隔离变压器的原、副边间应有加强绝缘,副边回路不得与其他电气回路、大地、保护接零(地)线有任何连接;应保证隔离回路(副边)电压 $U \leqslant 500$ V、线路长度 $L \leqslant 200$ m,且副边电压与线路长度的乘积 U. L≤100 000 Vm；副边回路较长时，还应装设绝缘监测装置；隔离回路带有多台用电设备时，各设备金属外壳间应采取等电位连接措施，所用的插座应带有供等电位连接的专用插孔。

5）安全电压（或称安全特低电压）

直流电源采用低于 120 V 的电源。

交流电源用专门的安全隔离变压器（或具有同等隔离能力的发电机、独立绕组的变流器、电子装置等）提供安全电压电源（42，36，24，12，6 V）并使用Ⅲ类设备、电动工具和灯具。应根据作业环境和条件选择工频安全电压额定值（即在潮湿、狭窄的金属容器、隧道、矿井等工作的环境，宜采用 12 V 安全电压）。

用于安全电压电路的插销、插座应使用专用的插销、插座，不得带有接零或接地插头和插孔；安全电压电源的原、副边均应装设熔断器作短路保护。

当电气设备采用超过 24 V 安全电压时，必须采取防止直接接触带电体的保护措施。

6）屏护和安全距离

（1）屏护包括屏蔽和障碍。是指能防止人体有意、无意触及或过分接近带电体的遮拦、护罩、护盖、箱匣等装置，是将带电部位与外界隔离、防止人体误入带电间隔的简单、有效的安全装置。

例如：开关盒、母线护网、高压设备的围栏、变配电设备的遮拦等。

金属屏护装置必须接零或接地，屏护的高度、最小安全距离、网眼直径和栅栏间距应满足相关规定。

屏护上应根据屏护对象特征挂有警示标志。必要时，还应设置声、光报警信号和连锁保护装置；当人体越过屏护装置、可能接近带电体时，声、光报警且被屏护的带电体自动断电。

（2）安全距离是指有关规程明确规定的、必须保持的带电部位与地面、建筑物、人体、其他设备、其他带电体、管道之间的最小电气安全空间距离；安全距离的大小取决于电压的高低、设备的类型和安装方式等因素，设计时必须严格遵守规定的安全距离；当无法达到时，还应采取其他安全技术措施。

7）联锁保护

设置防止误操作、误入带电间隔等造成触电事故的安全连锁保护装置。

例如：变电所的程序操作控制锁、双电源的自动切换连锁保护装置、打开高压危险设备的屏护时的报警和带电装置自动断电保护装置、电焊机空载断电或降低空载电压装置等。

8）其他对策措施

防止间接触电的电气间隔、等电位环境和不接地系统防止高压窜入低压的措施等。

1）爆炸危险环境的划分

为爆炸危险环境包括爆炸性气体环境和爆炸性粉尘环境。

8.2.3.4　电气防爆对策措施

爆炸性物质可分为 3 类：

Ⅰ类：矿井甲烷；

Ⅱ类：爆炸性气体混合物（含蒸气、薄雾）；

Ⅲ类：爆炸性粉尘（含纤维）。

针对Ⅱ类、Ⅲ类爆炸性物质，可根据《爆炸危险环境电力装置设计规范》（GB 50058—

2014)正确划分爆炸危险环境。

1) Ⅱ类爆炸性气体环境

爆炸性气体环境应根据爆炸性气体混合物出现的频繁程度和持续时间,按下列规定进行分区。

0 区:连续出现或长期出现爆炸性气体混合物的环境。

1 区:在正常运行时可能出现爆炸性气体混合物的环境。

2 区:在正常运行时不太可能出现爆炸性气体混合物的环境,或即使出现也仅是短时存在的爆炸性气体混合物的环境。

爆炸性气体可进一步分级分组如下:

(1) 爆炸性气体混合物应按其最大试验安全间隙(MESG)或最小点燃电流比(MICR)分级。爆炸性气体混合物分级应符合表 8-1 的规定。

表 8-1　　爆炸性气体混合物分级

级别	最大试验安全间隙(MESG)/mm	最小点燃电流比(MICR)
ⅡA	≥0.9	>0.8
ⅡB	0.5<MESG<0.9	0.45≤MICR≤0.8
ⅡC	≤0.5	<0.45

注:1. 分级的级别应符合现行国家标准《爆炸性环境 第 12 部分:气体或蒸气混合物按照其最大试验安全间隙和最小点燃电流的分级》(GB 3836.12)的有关规定。

2. 最小点燃电流比(MICR)为各种可燃物质的最小点燃电流值与实验室甲烷的最小点燃电流值之比。

(2) 爆炸性气体混合物应按引燃温度分组,引燃温度分组应符合表 8-2 的规定。

表 8-2　　引燃温度分组

组别	引燃温度 t/℃	组别	引燃温度 t/℃
T1	$450<t$	T2	$300<t\leq450$
T3	$200<t\leq300$	T4	$135<t\leq200$
T5	$100<t\leq135$	T6	$85<t\leq100$

2) Ⅲ类爆炸性粉尘环境

爆炸危险区域应根据爆炸性粉尘环境出现的频繁程度和持续时间,按下列规定进行划分:

20 区:空气中的可燃性粉尘云持续地或长期地或频繁地出现于爆炸性环境中的区域。

21 区:在正常运行时,空气中的可燃性粉尘云很可能偶尔出现于爆炸性环境中的区域。

22 区:在正常运行时,空气中的可燃粉尘云一般不可能出现于爆炸性粉尘环境中的区域,即使出现,持续时间也是短暂的。

爆炸性粉尘环境可进一步分级如下:

ⅢA 级为可燃性飞絮;

ⅢB 级为非导电性粉尘;

ⅢC 级为导电性粉尘。

3）爆炸危险环境中电气设备的选用

爆炸性危险环境用电设备相应的分为 3 类：

Ⅰ类电气设备用于煤矿瓦斯气体环境。

Ⅱ类电气设备用于除煤矿瓦斯气体之外的其他爆炸性气体环境，可进一步分为ⅡA，ⅡB，ⅡC 类。

Ⅲ类电气设备用于除煤矿以外的爆炸性粉尘环境，可进一步分为ⅢA，ⅢB，ⅢC。

在爆炸性环境内，电气设备应根据下列因素进行选择：

（1）爆炸危险区域的分区；

（2）可燃性物质和可燃性粉尘的分级；

（3）可燃性物质的引燃温度；

（4）可燃性粉尘云、可燃性粉尘层的最低引燃温度。

防爆电气设备的级别和组别不应低于该爆炸性气体环境内爆炸性气体混合物的级别和组别，并应符合下列规定：

（1）气体、蒸气或粉尘分级与电气设备类别的关系应符合表 8-3 的规定。当存在有两种以上可燃性物质形成的爆炸性混合物时，应按照混合后的爆炸性混合物的级别和组别选用防爆设备，无据可查又不可能进行试验时，可按危险程度较高的级别和组别选用防爆电气设备。

对于标有适用于特定的气体、蒸气的环境的防爆设备，没有经过鉴定，不得使用于其他的气体环境内。

表 8-3　　气体、蒸气或粉尘分级与电气设备类别的关系

气体、蒸气或粉尘分级	设备类别	气体、蒸气或粉尘分级	设备类别
ⅡA	ⅡA、ⅡB 或ⅡC	ⅡB	ⅡB 或ⅡC
ⅡC	ⅡC	ⅢA	ⅢA、ⅢB 或ⅢC
ⅢB	ⅢB 或ⅢC	ⅢC	ⅢC

（2）Ⅱ类电气设备的温度组别、最高表面温度和气体、蒸气引燃温度之间的关系符合表 8-4的规定。

表 8-4　　Ⅱ类电气设备的温度组别、最高表面温度和气体、蒸气引燃温度之间的关系

电气设备温度组别	电气设备允许最高表面温度/℃	气体/蒸气的引燃温度/℃	适用的设备温度级别
T1	450	＞450	T1～T6
T2	300	＞300	T2～T6
T3	200	＞200	T3～T6
T4	135	＞135	T4～T6
T5	100	＞100	T5～T6
T6	85	＞85	T6

（3）安装在爆炸性粉尘环境中的电气设备应采取措施防止热表面点可燃性粉尘层引起

的火灾危险。Ⅲ类电气设备的最高表面温度应按国家现行有关标准的规定进行选择。电气设备结构应满足电气设备在规定的运行条件下不降低防爆性能的要求。

4）爆炸危险环境中电气线路的要求

在爆炸危险环境中，电气线路安装位置、敷设方式、导体材质、连接方法等的选择均应根据环境的危险等级进行。

（1）气体、蒸气爆炸危险环境的电气线路

① 电气线路位置的选择。在爆炸危险性较小或距离释放源较远的位置，应当考虑敷设电气线路。例如，当爆炸危险气体或蒸气比空气重时，电气线路应在高处敷设，电缆则直接埋地敷设或电缆沟充砂敷设；当爆炸危险气体或蒸气比空气轻时，电气线路宜敷设在低处，电缆则采取电缆沟敷设。

电气线路宜沿有爆炸危险的建筑物的外墙敷设。当电气线路沿输送易燃气体或易燃液体的管道栈桥敷设时，应尽量沿危险程度较低的管道一侧敷设。当易燃气体或蒸气比空气重时，电气线路应在管道上方；当易燃气体或蒸气比空气轻时，电气线路应在管道下方。

电气线路应避开可能受到机械损伤、振动、污染、腐蚀及受热的地方；否则，应采取防护措施。

10 kV 及其以下的架空线路不得跨越爆炸危险环境；当架空线路与爆炸危险环境邻近时，其间距离不得小于杆塔高度的 1.5 倍。

② 线路敷设方式的选择。爆炸危险环境中，电气线路主要有防爆钢管配线和电缆配线，其敷设方式应符合要求。爆炸危险环境不得明敷电气线路。

固定敷设的电力电缆应采用铠装电缆。固定敷设的照明、通信、信号和控制电缆可采用铠装电缆和塑料护套电缆。非固定敷设的电缆应采用非塑性橡胶护套电缆。煤矿井下高压电缆宜采用铠装、不滴流式电缆。

不同用途的电缆应分开敷设。钢管配线应使用专用镀锌钢管或使用处理过内壁毛刺且做过内、外壁防腐处理的水管或煤气管。

两段钢管之间、钢管与钢管附件之间、钢管与电气设备之间应用螺纹连接，螺纹啮合不少于 6 扣，并应采取防松和防腐蚀措施。

钢管与电气设备直接连接有困难处，以及管路通过建筑物的伸缩缝、沉降缝处应装挠性连接管。

③ 隔离密封。敷设电气线路的沟道以及保护管、电缆或钢管在穿过爆炸危险环境等级不同的区域之间的隔墙或楼板时，应用非燃性材料严密堵塞。

隔离密封盒的位置应尽量靠近隔墙，墙与隔离密封盒之间不允许有管接头、接线盒或其他任何连接件。

隔离密封盒的防爆等级应与爆炸危险环境的等级相适应。隔离密封盒不应作为导线的连接或分线用。在可能引起凝结水的地方，应选用排水型隔离密封盒。钢管配线的隔离密封盒应采用粉剂密封填料。

电缆配线保护管的管口与电缆之间，应使用密封胶泥进行密封。在两级区域交界处的电缆沟内应采取充砂、填阻火材料或加设防火隔墙。

④ 导线材料选择。由于铝芯导线的机械强度差，易于折断，需要过渡连接而加大接线盒，且连接技术难以保证，铝芯导线和铝芯电线电缆的安全性能较差，如有条件，爆炸危险环

境应优先采用铜线。

爆炸危险环境危险等级2区的范围内，当配电线路的导线连接以及电缆的封端采用压接、熔焊或钎焊时，电力线路也采取截面积4 mm^2及以上的铝芯导线或电缆，照明线路可采用截面积2.5 mm^2及其以上的辑芯导线或电缆。

爆炸危险环境危险等级为1区的范围内，配电线路应选用铜芯导线或电缆。

在有剧烈振动处应选用多股铜芯软线或多股铜芯电缆。煤矿井下不得采用铝芯电力电缆。

爆炸危险环境内的配线，一般采用交联聚乙烯、聚乙烯、聚氯乙烯或合成橡胶绝缘的、有护套的电线或电缆。爆炸危险环境宜采用有耐热、阻燃、耐腐蚀绝缘的电线或电缆，不宜采用油浸纸绝缘电缆。

在爆炸危险环境，低压电力、照明线路所用电线和电缆的额定电压不得低于工作电压，工作零线应与相线有同样的绝缘能力，并应在同一护套内。

选用电气线路时、还应该注意到：干燥无尘的场所可采用一般绝缘导线；潮湿、特别潮湿或多尘的场所应采用有保护绝缘导线（如铅皮导线）或一般绝缘导线穿管敷设；高温场所应采用有瓷管、石棉、瓷珠等耐热绝缘的耐热线；有腐蚀性气体或蒸气的场所可采用铅皮线或耐腐蚀的穿管线。

⑤ 允许载流量。为避免可能的危险温度，爆炸危险环境的允许载流量不应高于非爆炸危险环境的允许载流量。1区、2区绝缘导线截面和电缆截面的选择，导体允许载流量不应小于熔断器熔体额定电流和断路器长延时过电流脱扣器整定电流的1.25倍。引向低压笼型感应电动机支线的允许载流量不应小于电动机额定电流的1.25倍。

线路电压1 000 V以上的导线和电缆应按短路电流进行热稳定校验。

⑥ 电气线路的连接。1区和2区的电气线路不允许有中间接头，但若电气线路的连接是在与该危险环境相适应的防护类型的接线盒或接头盒附近的内部，则不属于此种情况。1区宜采用隔爆型接线盒，2区可采用增安型接线盒。

2区的电气线路若选用铝芯电缆或导线与铜线连接时，必须有可靠的用铜铝过渡接头。导线的连接或封端应采用压接、熔焊或钎焊，而不允许使用简单的机械绑扎或螺旋缠绕的连接方式。

（2）粉尘、纤维爆炸危险环境的电气线路

粉尘、纤维爆炸危险环境电气线路的技术要求与相应等级的气体、蒸气爆炸危险环境电气线路的技术要求基本一致，即10区、11区的电气线路可分别按1区、2区考虑。

（3）火灾危险环境的电气线路

火灾危险环境的电气线路应避开可燃物。10 kV及其以下的架空线路不得跨越爆炸危险环境，邻近时其间距离不得小于杆塔高度的1.5倍。

当绝缘导线采用针式或鼓形绝缘子敷设时，应注意远离可燃物质，不在未抹灰的木质吊顶和木质墙壁等处敷设，不在木质闷顶内以及可燃液体管线栈桥上敷设。

在火灾危险环境，移动式和携带式电气设备应采用移动式电缆。

在火灾危险环境内，须采用裸铝、裸铜母线时，应符合下列要求：

① 不需拆卸检修的母线连接处，应采用熔焊或钎焊。

② 螺栓连接（例如母线与电气设备的连接）应可靠，并应防止自动松脱。

③ 在 21 区和 23 区，母线宜装设金属网保护罩，其孔眼直径应能防止直径大于 12 mm 的固体异物进入壳内；在 22 区应有防护外罩。

④ 在露天安装时，应有防雨、雪措施。

⑤ 火灾危险环境可采用铝导线，当采用铝芯绝缘导装时，应有可靠的连接和封端。火灾危险环境电力、照明线路和电缆的额定电压不应低于网络的额定电压，且不低于 500 V。

5）电气防火防爆的基本措施

（1）消除或减少爆炸性混合物

消除或减少爆炸性混合物属一般性防火防爆措施。例如，采取封闭式作业，防止爆炸性混合物泄漏；清理现场积尘，防止爆炸性混合物积累；设计正压室，防止爆炸性混合物侵入；采取开式作业或通风措施，稀释爆炸性混合物；在危险空间充填惰性气体或不活泼气体，防止形成爆炸性混合物；安装报警装置等等。

在爆炸危险环境，如有良好的通风装置，能降低爆炸性混合物的浓度，从而降低环境的危险等级。

蓄电池可能有氢气排出，应有良好的通风。变压器室一般采用自然通风，若采用机械通风时，其送风系统不应与爆炸危险环境的送风系统相连，且供给的空气不应含有爆炸性混合物或其他有害物质。几间变压器室共用一套送风系统时，每个送风支管上应装防火阀，其排风系统应独立装设。排风口不应设在窗口的正下方。

通风系统应用非燃烧性材料制作，结构应坚固，连接应紧密。通风系统内不应有阻碍气流的死角。电气设备应与通风系统联锁，运行前必须先通风。进入电气设备和通风系统内的气体不应含有爆炸危险物质或其他有害物质。通风系统排出的废气，一般不应排入爆炸危险环境。对于闭路通风的防爆通风型电气设备及其通风系统，应供给清洁气体以补充漏损，保持系统内的正压。电气设备外壳及其通风、充气系统内的门或盖子上，应有警告标志或联锁装置，防止运行中错误打开。爆炸危险环境内的事故排风用电动机的控制设备应设在事故情况下便于操作的地方。

（2）隔离和间距

隔离是将电气设备分室安装，并在隔墙上采取封堵措施，以防止爆炸性混合物进入。电动机隔墙传动时，应在轴与轴孔之间采取适当的密封措施；将工作时产生火花的开关设备装于危险环境范围以外（如墙外）；采用室外灯具通过玻璃窗给室内照明等，都属于隔离措施。将普通拉线开关浸泡在绝缘油内运行，并使油面有一定高度，保持油的清洁；将普通日光灯装入高强度玻璃管内，并用橡皮塞严密堵塞两端等都属于简单的隔离措施。

变、配电室与爆炸危险环境或火灾危险环境毗连时，隔墙应用非燃性材料制成。与 1 区和 10 区环境共用的隔墙上，不应有任何管子、沟道穿过；与 2 区或 11 区环境共用的隔墙上，只允许穿过与变、配电室有关的管子和沟道，孔洞、沟道应用非燃性材料严密堵塞。

毗连变、配电室的门及窗应向外开，并通向无爆炸或火灾危险的环境。

室外变、配电站与建筑物、堆场、储罐应保持规定的防火间距，且变压器油量越大，建筑物耐火等级越低及危险物品储量越大者，所要求的间距也越大，必要时可加防火墙。露天变、配电装置不应设置在易于沉积可燃粉尘或可燃纤维的地方。

为了防止电火花或危险温度引起火灾，开关、插销、熔断器、电热器具、照明器具、电焊设备和电动机等均应根据需要，适当避开易燃物或易燃建筑构件。起重机滑触线的下方不应堆放易燃物品。

10 kV 及其以下架空线路，严禁跨越火灾和爆炸危险环境；当线路与火灾和爆炸危险环境接近时，其间水平距离一般不应小于杆柱高度的 1.5 倍；在特殊情况下，采取有效措施后允许适当减小距离。

(3) 消除引燃源

为了防止出现电气引燃源，应根据爆炸危险环境的特征和危险物的级别和组别选用电气设备和电气线路，并保持电气设备和电气线路安全运行。安全运行包括电流、电压、温升和温度等参数不超过允许范围，还包括绝缘良好、连接和接触良好、整体完好无损、清洁、标志清晰等。

在爆炸危险环境，应尽量少用携带式电气设备，少装插销座和局部照明灯。为了避免产生火花，在爆炸危险环境更换灯泡应停电操作。在爆炸危险环境内一般不应进行测量操作。

(4) 爆炸危险环境接地和接零

① 整体性连接。在爆炸危险环境，必须将所有设备的金属部分、金属管道、以及建筑物的金属结构全部接地(或接零)并连接成连续整体，以保持电流途径不中断。接地(或接零)干线宜在爆炸危险环境的不同方向且不少于两处与接地体相连，连接要牢固，以提高可靠性。

② 保护导线。单相设备的工作零线应与保护零线分开，相线和工作零线均应装有短路保护元件，并装设双极开关同时操作相线和工作零线。1 区和 10 区的所有电气设备和 2 区除照明灯具以外，其他电气设备应使用专门接地(或接零)线，而金属管线、电缆的金属包皮等只能作为辅助接地(或接零)。除输送爆炸危险物质的管道以外，2 区的照明器具和 20 区的所有电气设备，允许利用连接可靠的金属管线或金属桁架作为接地(或接零)线。

③ 保护方式。在不接地配电网中，必须装设一相接地时或严重漏电时能自动切断电源的保护装置或能发出声、光双重信号的报警装置。在变压器中性点直接接地的配电网中，为了提高可靠性，缩短短路故障持续时间，系统单相短路电流应当大一些。

8.2.3.5 防静电对策措施

为预防静电妨碍生产、影响产品质量、引起静电电击和火灾爆炸，从消除、减弱静电的产生和积累着手采取对策措施。

1) 工艺控制

从工艺流程、材料选择、设备结构和操作管理等方面采取措施，减少、避免静电荷的产生和积累。

对因经常发生接触、摩擦、分离而起电的物料和生产设备，宜选用在静电起电极性序列表中位置相近的物质(或在生产设备内衬配与生产物料相同的材料层)，或生产设备采取合理的物质组合使分别产生的正、负电荷相互抵消，最终达到起电最小的目的。选用导电性能好的材料，可限制静电的产生和积累。

在搅拌过程中，适当安排加料顺序和每次加料量，可降低静电电压。

用金属齿轮传动代替皮带传动，采用导电胶带轮和导电性能较好的胶带(或皮带涂以导电性涂料)，选择防静电运输胶带、抗静电滤料等。

在生产工艺设计上，控制输送、卸料、搅拌速度，尽可能使有关物料接触压力较小、接触面积较小、接触次数较少、运动和分离速度较慢。

生产设备和管道内、外表面应光滑平整、无棱角，容器内避免有静电放电条件的细长导电性突出物，管道直径不应有突变，避免粉料不正常滞留、堆积和飞扬等。还应配备密闭、清扫和排放粉料的装置。

带电液体、强带电粉料经过静电发生区后，工艺上应设置静电消散区（如设置缓和容器和静停时间等）避免静电积累。

尽量减少带电液体的杂质和水分，可燃液体表面禁止存在不接地导体漂浮物；气流输送物料系统内应防止金属导体混入，形成对地绝缘导体。

2）泄漏

生产设备和管道应避免采用静电非导体材料制造。所有存在静电引起爆炸和静电影响生产的场所，其生产装置（设备和装置外壳、管道、支架、构件、部件等）都必须接地，使已产生的静电电荷尽快对地泄漏、散失。对金属生产装置应采用直接静电接地，非金属静电导体和静电亚导体的生产装置则应做间接接地。

金属导体与非金属静电导体、静电亚导体互相联结时，接触面之间应加降低接触电阻的金属箔或涂导电性涂料。

必要时，还应采取将局部环境相对湿度增至50%～70%和将亲水性绝缘材料增湿以降低绝缘体表面电阻；或加适量防静电添加剂（石墨、炭黑、金属粉、合成脂肪酸盐、油酸等）来降低物料的电阻率等措施，加速静电的泄漏。

在气流输送系统的管道中央，顺流向加设两端接地的金属线以降静电电位。

装卸甲、乙和丙A类的油品的场所（包括码头），应设有为油罐车（轮船）等移动式设备跨接的防静电接地装置；移动式设备、油品装卸设备均应静电接地、连接。

移动设备在工艺操作或运输之前，就将接地工作做好；工艺操作结束后，经过规定的静置时间，才能拆除接地线。

在爆炸危险场所的工作人员禁止穿戴化纤、丝绸衣物，应穿戴防静电的工作服、鞋、手套；火药加工场所，必要时操作人员应佩带接地的导电的腕带、腿带和围裙；地面均应配用导电地面。

生产现场使用静电导体制作的操作工具，应予以接地。

禁止采用直接接地的金属导体或筛网与高速流动的可燃粉末接触的方法消除静电。

3）中和

采用各类感应式、高压电源式和放射源式等静电消除器（中和器）消除（中和）、减少静电非导体的静电，各类静电消除器的接地端应按说明书的要求进行接地。

4）屏蔽

用屏蔽体来屏蔽非带电体，能使之不受外界静电场的影响。

5）综合措施

综合采取工艺、泄漏、中和、屏蔽等措施，使系统的静电电位、泄漏电阻、空间平均电场强度、面电荷密度等参数控制在各行业、专业标准规定的限值范围内。

6）其他措施

根据行业、专业有关静电标准（如化工、石油、橡胶、静电喷漆等）的要求，应采取的其他对策措施。

8.2.3.6 防雷对策措施

应当根据建筑物和构筑物、电力设备以及其他保护对象的类别和特征，分别对直击雷、雷电感应、雷电侵入波等采取适当的防雷措施。

1）直击雷防护

（1）应用范围和基本措施。

第一类防雷建筑物、第二类防雷建筑物和第三类防雷建筑物的易受雷击部位应采取防直击雷的防护措施；可能遭受雷击，且一旦遭受雷击后果比较严重的设施或堆料（如装卸油台、露天油罐、露天储气罐等）应采取防直击雷的措施；高压架空电力线路、发电厂和变电站等也应采取防直击雷的措施。

装设避雷针、避雷线、避雷网、避雷带是直击雷防护的主要措施。

避雷针分独立避雷针和附设避雷针。独立避雷针是离开建筑物单独装设的。一般情况下，其接地装置应当单设，接地电阻一般不应超过 10 Ω。严禁在装有避雷针的建筑物上架设通信线、广播线或低压线。利用照明灯塔作独立避雷针支柱时，为了防止将雷电冲击电压引进室内，照明电源线必须采用铅皮电缆或穿入铁管，并将铅皮电缆或铁管埋入地下。独立避雷针不应设在人经常通行的地方。

附设避雷针是装设在建筑物或构筑物屋面上的避雷针。多支附设避雷针相互之间应连接起来，有其他接闪器者（包括屋面钢筋和金属屋面）也应相互连接起来，并与建筑物或构筑物的金属结构连接起来。接地装置可以与其他接地装置共用，宜沿建筑物或构筑物四周敷设，其接地电阻不宜超过 1～2 Ω。如利用自然接地体，为了可靠起见，还应装设人工接地体。人工接地体的接地电阻不宜超过 5 Ω。装设在建筑物屋面上的接闪器应当互相连接起来，并与建筑物或构筑物的金属结构连接起来。建筑物混凝土内用于连接的单一钢筋的直径不得小于 10 mm。

露天装设的有爆炸危险的金属储罐和工艺装置，当其壁厚不小于 4 mm 时，一般可不再装设接闪器，但必须接地。接地点不应少于 2 处，其间距不应大于 30 m，冲击接地电阻不应大于 30 Ω。

利用山势装设的远离被保护物的避雷针或避雷线，不得作为被保护物的主要直击雷防护措施。

（2）二次放电防护。

防雷装置承受雷击时，其接闪器、引下线和接地装置呈现很高的冲击电压，可能击穿与邻近的导体之间的绝缘，造成二次放电。二次放电可能引起爆炸和火灾，也可能造成电击。为了防止二次放电，不论是空气中或地下，都必须保证按闪器、引下线、接地装置与邻近导体之间有足够的安全距离。冲击接地电阻越大，被保护点越高，避雷线支柱越高及避雷线挡距越大，则要求防止二次放电的间距越大。在任何情况下，第一类防雷建筑物防止二次放电的最小间距不得小于 3 m，第二类防雷建筑物防止二次放电的最小间距不得小于 2 m。不能满足间距要求时，应予跨接。

为了防止防雷装置对带电体的反击事故，在可能发生反击的地方，应加装避雷器或保护间隙，以限制带电体上可能产生的冲击电压。降低防雷装置的接地电阻，也有利于防止二次放电事故。

2）感应雷防护

雷电感应也能产生很高的冲击电压，在电力系统中应与其他过电压同样考虑；在建筑物和构筑物中，应主要考虑由二次放电引起爆炸和火灾的危险。无火灾和爆炸危险的建筑物及构筑物一般不考虑雷电感应的防护。

（1）静电感应防护。

为了防止静电感应产生的高电压，应将建筑物内的金属设备、金属管道、金属的架、钢室架、钢窗、电缆金属外皮，以及突出屋面的放散管、风管等金属物件与防雷电感应的接地装置相连。屋面结构钢筋，宜绑扎或焊接成闭合回路。

根据建筑物的不同屋顶，应采取相应的防止静电感应的措施。对于金属屋顶，应将屋顶妥善接地；对于钢筋混凝土屋顶，应将屋面钢筋焊成边长 5～12 m 的网格，连成通路并予以接地；对于非金属屋顶，宜在屋顶上加装边长 5～12 m 的金属网格，并予以接地。

屋顶或其上金属网格的接地可以与其他接地装置共用。防雷电感应接地干线与接地装置的连接不得少于 2 处。

（2）电磁感应防护。为防止电磁感应，平行敷设的管道、构架、电缆相距不到 100 mm 时，须用金属线跨接，跨接点之间的距离不应超过 30 m；交叉相距不到 100 mm 时，交叉处也应用金属线跨接。

此外，管道接头、弯头、阀门等连接处的过渡电阻大于 0.03 Ω 时，连接处也应用金属线跨接。在非腐蚀环境，对于 5 根及 5 根以上螺栓连接的法兰盘，以及对于第二类防雷建筑物可不跨接。

防电磁感应的接地装置也可与其他接地装置共用。

3）雷电侵入波防护

雷击低压线路时，雷电侵入波将沿低压线传入用户，进入户内。特别是采用木杆或木横担的低压线路，由于其对地冲击绝缘水平很高，会使很高的电压进入户内，酿成大面积雷害事故。除电气线路外，架空金属管道也有引入雷电侵入波的危险。

对于建筑物，雷电侵入波可能引起火灾或爆炸. 也可能伤及人身。因此，必须采取防护措施。

条件许可时，第一类防雷建筑物全长宜采用直接埋地电缆供电；爆炸危险较大或年平均雷暴日 30 d/a 以上的地区，第二类防雷建筑物应采用长度不小 50 m 的金属铠装直接埋地电缆供电。

户外天线的馈线临近避雷针或避雷针引下线时，馈线应穿金属管线或采用屏蔽线，并将金属管或屏蔽接地。如果馈线未穿金属管，又不是屏蔽线，则应在馈线上装设避雷器或放电间隙。

4）电子设备防雷

依据电子设备受雷电影响程度、环境条件、工作状态和电子设备的介质绝缘强度、耐流量、阻抗，确定受保护设备的耐过电压能力的等级，通过在电路上串联或并联保护元件，切断或短路直击雷、雷电感应引起的过电压，保护电子设备不受到破坏。常用的保护元件有气体放电管、压敏电阻、热线圈、熔丝、排流线圈、隔离变压器等。保护电路的设计、保护元件的选用和安装位置以及应采取的其他措施均应符合相关规定。

8.2.4 机械伤害防护措施

8.2.4.1 设计与制造的本质安全措施

1）选用适当的设计结构避免或减小危险

（1）采用本质安全技术

① 避免锐边、尖角和凸出部分。在不影响预定使用功能前提下，机械设备及其零部件应尽量避免设计成会引起损伤的锐边、尖角、粗糙的、凸凹不平的表面和较突出的部分。金属薄片的棱边应倒钝、折边或修圆。

② 安全距离的原则。利用安全距离防止人体触及危险部位或进入危险区，是减小或消除机械风险的一种方法。在规定安全距离时，必须考虑使用机器时可能出现的各种状态、有关人体的测量数据、技术和应用等因素。

③ 限制有关因素的物理量。在不影响使用功能的情况下，根据各类机械的不同特点，限制某些可能引起危险的物理量值来减小危险。例如，将操纵力限制到最低值，使操作件不会因破坏而产生机械危险；限制运动件的质量或速度，以减小运动件的动能；限制噪声和振动等。

④ 使用本质安全工艺过程和动力源。对预定在爆炸气氛中使用的机器，应采用全气动或全液压控制系统和操纵机构，或"本质安全"电气装置，也可采用电压低于"功能特低电压"的电源，以及在机器的液压装置中使用阻燃和无毒液体。

（2）限制机械应力

机械选用的材料性能数据、设计规程、计算方法和试验规则，都应该符合机械设计与制造的专业标准或规范的要求，使零件的机械应力不超过许用值，保证安全系数，以防止由于零件应力过大而被破坏或失效，避免故障或事故的发生。同时，通过控制连接、受力和运动状态来限制应力。

（3）材料和物质的安全性

用以制造机器的材料、燃料和加工材料在使用期间不得危及面临人员的安全或健康。

（4）履行安全人机工程学原则

在机械设计中，通过合理分配人机功能、适应人体特性、人机界面设计、作业空间的布置等方面履行安全人机工程学原则，提高机器的操作性能和可靠性，使操作者的体力消耗和心理压力尽量降到最低，从而减小操作差错。

（5）设计控制系统的安全原则

机械在使用过程中，典型的危险工况有：意外启动；速度变化失控；运动不能停止；运动机器零件或工件掉下飞出；安全装置的功能受阻等。控制系统的设计应考虑各种作业的操作模式或采用故障显示装置，使操作者可以安全进行干预的措施，并遵循以下原则和方法：

① 机构启动及变速的实现方式。机构的启动或加速运动应通过施加或增大电压或流体压力去实现，若采用二进制逻辑元件，应通过由"0"状态到"1"状态去实现；相反，停机或降速应通过去除或降低电压或流体压力去实现，若采用二进制逻辑元件，应通过"1"状态到"0"状态去实现。

② 重新启动的原则。动力中断后重新接通时，如果机器自发启动会产生危险，就应采取措施，使动力重新接通时机器不会自行启动，只有再次操作启动装置机器才能运转。

③ 零部件的可靠性。这应作为安全功能完备性的基础，使用的零部件应能承受在预定使用条件下的各种干扰和应力，不会因失效而使机器产生危险的误动作。

④ 定向失效模式。这是指部件或系统主要失效模式是预先已知的，而且只要失效总是这些部件或系统，这样可以事先针对其失效模式采取相应的预防措施。

⑤ 关键件的加倍(或冗余)。控制系统的关键零部件，可以通过备份的方法，当一个零部件万一失效，用备份件接替以实现预定功能。当与自动监控相结合时，自动监控应采用不同的设计工艺，以避免共因失效。

⑥ 自动监控。自动监控的功能是保证当部件或元件执行其功能的能力减弱或加工条件变化而产生危险时，以下安全措施开始起作用：停止危险过程，防止故障停机后自行再启动，触发报警器。

⑦ 可重编程序控制系统中安全功能的保护。在关键的安全控制系统中，应注意采取可靠措施防止储存程序被有意或无意改变。可能的话，应采用故障检验系统来检查由于改变程序而引起的差错。

⑧ 有关手动控制的原则。

A. 手动操纵器应根据有关人类工效学原则进行设计和配置。

B. 停机操纵器应位于对应的每个启动操纵器附近。

C. 除了某些必须位于危险区的操纵器(如急停装置、吊挂式操纵器等)外，一般操纵器都应配置于危险区外。

D. 如果同一危险元件可由几个操纵器控制，则应道过操纵器线路的设计，使其在给定时间内，只有一个操纵器有效，但这一原则不能用于双手操纵装置。

E. 在有风险的地方，操纵器的设计或防护应做到不是有意识的操作不会动作。

F. 操作模式的选择。如果机械允许使用几种操作模式以代表不同的安全水平(如允许调整、维修、检验等)，则这些操作模式应装备能锁定在每个位置的模式选择器。选择器的每个位置都应相应于单一操作或控制模式。

⑨ 特定操作的控制模式。对于必须移开或拆除防护装置，或使安全装置功能受到抑制才能进行的操作(如设定、示教、过程转换、查找故障、清理或维修等)，为保证操作者的安全，必须使自动控制模式无效，采用操作者伸手可达的手动控制模式(如止动、点动或双手槽子装置)，或在加强安全条件下(如降低速度、减小动力或其他适当措施)才允许危险元件运转并尽可能限制接近危险区。

(6) 防止气动和液压系统的危险

当采用气动、液压、热能等装置的机械时，必须通过设计来避免与这些能量形式有关的各种潜在危险。

① 借助限压装置控制管路中最大压力不能超过允许值；不因压力损失、压力降低或真空度降低而导致危险。

② 所有元件(尤其是管子和软管)及其连接应密封，要针对各种有害的外部影响加以防护，不因泄漏或元件失效而导致流体喷射。

③ 当机器与其动力源断开时，储存器、蓄能器及类似容器应尽可能自动卸压，若难以实现，则应提供隔离措施或局部卸压及压力指示措施，以防剩余压力造成危险。

④ 机器与其能源断开后，所有可能保持压力的元件都应提供有明显识别排空的装置和绘制有注意事项的警告牌，提示对机器进行任何调整或维修前必须对这些元件卸压。

(7) 预防电的危险

电的安全是机械安全的重要组成部分，机器中电气部分应符合有关电气安全标准的要求，预防电的危险尤其应注意防止电击、短路、过载和静电。

2）采用机械化和自动化技术

机械化和自动化技术可以使人的操作岗位远离危险或有害现场，从而减少工伤事故。

（1）操作自动化。在比较危险的岗位或被迫以机器特定的节奏连续参与的生产过程，使用机器人或机械手代替人的操作，使得工作条件不断改善。

（2）装卸搬运机械化。装卸机械化可通过工件的送进滑道、手动分度工作台等措施实现；搬运的自动化可通过采用工业机器人、机械手、自动送料装置等实现。应注意防止由于装置与机器零件或被加工物料之间阻挡而产生的危险，以及检修故障时产生的危险。

（3）调整、维修的安全

在设计机器时，应尽量考虑将一些易损而需经常更换的零部件设计得便于拆装和更换；提供安全接近或站立措施（梯子、平台、通道）；锁定切断的动力；机器的调试、润滑、一般维修等操作点配置在危险区外，这样可减少操作者进入危险区的需要，从而减小操作者面临危险的概率。

8.2.4.2　*安全防护措施*

安全防护是通过采用安全装置、防护装置或其他手段，对一些机械危险进行预防的安全技术措施，其目的是防止机器在运行时产生各种对人员的接触伤害。防护装置和安全装置有时也统称为安全防护装置。安全防护的重点是机械的传动部分、操作区、高处作业区、机械的其他运动部分、移动机械的移动区域，以及某些机器由于特殊危险形式需要采取的特殊防护等。采用何种手段防护，应根据对具体机器进行风险评价的结果未决定。

1）安全防护装置的一般要求

安全防护装置必须满足与其保护功能相适应的安全技术要求，其基本安全要求如下：

（1）结构形式和布局设计合理，具有切实的保护功能，以确保人体不受到伤害。

（2）结构要坚固耐用，不易损坏；安装可靠，不易拆卸。

（3）装置表面应光滑、无尖棱利角，不增加任何附加危险，不应成为新的危险源。

（4）装置不容易被绕过或避开，不应出现漏保护区。

（5）满足安全距离的要求，使人体各部位（特别是手或脚）无法接触危险。

（6）不影响正常操作，不得与机械的任何可动零部件接触；对人的视线障碍最小。

（7）便于检查和修理。

2）安全防护装置的设置原则

安全防护装置的设置原则有以下几点：

（1）以操作人员所站立的平面为基准，凡高度在 2 m 以内的各种运动零部件，应设置防护。

（2）以操作人员所站立的平面为基准，凡高度在 2 m 以上，有物料传输装置、胶带传动装置以及在施工机械施工处的下方，应设置防护。

（3）凡在坠落高度基准面 2 m 以上的作业位置，应设置防护。

（4）为避免挤压伤害，直线运动部件之间或直线运动部件与静止部件之间的间距应符合安全距离的要求。

（5）运动部件有行程距离要求的，应设置可靠的限位装量，防止因超行程运动而造成伤害。

(6) 对可能因超负荷发生部件损坏而造成伤害的，应设置负荷限制装置。

(7) 有惯性冲撞运动部件必须采取可靠的缓冲装置，防止因惯性而造成伤害事故。

(8) 运动中可能松脱的零部件必须采取有效措施加以紧固，防止由于启动、制动、冲击、振动而引起松动。

(9) 每台机械都应设置紧急停机装置，使已有的或即将发生的危险得以避开。紧急停机装置的标识必须清晰、易识别，并可迅速接近其装置，使危险过程立即停止并不产生附加风险。

3) 安全防护装置的选择

选择安全防护装置的形式应考虑所涉及的机械危险和其他非机械危险，根据运动件的性质和人员进入危险区的需要决定。对特定机器安全防护应根据对该机器的风险评价结果进行选择。

(1) 机械正常运行期间操作者不需要进入危险区的场合

操作者不需要进入危险区的场合，应优先考虑选用固定式防护装置，包括进料、取料装置，辅助工作台，适当高度的栅栏及通道防护装量等。

(2) 机械正常运转时需要进入危险区的场合

当操作者需要进入危险区的次数较多、经常开启固定防护装置会带来不便时，可考虑采用联锁装置、自动停机装置、可调防护装置、自动关闭防护装置、双手操纵装置、可控防护装置等。

(3) 对非运行状态等其他作业期间需进入危险区的场合

对于机器的设定、示教、过程转换、查找故障、清理或维修等作业，防护装置必须移开或拆除，或安全装置功能受到抑制，可采用手动控制模式、止一动操纵装置或双手操纵装置、点动一有限运动操纵装置等。

有些情况下，可能需要几个安全防护装置联合使用。

8.2.4.3 *履行安全人机工程学原则*

1) 操纵(控制)器的安全人机学要求

操纵器的设计应考虑到功能、准确性、速度和力的要求，与人体运动器官的运动特性相适应，与操作任务要求相适应；同时，还应考虑由于采用个人防护装备(如防护鞋、手套等)带来的约束。操纵装置应满足以下安全人机学要求：

(1) 操纵器的表面特征

操纵器的形状、尺寸、间隔和触感等表面特征的设计和配置，应使操作者的手或脚能准确、快速地执行控制任务，并使操作受力分布合理。

(2) 操纵力和行程

操纵器的行程和操作力应根据控制任务、生物力学及人体测量参数选择，操纵力不应过大使劳动强度增加；操纵行程不应超过人的最佳用力范围，避免操作幅度过大引起疲劳。

(3) 操纵器的布置

操纵器数量较多时，其布置与排列应以能确保安全、准确、迅速地操作来配置，可以根据控制器在过程中的功能和使用的顺序将它们分成若干部分；应首先考虑重要度和使用频率，同时兼顾人的操作习惯、操作顺序和逻辑关系；应尽可能给出明显指示正确动作次序的示意图，与相应的信号装置设在相邻位置或形成对应的空间关系，以保证正确有序的操作。

(4) 操纵器的功能

各种操纵器的功能应易于辨认，避免混淆，使操作者能安全、即时地操作。必要时应辅以符合标准规定且容易理解的形象化符号或文字说明。当执行几种不同动作采用同一个操纵器时，每种动作的状态应能清晰地显示。例如，按压式操纵器，应能显示"接通"或"断开"的工作状态。

(5) 操纵方向与系统过程的协调

操纵器的控制功能与动作方向应与机械系统过程的变化运动方向一致。控制动作、设备的应答和显示信息应相互适应和协调，同样操作模式的同类型机器应采用标准布置，以减少操作差错。

(6) 防止附加风险

设有多个挡位的控制机构，应有可靠的定位措施，防止操作越位、意外触碰移位、因振动等原因自行移动；双手操作式的操纵器应保证安全距离，防止单手操作的可能；多人操作应有互锁装置，避免因多人动作不协调而造成危险；对关键的控制器应有防止误动作的保护措施，使操作不会引起附加风险。

2) 显示器的安全人机学要求

显示器是显示机械运行状态的装置，是人们用以观察和监控系统过程的手段。显示装置的设计、性能和形式选择、数量和空间布局等，均应符合信息特征和人的感觉器官的感知特性，使人能迅速、通畅、准确地接受信息。

显示装置应满足以下安全人机学要求：

(1) 显示信息的形式

指示器、刻度盘和视觉显示装置的设计应在人能感知的参数和特征范围之内，显示形式(常见有数字式和指针式)、尺寸应便于察看，信息含义明确、耐久、清晰易辨。

(2) 显示器的布置

当信号和显示器的数量较多时，在安全、准确、迅速的原则下，应根据其功能和显示的种类不同，根据工艺流程、重要程度和使用频度的要求，适应人的视觉习惯，按从左到右、从上到下的优先顺序，布置在操作者视距和听力的最佳范围内；还可依据过程的机能、测定种类等划分为若干部分顺序排列。

(3) 显示器的数量

信号和显示器的种类与数量应符合信息的特性，要少而精，不可过多、过滥，提供的信息量应控制在不超过人能接受的生理负荷限度内；信号显示的变化速率和方向应与主信息源变化的速率和方向相一致。

(4) 危险信号和报警装置

对安全性有重大影响的危险信号和报警装置，应配置在机械设备相应的易发生故障或危险性较大的部位，优先采用声、光组合信号，其强度、对比性要明显区别并突出于其他信号。报警装置应与相关的操纵器构成一个整体或紧密相连。

3) 工作位置的安全性

确定操作者在机械上的作业区设计时，考虑人机系统的安全性和可靠性，合理布置机械设备上直接由人操作或使用的部件(包括各种显示器、操纵器、照明器)，以及创造良好的与人的劳动姿势有关的工作空间、工作椅、作业面等条件，防止产生疲劳和发生事故。

(1) 工作空间

对机械工作空间的设计应考虑到工作过程中对人身体所产生的约束条件，其工作空间应保证操作人员的头、臂、手、腿、是有合乎心理要求和生理要求的充分的活动余地；危险作业点，应留有足够在意外情况下能避让的空间和安全通道。

必要时提供工作室，以防御外界的有害作用，保证操作者不受存在的危险（如灼热、气温、通风不良、视野、噪声、振动、上方落物）的伤害。工作室及装潢所用材料必须是耐燃的，有紧急逃难措施，视野良好。保证司机在无任何危险情况下进行机械操作。

(2) 工作台面

工作高度应适合于操作者的身体测量参数及所要完成的工作类型。工作面或工作台应设计得能满足安全、舒适的身体姿势；可使身体躯干挺直、舒展得开，身体重量能适当地得到支承；各种操作器应布置在人的相应器官功能可及的范围内。

(3) 座位装置

座位结构及尺寸应符合人的解剖生理特点和功能的发挥，高低可调，以适应不同人员的需要。其固定须能承受相应载荷时不破坏，应将振动降低到合理的最低程度并满足工作需要和舒适的要求。

(4) 良好的视野

操作者应在操作位置直接看到或通过监控装置了解到控制目标的运行状态，在主要操作位置能够确认没有人面临危险；否则，操纵系统的设计应该做到：每当机器要启动时，都能发出听觉或视觉警告信号，使面临危险的人有时间撤离，或能采取措施防止机械启动。

(5) 高处作业位置

操作人员的工作位置在坠落基准面 2 m 以上时，必须充分考虑脚踏和站立的安全性，配置供站立的平台、梯子和防坠落的栏杆或防护板等。若操作人员需要经常变换工作位置，还须配置走板宽度不小于 500 mm 的安全通道。当机械设备的操作位置高度在 30 m（含 30 m）以上时，必须配置安全可靠的载人升降设备。

(6) 工作环境

机械工作现场的环境应避免人员暴露于危险及有害物质（如温度、振动、噪声、粉尘、辐射、有毒）的影响中；在室外工作时，对不利的气候影响（如热、冷、风、雨、雪、冰）应提供适当的遮掩物；应满足照明要求，优先采用自然光，当工作环境照明不足时，辅之以机器的局部人工照明，光源的位置在使用中进行调整时不应引起任何危险。避免眩光、阴影和频闪效应引起的风险。

4) 操作姿势的安全要求

工作过程设计、操作的内容、重复程度及操作者对整个工作过程的控制，应避免超越操作者生理或心理的功能范围，养成良好的作业习惯，保持正确的操作姿势，保护作业人员的健康和安全，有利于完成预定工作。

(1) 负载限度

机器各部分的布局要合理，减少操作者操作时来回走动、大幅度扭转或摆动，使操作时的姿势、用力、动作互相协调，避免用力过度或频率过快，还应保证负荷适量。超负荷使人产生疲劳，负荷不足或单调重复的工作会降低对危险的警惕性。

(2) 工作节奏

设计机器时应考虑操作模式,人的身体动作应遵循自然节奏,避免将操作者的工作节奏与机器的自动连续循环相联系;否则,会使操作者处于被动配合状态,由于工作节奏过分紧张,产生疲劳而导致危险。

(3) 作业姿势

身体姿势不应由于长时间的静态肌肉紧张而引起疲劳,机械设备上的操作位置,应能保证操作者可以变换姿势,交替采用坐姿和立姿。若二者必择其一,则优先选择坐姿,因坐姿稳定性好,并可同时解放手和脚进行操作。

(4) 提供必要的支承

如果必须施用较大的肌力或需要在振动、颠簸环境下进行精细或连续调节的操作时,应该通过采取适宜的身体姿势并提供适当的身体支承,以保持操作平稳、准确。手控操纵器应提供依托装置;脚控操纵器应考虑在操作者有靠背座椅坐着的条件下使用。

(5) 保持平衡

身体动作的幅度、强度、速度和节拍应互相协调,提供适合于不同操作者的调整机器的工具,使操作者保持操作姿势平衡,防止失稳跌倒,尤其是在高处作业时,更要特别注意。

8.2.4.4 安全信息的使用

使用信息由文字、标记、信号、符号或图表组成,以单独或联合使用的形式,向使用者传递信息,用以指导使用者(专业或非专业)安全、合理、正确地使用机器。

1) 使用信息的一般要求

(1) 明确机器的预定用途。使用信息应具备保证安全和正确使用机器所需的各项说明。

(2) 规定和说明机器的合理使用方法。使用信息中应要求使用者按规定方法合理地使用机器,说明安全使用的程序和操作模式。对不按要求而采用其他方式操作机器的潜在风险,应提出适当的警告。

(3) 通知和警告遗留风险。遗留风险是指通过设计和采用安全防护技术都无效或不完全有效的那些风险。通过使用信息,将其通知和警告使用者,以便在使用阶段采用补救安全措施。

(4) 使用信息应贯穿机械使用的全过程。该过程包括运输、交付试验运转(装配、安装和调整)、使用(设定、示教或过程转换、运转、清理、查找故障和机器维修),如果需要的话还应包括解除指令、拆卸和报废处理在内的所有过程,都应提供必要的信息。这些使用信息在各阶段可以分开使用,也可以联合使用。

(5) 使用信息不可用于弥补设计缺陷。不能代替应该由设计来解决的安全问题,使用信息只起提醒和警告的作用,不能在实质意义上避免风险。

2) 信息的使用根据

(1) 风险的大小和危险的性质。根据风险大小可依次采用安全色、安全标志、警告信号,直到警报器。

(2) 需要信息的时间。提示操作要求的信息应采用简洁形式长期固定在所需的机器部位附近,显示状态的信息应与机器运行同步出现,警告超载的信息应在接近额定值时提前发出,危险紧急状态的信息应及时,持续的时间应与危险存在的时间一致,信号的消失应随危险状态而定。

(3) 机器结构和操作的复杂程度。对于简单机器,一般只需提供有关标志和使用操作说明书;对于结构复杂的机器,特别是有一些危险性的大型设备,除了各种安全标志和使用说明书(或操作手册)外,还应配备有关负载安全的图表、运行状态信号,必要时应提供报警装置等。

(4) 视觉颜色与信息内容。红色表示禁止和停止,危险警报和要求立即处理的情况;红色闪光警告操作者状况紧急,应迅速采取行动;黄色提示注意和警告;绿色表示正常工作状态;蓝色表示需要执行的指令或必须遵守的规定。

3) 使用信息的配置位置和形式

(1) 在机身上,可配置各种标志、信号、文字警告等。

(2) 随机文件,如可配置操作手册、说明书等。

(3) 其他方式。可根据需要,以适当的信息形式配置。

对重要信息(给出的各种警告信息),应采用标准化用语。

8.2.4.5 起重作业的安全对策措施

起重吊装作业潜在的危险性是物体打击。如果吊装的物体是易燃、易爆、有毒、腐蚀性强的物料,若吊索吊具发生意外断裂、吊钩损坏或违反操作规程等发生吊物坠落,除有可能直接伤人外,还会将盛装易燃、易爆、有毒、腐蚀性强的物件包装损坏,介质流散出来,造成污染,甚至会发生火灾、爆炸、腐蚀、中毒等事故。起重设备在检查、检修过程中,存在着触电、高处坠落、机械伤害等危险性,汽车吊在行驶过程中存在着引发交通事故的潜在危险性。

(1) 吊装作业人员必须持有两种种作业证。吊装质量大于 10 t 的物体应办理《吊装安全作业证》。

(2) 吊装质量≥40 t 的物体和土建工程主体结构,应编制吊装施工方案。吊物虽不足 40 t,但形状复杂、刚度小、长径比大、精密贵重、施工条件特殊的情况下,也应编制吊装施工方案。吊装施工方案经施工主管部门和安全技术部门审查,报主管厂长或总工程师批准后方可实施。

(3) 各种吊装作业前,应预先在吊装现场设置安全警戒标志并设专人监护,非施工人员禁止入内。

(4) 吊装作业中,夜间应有足够的照明,室外作业遇到大雪、暴雨、大雾及六级以上大风时,应停止作业。

(5) 吊装作业人员必须佩戴安全帽,安全帽应符合《安全帽》(GB 2811—2007)的规定,高处作业时应遵守厂区高处作业安全规程的有关规定。

(6) 吊装作业前,应对起重吊装设备、钢丝绳、揽风绳、链条、吊钩等各种机具进行检查,必须保证安全可靠,不准带病使用。

(7) 吊装作业时,必须分工明确、坚守岗位,并按《起重吊运指挥信号》(GB 5082—85)规定的联络信号,统一指挥。

(8) 严禁利用管道、管架、电杆、机电设备等做吊装锚点。未经相关部门审查核算,不得将建筑物、构筑物作为锚点。

(9) 吊装作业前必须对各种起重吊装机械的运行部位、安全装置以及吊具、索具进行详细的安全检查,吊装设备的安全装置应灵敏可靠。吊装前必须试吊,确认无误方可作业。

(10) 任何人不得随同吊装重物或吊装机械升降。在特殊情况下,必须随之升降的,应采取可靠的安全措施,并经过现场指挥员批准。

(11) 吊装作业现场如需动火时,应遵守厂区动火作业安全规程的有关规定。吊装作业现场的吊绳索、揽风绳、拖拉绳等应避免同带电线路接触,并保持安全距离。

(12) 用定型起重吊装机械(履带吊车、轮胎吊车、桥式吊车等)进行吊装作业时,除遵守通用标准外,还应遵守该定型机械的操作规程。

(13) 吊装作业时,必须按规定负荷进行吊装,吊具、索具经计算选择使用,严禁超负荷运行。所吊重物接近或达到额定起重吊装能力时,应检查制动器,用低高度、短行程试吊后,再平稳吊起。

(14) 悬吊重物下方严禁站人、通行和工作。

(15) 在吊装作业中,有下列情况之一者不准吊装:

① 指挥信号不明。

② 超负荷或物体质量不明。

③ 斜拉重物。

④ 光线不足、看不清重物。

⑤ 重物下站人,或重物越过人头。

⑥ 重物埋在地下。

⑦ 重物紧固不牢,绳打结、绳不齐。

⑧ 棱刃物体没有衬垫措施。

⑨ 容器内介质过满。

⑩ 安全装置失灵。

(16) 汽车吊作业时,除要严格遵守起重作业和汽车吊的有关安全操作规程外,还应保证车辆的完好,不准带病运行,做到行驶安全。

8.2.5 有害因素控制对策措施

有害因素控制对策措施的原则是优先采用无危害或危害性较小的工艺和物料,减少有害物质的泄漏和扩展;尽量采用生产过程密闭化、机械化、自动化的生产装置(生产线)和自动监测、报警装置和连锁保护、安全排放等装置,实现自动控制、遥控或隔离操作。尽可能避免、减少操作人员在生产过程中直接接触产生有害因素的设备和物料,是优先采取的对策措施。

8.2.5.1 预防中毒的对策措施

根据《有毒作业分级》(GB 12331—90)、《工业企业设计卫生标准》(GBZ 1—2010)、《工作场所有害因素职业接触限值 第1部分:化学有害因素》(GBZ 2.1—2007)、《工作场所有害因素职业接触限值 第2部分:物理因素》(GBZ 2.2—2007)、《生产过程安全卫生要求总则》(GB/T 12801—2008)、国务院令第352号《使用有毒物品作业场所劳动保护条例》等,对物料和工艺、生产设备(装置)、控制及操作系统、有毒介质泄漏(包括事故泄漏)处理、抢险等技术措施进行优化组合,采取综合对策措施。

1) 物料和工艺

尽可能以无毒、低毒的工艺和物料代替有毒、高毒工艺和物料,是防毒的根本性措施。例如:应用水溶性涂料的电泳漆工艺、无铅字印刷工艺、无氰电镀工艺、用甲醛脂、醇类、丙酮、醋酸乙酯、抽余油等低毒稀料取代含苯稀料，以锌钡白、钛白代替油漆颜料中的铅白，使用无汞仪表消除生产、维护、修理时的汞中毒等。

2）工艺设备（装置）

生产装置应密闭化、管道化、尽可能实现负压生产，防止有毒物质泄漏、外逸。

生产过程机械化、程序化和自动控制可使作业人员不接触或少接触有毒物质，防止误操作造成的中毒事故。

3）通风净化

受技术、经济条件限制，仍然存在有毒物质逸散且自然通风不能满足要求时，应设置必要的机械通风排毒，净化（排放）装置，使工作场所空气中有毒物质浓度限制到规定的最高容许浓度值以下。

机械通风排毒方法主要有全面通风换气、局部排风、局部送风 3 种。

（1）全面通风

在生产作业条件不能使用局部排风或有毒作业地点过于分散、流动时，采用全面通风换气。全面通风换气量应按机械通风除尘部分规定的原则计算。

（2）局部排风

局部排风装置排风量较小、能耗较低、效果好，是最常用的通风排毒方法。机械通风排毒的气流组织和局部通风排毒的设计，参照局部机械通风排尘部分。

（3）局部送风

局部送风主要用于有毒物质浓度超标、作业空间有限的工作场所，新鲜空气往往直接送到人的呼吸带，以防止作业人员中毒、缺氧。

（4）净化处理

对排出的有毒气体、液体、固体应有经过相应的净化装置处理，以达到环境保护排放标准。常用的净化方法有吸收法、吸附法、燃烧法、冷凝法、稀释法及化学处理法等。有关净化处理的要求，一般由环境保护行政部门进行管理。

对有回收利用价值的有毒、有害物质应经回收装置处理，回收、利用。

4）应急处理

对有毒物质泄漏可能造成重大事故的设备和工作场所必须设置可靠的事故处理装置和应急防护设施。

应设置有毒物质事故安全排放装置（包括储罐）、自动检测报警装置、连锁事故排毒装置，还应配备事故泄漏时的解毒（含冲洗、稀释、降低毒性）装置。

例如：光气（$COCl_2$）生产应实现遥控操作；当事故泄漏时，用遥控的喷淋管喷液氨雾解毒[$COCl_2 + 4NH_3 \longrightarrow CO(NH_2)_2 + 2NH_4Cl$]，同时联锁事故通风装置将室内含光气的废气送到喷淋塔中，用氨水、液碱喷淋并对废水用碱性物质（氢氧化钠、碳酸钠等）相应处理，达到无害排放。

大中型化工、石油企业及有毒气体危害严重的单位，应有专门的气体防护机构；接触Ⅰ级（极度危害）、Ⅱ级（高度危害）有毒物质的车间应设急救室；均应配备相应的抢救设施。

根据有毒物质的性质、有毒作业的特点和防护要求，在有毒作业工作环境中应配置事故柜、急救箱和个体防护用品（防毒服、手套、鞋、眼镜、过滤式防毒面具、长管面具、空气呼吸器、生氧面具等），个体冲洗器、洗眼器等卫生防护设施的服务半径应小于 15 m。

5）急性化学物中毒事故的现场急救

急性中毒事故的发生，可能使大批人员受到毒害，病情往往较重。因此，现场及时有效地处理与急救，对挽救患者的生命、防止并发症起关键作用。

6）其他措施

在生产设备密闭和通风的基础上实现隔离（用隔离室将操作地点与可能发生重大事故的剧毒物质生产设备隔离）、遥控操作。

配备定期和快速检测工作环境空气中有毒物质浓度的仪器，有条件时应安装自动检测空气中有毒物质浓度和超限报警装置。

配备检修时的解毒吹扫、冲洗设施。

生产、储存、处理极度危害和高度危害毒物的厂房和仓库，其天棚、墙壁、地面均应光滑，便于清扫，必要时加设防水、防腐等特殊保护层及专门的负压清扫装置和清洗设施。

采取防毒教育、定期检测、定期体检、定期检查、监护作业、急性中毒及缺氧窒息抢救训练等管理措施。

根据《职业性急性化学物中毒的诊断-总则》（GBZ 71—2013）、《职业性急性化学物中毒性呼吸系统疾病诊断标准》（GBZ 73—2009）、《职业性急性化学物中毒性心脏病诊断标准》（GBZ 74—2009）、《职业性急性化学物中毒性血液系统疾病诊断标准》（GBZ 75—2010）、《职业性急性化学物中毒性神经系统疾病诊断标准》（GBZ 76—2002）、《职业性急性化学物中毒性多器官功能障碍综合征诊断标准》（GBZ 77—2002）以及有关的化学物中毒诊断标准及处理原则提出相应对策措施，确保迅速、正确地诊断和救治。

根据有关标准（石油、化工、农药、涂装作业、干电池、煤气站、铅作业、汞温度计等）的要求，应采取的其他防毒技术措施和管理措施。

8.2.5.2 预防缺氧、窒息的对策措施

（1）针对缺氧危险工作环境（密闭设备：指船舱、容器、锅炉、冷藏车、沉箱等；地下有限空间：指地下管道、地下库室、隧道、矿井、地窖、沼气池、化粪池等；地上有限空间：指贮藏室、发酵池、垃圾站、冷库、粮仓等）发生缺氧窒息和中毒窒息（如二氧化碳、硫化氢和氰化物等有害气体窒息）的原因，应配备（作业前和作业中）氧气浓度、有害气体浓度检测仪器、报警仪器、隔离式呼吸保护器具（空气呼吸器、氧气呼吸器、长管面具等）、通风换气设备和抢救器具（绳缆、梯子、氧气呼吸器等）。

（2）按先检测、通风，后作业的原则，工作环境空气氧气浓度大于18%和有害气体浓度达到标准要求后，在密切监护下才能实施作业；对氧气、有害气体浓度可能发生变化的作业和场所，作业过程中应定时或连续检测（宜配设连续检测、通风、报警装置），保证安全作业，严禁用纯氧进行通风换气，以防止氧中毒。

（3）对由于防爆、防氧化的需要不能通风换气工作场所、受作业环境限制不易充分通风换气的工作场所和已发生缺氧、窒息的工作场所，作业人员、抢救人员必须立即使用隔离式呼吸保护器具，严禁使用净气式面具。

（4）有缺氧、窒息危险的工作场所，应在醒目处设警示标志，严禁无关人员进入。

（5）有关缺氧、窒息的安全管理、教育、抢救等措施和设施同防毒措施部分。

8.2.5.3 防尘对策措施

1）工艺和物料

选用不产生或少产生粉尘的工艺，采用无危害或危害性较小的物料，是消除、减弱粉尘危害的根本途径。

例如，用湿法生产工艺代替干法生产工艺（如用石棉湿纺法代干纺法，水磨代干磨，水力清理、电液压清理代机械清理，使用水雾电弧气刨等），用密闭风选代替机械筛分，用压力铸造、金属模铸造工艺代替沙模铸造工艺，用树脂砂工艺代替水玻璃砂工艺，用不含游离二氧化硅含量或含量低的物料代替含量高的物料，不使用含猛、铅等有毒物质，不使用或减少产生呼吸性粉尘（5 μm 以下的粉尘）的工艺措施等。

2）限制、抑制扬尘和粉尘扩散

（1）采用密闭管道输送、密闭自动（机械）称量、密闭设备加工，防止粉尘外逸；不能完全密闭的尘源，在不妨碍操作条件下，尽可能采用半封闭罩、隔离室等设施来隔绝、减少粉尘与工作场所空气的接触，将粉尘限制在局部范围内，减弱粉尘的扩散。

利用条缝吹风口吹出的空气扁射流形成的空气屏幕，能将气幕两侧的空气环境隔离，防止有害物质由一侧向另一侧扩散。

（2）通过降低物料落差、适当降低溜槽倾斜度、隔绝气流、减少诱导空气量和设置空间（通道）等方法，抑制由于正压造成的扬尘。

（3）对亲水性、弱黏性的物料和粉尘应尽量采用增湿、喷雾、喷蒸气等措施，可有效地抑制物料在装卸、运转、破碎、筛分、混合和清扫等过程中粉尘的产生和扩散；厂房喷雾有助于室内飘尘的凝聚、降落。

对冶金、建材、矿山、机械、粮食、轻工等行业的振动筛、破碎机、皮带输送机转运点、矿山坑道、毛皮加工等开放性尘源，均可用高压静电抑尘装置有效地抑制金、钨、铜、铀等金属粉尘和煤、焦炭、粮食、毛皮等非金属粉尘以及电焊烟尘、爆破烟尘等粉尘的扩散。

（4）为消除二次尘源、防止二次扬尘，应在设计中合理布置、尽量减少积尘平面，地面、墙壁应平整光滑、墙角呈圆角，便于清扫；使用负压清扫装置来清除逸散、沉积在地面、墙壁、构件和设备上的粉尘；对炭黑等污染大的粉尘作业及大量散发沉积粉尘的工作场所，则应采用防水地面、墙壁、顶棚、构件和水冲洗的方法，清理积尘。严禁用吹扫方式清扫积尘。

（5）对污染大的粉状辅料（如橡胶行业的炭黑粉）宜用小袋包装运输，连同包装一并加料和加工，限制粉尘扩散。

3）通风除尘

建筑设计时要考虑工艺特点和除尘的需要，利用风压、热压差，合理组织气流（如进排风口、天窗、挡风板的设置等），充分发挥自然通风改善作业环境的作用。当自然通风不能满足要求时，应设置全面或局部机械通风除尘装置。

（1）全面机械通风

对整个厂房进行的通风、换气，把清洁的新鲜空气不断地送入车间，将车间空气中的有害物质（包括粉尘）浓度稀释并将污染的空气排到室外，使室内空气中有害物质的浓度达到标准规定的最高容许浓度以下。一般多用于存在开放性、移动性有害物质源的工作场所。当数种有毒蒸气或数种有刺激性气体同时在室内散发时，全面通风换气量应按各种有害物质分别稀释到相应的最高容许浓度所需换气量的总和计算。同时散发数种其他有害物质时，则按分别稀释到相应最高容许浓度所需换气量中的最大值计算。

（2）局部机械通风

是对厂房内某些局部部位进行的通风、换气，使局部作业环境条件得到改善。局部机械通风包括局部送风和局部排风。

① 局部送风是把清洁、新鲜空气送至局部工作地点，使局部工作环境质量达到标准规定的要求；主要用于室内有害物质浓度很难达到标准规定的要求、工作地点固定且所占空间很小的工作场所。

② 局部排风是在产生的有害物质的地点设置局部排风罩，利用局部排风气流捕集有害物质并排至室外，使有害物质不致扩散到作业人员的工作地点；是通风排除有害物质最有效的方法，是目前工业生产中控制粉尘扩散、消除粉尘危害的最有效的一种方法。

③ 通风气流，一般应使清洁、新鲜空气先经过工作地带，再流向有害物质产生部位，最后通过排风口排出；含有害物质的气流不应通过作业人员的呼吸带。

④ 局部通风、除尘系统的吸尘罩(形式、罩口风速、控制风速)、风管(形状尺寸、材料、布置、风速和阻力平衡)、除尘器(类型、适用范围、除尘效率、分级除尘效率、处理风量、漏风率、阻力、运行温度及条件、占用空间和经济性等)、风机(类型、风量、风压、效率、温度、特性曲线、输送有害气体性质、噪声)的设计和选用，应科学、经济、合理以及使空气中粉尘浓度达到标准规定的要求。

⑤ 除尘器收集的粉尘应根据工艺条件、粉尘性质、利用价值及粉尘量，采用就地回收(直接卸到料仓、皮带运输机、溜槽等生产设备内)、集中回收(用气力输送集中到料罐内)、湿法处理(在灰斗、专用容器内加水搅拌，或排入水封形成泥浆，再运输、输送到指定地点)等方式，将粉尘回收利用或综合利用并防止二次扬尘。

4) 由于工艺、技术上的原因，通风和除尘设施无法达到劳动卫生指标要求的有尘作业场所，操作人员必须佩戴防尘口罩(工作服、头盔、呼吸器、眼镜)等个体防护用品。

8.2.5.4 噪声控制措施

根据《噪声作业分级》(LD 80—1995)、《工业企业噪声测量规范》(GBJ 22—88)、《建筑施工场界环境噪声排放标准》(GB 12523—2011)、《工业企业厂界环境噪声排放标准》(GB 12348—2008)、《工业企业噪声控制设计规范》(GB/T 50087—2013)、《工作场所物理因素测量 第8部分：噪声》(GBZ/T 189.8—2007)和《工业企业设计卫生标准》(GBZ 1—2010)等，采取低噪声工艺及设备、合理平面布置、隔声、消声、吸声等综合技术措施，控制噪声危害。

1) 工艺设计与设备选择

(1) 减少冲击性工艺和高压气体排空的工艺，尽可能以焊代铆、以液压代冲压、以液动代气动，物料运输中避免大落差翻落和直接撞击。

(2) 选用低噪声设备，如采用振动小、噪声低的设备，使用哑音材料降低撞击噪声；控制管道内的介质流速、管道截面不宜突变、选用低噪声阀门；强烈振动的设备、管道与基础、支架、建筑物及其他设备之间采用柔性连接或支撑等。

(3) 采用操作机械化(包括进、出料机械化)和运行自动化的设备工艺，实现远距离的监视操作。

2) 噪声源的平面布置

(1) 主要强噪声源应相对集中(厂区、车间内)，宜低位布置、充分利用地形隔挡噪声。

(2) 主要噪声源(包括交通干线)周围宜布置对噪声较不敏感的辅助车间、仓库、料场、堆场、绿化带及高大建、构筑物；用以隔挡对噪声敏感区、低噪声区的影响。

(3) 必要时,与噪声敏感区、低噪声区之间需保持防护间距、设置隔声屏障。

3) 隔声、消声、吸声和隔振降噪

采取上述措施后噪声级仍达不到要求,则应用采隔声、消声、吸声、隔振等综合控制技术措施。尽可能使工作场所的噪声危害指数达到《噪声作业分级》(LD 80—1995)规定的0级,且各类地点噪声A声级不得超过《工业企业噪声控制设计规范》(GB/T 50087—2013)规定的噪声限制值(55～90 dB)。

(1) 隔声

采用带阻尼层、吸声层的隔声罩对噪声源设备进行隔声处理,随结构形式不同其A声级降噪量(dB)可达到15～40。

不宜对噪声源作隔声处理,且允许操作人员不经常停留在设备附近时,应设置操作、监视、休息用的隔声间(室)。

强噪声源比较分散的大车间,可设置隔声屏障或带有生产工艺孔的隔墙,将车间分成几个不同强度的噪声区域。

(2) 消声

对空气动力机械(风机、压缩机、内燃机等)辐射的空气动力性噪声,应采用消声器进行消声处理;当噪声呈中高频宽带特性时,可选用阻性型消声器;当噪声呈明显低中频脉动特性时,可选用扩展室型消声器;当噪声呈低中频特性时,可选用共振性消声器;消声器的消声量一般不宜超过50 dB。

(3) 吸声

对原有吸声较少、混响声较强的车间厂房,应采取吸声降噪处理;根据所需的吸声除噪量,确定吸声材料、吸声体的类型、结构、数量和安装方式。

(4) 隔振降噪

对产生较强振动和冲击,从而引起固体声传播及振动辐射噪声的机器设备,应采取隔振措施;根据所需的振动传动比(或隔振效率)确定隔振元件的荷载、型号、大小和数量。常用的隔振元件(隔振垫层和隔振器)有橡胶、软木、玻璃纤维隔振垫和金属弹簧、空气弹簧、压缩型橡胶隔振器等。

(5) 个体防护

采取噪声控制措施后工作场所的噪声级仍不能达到标准要求,则应采取个人防护措施和减少接触噪声时间。

对流动性、临时性噪声源和不宜采取噪声控制措施的工作场所,主要依靠个体防护用品(耳塞、耳罩等)防护。

8.2.5.5 振动控制措施

根据《工作场所物理因素测量 第9部分:手传振动》(GBZ/T 189.9—2007)等,可以从工艺和设备、减振、个体防护等方面的提出控制对策。

1) 工艺和设备

从工艺和技术上消除或减少振动源是预防振动危害最根本的措施,如用油压机或水压机代替气(汽)锤、用水爆清沙或电液清沙代替风铲清沙、以电焊代替铆接等。

选用动平衡性能好、振动小、噪声低的设备;在设备上设置动平衡装置,安装减振支架、减振手柄、减振垫层、阻尼层;减轻手持振动工具的重量等。

2）基础

高速基础重量、刚度、面积，使基础固有频率避开振源频率，错开 30%以上，防止发生共振。

基础隔振是将振动设备的基础与基础支撑之间用减振材料（橡胶、软木、泡沫乳胶、矿渣棉等）、减振器（金属弹簧、橡胶减振器和减振垫等）隔振，减少振源的振动输出；在振源设备周围地层中设置隔振沟、板桩墙等隔振层，切断振波向外传播的途径。

3）个体防护

穿戴防振手套、防振鞋等个体防护用品，降低振动危害程度。

8.2.5.6 辐射控制措施

1）防辐射（电离辐射）对策措施

按辐射源的特征（α 粒子、β 粒子、γ 射线、X 射线、中子等，密闭型、开放型）和毒性（极毒、高毒、中毒、低毒）、工作场所的级别（控制区、监督区、非限制区和控制区再细分的区、级、开放型放射源工作场所的级别），为防止非随机效应的发生和将随机效应的发生率降到可以接受的水平，遵守辐射防护三原则（屏蔽、防护距离和缩短照射时间）采取对策措施，使各区域工作人员受到的辐射照射不得超过标准规定的个人剂量限制值。

（1）外照射源应根据需要和有关标准的规定，设置永久性或临时性屏蔽（屏蔽室、屏蔽墙、屏蔽装置）。屏蔽的选材、厚度、结构和布置方式应满足防护、运行、操作、检修、散热和去污的要求。

（2）设置与设备的电气控制回路连锁的辐射防护门，并采取迷宫设计，设置监测、预警和报警装置和其他安全装置，高能 X 射线照射室内应设紧急事故开关。

（3）在可能发生空气污染的区域（如操作放射性物质的工作箱、手套箱、通风柜等），必须设有全面或局部的送、排风装置，其换气次数、负压大小和气流组织应能防止污染的回流和扩散。

（4）工作人员进入辐射工作场所时，必须根据需要穿戴相应的个体防护用品（防放射性服、手套、眼面护品和呼吸防护用品），佩戴相应的个人剂量计。

（5）开放型放射源工作场所入口处，一般应设置更衣室、淋浴室和污染检测装置。

（6）应有完善的监测系统和特殊需要的卫生设施（污染洗涤、冲洗设施和消洗急救室等）。

2）防非电离辐射对策措施

（1）防紫外线措施

电焊等作业、灯具和炽热物体（达到 1 200 ℃以上）发射的紫外线，主要通过防护屏蔽（滤紫外线罩、挡板等）和保护眼睛、皮肤的个人防护用品（防紫外线面罩、眼镜、手套和工作服等）防护。目前，我国尚无紫外线防护卫生标准，建议采用美国卫生标准（连续 7 h 接触不超过 0.5 mW/cm^2，连续 24 h 接触不超过 0.1 mW/cm^2）。

（2）防红外线（热辐射）措施

主要是尽可能采用机械化、遥控作业、避开热源；其次，应采用隔热保温层、反射性屏蔽（铝箔制品、铝挡板等）、吸收性屏蔽（通过对流、通风、水冷等方式冷却的屏蔽）和穿戴隔热服、防红外线眼镜、面具等个体防护用品。

（3）防激光辐射措施

为防止激光对眼睛、皮肤的灼伤和对身体的伤害，达到《工作场所物理因素测量-第 4 部分：激光辐射》(GBZ/T 189.4—2007)规定的最大容许照射量、激光照射皮肤的最大容许照射量，应采取下列措施：

① 优先采取用工业电视、安全观察孔监视的隔离操作；观察孔的玻璃应有足够的衰减指数，必要时还应设置遮光屏罩。

② 作业场所的地、墙壁、天花板、门窗、工作台应采用暗色不反光材料和毛玻璃；工作场所的环境色与激光色谱错开(如红宝石激光操作室的环境色可取浅绿色)。

③ 整体光束通路应完全隔离，必要时设置密闭式防护罩；当激光功率能伤害皮肤和身体时，应在光束通路影响区设置保护栏杆，栏杆门应与电源、电容器放电电路连锁。

④ 设局部通风装置，排除激光束与靶物相互作用时产生的有害气体。

⑤ 激光装置宜与所需高压电源分室布置；针对大功率激光装置可能产生的噪声和有害物质，采取相应的对策措施。

⑥ 穿戴有边罩的激光防护镜和白色防护服。

(4) 防电磁辐射对策措施

根据《电磁辐射控制限值》(GB 8702—2014)等要求，按辐射源的频率(波长)和功率分别或组合采取对策措施。

① 用金属板(网)制作接地或不接地的屏蔽(板、罩、室)近距离屏蔽辐射源，将电磁场限制在限定范围内，防止辐射能量对作业人员和其他仪器、设备影响，是防护电磁辐射的主要方式；用屏蔽来屏蔽其他仪器、设备设施和作业人员的操作位置，是根据需要采取的防护工作。

② 敷设吸收材料层，吸收辐射能量。通常采用屏蔽—吸收组合方式，提高防护性能。

③ 使用滤波器防止电磁辐射通过贯穿屏蔽的线路传播和泄漏。

④ 增大辐射源与人体的距离。

⑤ 辐射源的屏蔽室(罩)门应与辐射源电源连锁，防止误打开门时人员受到伤害。

⑥ 当采取的防护措施不能达到规定的限值或需要不停机检修时，必须穿戴防微波服(眼镜、面具)等个体防护用品。

8.2.5.7　高温、低温与冷水作业控制措施

1) 高温作业防护措施

根据《室外高温作业分级》(DL/T 669—1999)、《工业设备及管道绝热工程设计规范》(GB 50264—2013)、《工业设备及管道绝热工程施工质量验收规范》(GB 50185—2010)、《工作场所物理因素测量 第 7 部分：高温》(GBZ/T 189.7—2007)，按各区对限制高温作业级别的规定采取措施。

(1) 尽可能实现自动化和远距离操作等隔热操作方式，设置热源隔热屏蔽，如热源隔热保温层、水幕、隔热操作室(间)、各类隔热屏蔽装置等。

(2) 通过合理组织自然通风气流、设置全面、局部送风装置或空调降低工作环境的温度。

(3) 依据《工作场所物理因素测量 第 7 部分：高温》(GBZ/T 189.7—2007)的规定，限制持续接触热时间。

(4) 使用隔热服(面罩)等个体防护用品。尤其是特殊高温作业人员，应使用适当的防

护用品，如防热服装（头罩、面罩、衣裤和鞋袜等）以及特殊防护眼镜等。

（5）注意补充营养及合理的膳食制度，供应高温饮料，口渴饮水，少量多次为宜。

2）低温作业、冷水作业防护措施

根据《低温作业分级》（GB/T 14440—93）、《冷水作业分级》（GB/T14439—93）提出相应的对策措施。

（1）实现自动化、机械化作业，避免或减少低温作业和冷水作业。控制低温作业，冷水作业时间。

（2）穿戴防寒服（手套、鞋）等个体防护用品。

（3）设置采暖操作室、休息室、待工室等。

（4）冷库等低温封闭场所，应设置通信、报警装置，防止误将人员关锁。

8.2.6 其他安全对策措施

8.2.6.1 防高处坠落、物体打击对策措施

可能发生高处坠落危险的工作场所，应设置便于操作、巡检和维修作业的扶梯、工作平台、防护栏杆、护栏、安全盖板等安全设施；梯子、平台和易滑倒操作通道的地面应有防滑措施；设置安全网、安全距离、安全信号和标志、安全屏护和佩戴个体防护用品（安全带、安全鞋、安全帽、防护眼镜等）是避免高处坠落、物体打击事故的重要措施。

针对特殊高处作业（指强风、高温、低温雨天、雪天、夜间、带电、悬空、抢救高处作业）特有的危险因素，提出针对性的防护措施。高处作业应遵守“十不登高”：

（1）患有禁忌征者不登高。

（2）未经批准者不登高。

（3）未戴好安全帽、未系安全带者不登高。

（4）脚手板、跳板、梯子不符合安全要求不登高。

（5）攀爬脚手架、设备不登高。

（6）穿易滑鞋、携带笨重物体不登高。

（7）石棉、玻璃钢瓦上无垫脚板不登高。

（8）高压线旁无可靠隔离安全措施不登高。

（9）酒后不登高。

（10）照明不足不登高。

8.2.6.2 安全色、安全标志

根据《安全色》（GB 2893—2008）、《安全标志及其使用导则》（GB 2894—2008），充分利用红（禁止、危险）、黄（警告、注意）、蓝（指令、遵守）、绿（通行、安全）4 种传递安全信息的安全色、正确使用安全色，使人员能够迅速发现或分辨安全标志、及时受到提醒，以防止事故、危害的发生。

1）安全标志的分类与功能

安全标志分为禁止标志、警告标志、指令标志和提示标志 4 类：

（1）禁止标志，表示不准或制止人们的某种行动。

（2）警告标志，使人们注意可能发生的危险。

（3）指令标志，表示必须遵守，用来强制或限制人们的行为。

（4）提示标志，示意目标地点或方向。

2）安全标志应遵守的原则

（1）醒目清晰：一目了然，易从复杂背景中识别；符号的细节、线条之间易于区分。

（2）简单易辨：由尽可能少的关键要素构成，符号与符号之间易分辨，不致混淆。

（3）易懂易记：容易被人理解（即使是外国人或不识字的人），牢记不忘。

3）标志应满足的要求

（1）含义明确无误。标志、符号和文字警告应明确无误，不使人费解或误会；使用容易理解的各种形象化的图形符号应优先于文字警告，文字警告应采用使用机器国家的语言；确定图形符号应做理解性测试，标志必须符合公认的标准。

（2）内容具体且有针对性。符号或文字警告应表示危险类别，具体且有针对性，不能笼统写“危险”两字。例如，禁火、防爆的文字警告，或简要说明防止危险的措施（例如指示佩戴个人防护用品），或具体说明“严禁烟火”、“小心碰撞”等。

（3）标志的设置位置。机械设备易发生危险的部位，必须有安全标志。标志牌应设置在醒目且与安全有关的地方，使人们看到后有足够的时间来注意它所表示的内容。不宜设在门、窗、架或可移动的物体上。

（4）标志应清晰持久。直接印在机器上的信息标志应牢固，在机器的整个寿命期内都应保持颜色鲜明、清晰、持久。每年至少应检查一次，发现变形、破损或图形符号脱落及变色等影响效果的情况，应及时修整或更换。

8.2.6.3 储运安全对策措施

1）厂内运输安全对策措施

（1）着重就铁路、道路线路与建筑物、设备、大门边缘、电力线、管道等的安全距离和安全标志、信号、人行通道（含跨线地道、天桥）、防护栏杆，以及车辆、道口、装卸方式等方面的安全设施提出对策措施。

例如：厂内铁路道口设置必要的警示标志、声光报警装置、栏木、遮断信号机、护桩和标线等；装卸、搬运易燃、易爆、剧毒化学危险品应采用的专用运输工具、专用装卸器具，装卸机械和工具应按其额定负荷降低20%使用；液体金属、高温货物运输时的特殊安全措施等。

（2）根据《工业企业厂内铁路、道路运输安全规程》（GB 4387—2008）、《工业车辆 安全要求和验证 第1部分：自行式工业车辆（除无人驾驶车辆、伸缩臂式叉车和载运车）》（GB 10827.1—2014）、《工业车辆 安全要求和验证 第5部分：步行式车辆》（GB 10827.5—2013）和各行业有关标准的要求，提出其他对策措施。

2）化学危险品储运安全对策措施

（1）危险货物包装应按《危险货物包装标志》（GB 190—2009）设标志。

（2）危险货物包装运输应按《危险货物运输包装通用技术条件》（GB 12463—2009）执行。

（3）应按《化学危险品标签编写规定》（GB 15258—2009）编写危险化学品标签。

（4）应按《常用化学危险品贮存通则》（GB 15603—1995）对上述物质进行妥善储存，加强管理。

（5）应按《化学品安全技术说明书 内容和项目顺序》（GB/T 16483—2008）编写危险化学品安全技术说明书，内容包括：标识、成分及理化特性、燃烧爆炸危险特性、毒性及健康危害性、急救、防护措施、包装与储运、泄漏处理与废弃等8大部分，化学危险品的作业场所、管理及使用应遵照《危险化学品安全技术说明书编写规定》(GB16483—96)的相关规定。

(6) 根据《危险化学品安全管理条例》,危险化学品必须储存在专用仓库内,储存方式、方法与储存数量必须符合国家标准,并由专人管理。危险化学品出入库,必须进行检查登记。库存危险化学品应当定期检查。例如,氰化物等剧毒化学品必须在专用仓库内单独存放,实行双人收发、保管制度。储存单位应当将储存氰化物的数量、地点以及管理人员的情况,报当地公安部门和负责危险化学品安全监督管理综合工作的部门备案。

危险化学品专用仓库,应当符合国家标准对安全、消防的要求,设置明显标志。危险化学品专用仓库的储存设备和安全设施应当定期检测。

8.2.6.4 焊割作业的安全对策措施

国内外不少案例表明,造船、化工等行业在焊割作业时发生的事故较多,有的甚至引发了重大事故。因此,对焊割作业应予以高度重视,采取有力对策措施,防止事故发生和对焊工健康的损害。

1) 存在易燃、易爆物料的企业应建立严格的动火制度

动火必须经批准并制定动火方案,如:要有负责人、作业流程图、操作方案、安全措施、人员分工、监护、化验;特别是要确认易燃、易爆、有毒、窒息性物料及氧含量在规定的范围内,经批准后方可动火。

2) 焊割作业要求

焊割作业应遵守《焊接与切割安全》(GB 9448—1999)等有关国家标准和行业标准。

电焊作业人员除进行特殊工种培训、考核、持证上岗外,还应严格遵照焊割规章制度、安全操作规程进行作业;

电弧焊时应采取隔离防护、保持绝缘良好,正确使用劳动防护用品,正确采取保护接地或保护接零等措施。

3) 焊割作业应严格遵守“十不焊”

(1) 无操作证,且无有证焊工在现场指导,不准焊割。

(2) 禁火区,未经审批并办理动火手续,不准焊割。

(3) 不了解作业现场及周围情况,不准焊割。

(4) 不了解焊割物内部情况,不准焊割。

(5) 盛装过易燃、易爆、有毒物质的容器、管道,未经彻底清洗置换,不准焊割。

(6) 用可燃材料作保温层的部位及设备未采取可靠的安全措施,不准焊割。

(7) 有压力或密封的容器、管道,不准焊割。

(8) 附近堆有易燃、易爆物品,未彻底清理或采取有效安全措施,不准焊割。

(9) 作业点与外单位相邻,在未弄清对外单位或区域有无影响或明知危险而未采取有效的安全措施,不准焊割。

(10) 作业场所及附近有与明火相抵触的工作,不准焊割。

8.2.6.5 防腐蚀对策措施

1) 大气腐蚀

在大气中,由于氧的作用,雨水的作用,腐蚀性物质的作用,裸露的设备、管线、阀、泵及其他设施会产生严重腐蚀,设备、设施、泵、螺栓、阀等锈蚀,会诱发事故的发生。

因此,设备、管线、阀、泵及其设施等,需要选择合适的材料及涂覆防腐涂层予以保护。

2）全面腐蚀

在腐蚀介质及一定温度、压力下，会发生金属表面或大面积均匀的腐蚀，如果腐蚀速度控制在0.05～0.5 mm/a，<0.05 mm/a，金属材料耐蚀等级分别为良好、优良。

对于这种腐蚀，应考虑介质、温度、压力等因素，选择合适的耐腐蚀材料或在接触介质的内表面涂覆涂层，或加入缓蚀剂。

3）电偶腐蚀

这是容器、设备中常见的一种腐蚀，亦称为“接触腐蚀”或“双金属腐蚀”。它是两种不同金属在溶液中直接接触，因其电极电位不同构成腐蚀电池，使电极电位较负的金属发生溶解腐蚀。

4）缝隙腐蚀

在生产装置的管道连接处、衬板、垫片等处的金属与金属、金属与非金属间及金属涂层破损时，金属与涂层间所构成的窄缝于电解液中，会造成缝隙腐蚀，防止缝隙腐蚀的措施：

（1）采用合适的抗缝隙腐蚀材料。

（2）采用合理的设计方案如尽量减少缝隙宽度（1/40 mm≤缝隙腐蚀≤25/8 mm）、死角、腐蚀液（介质）的积存，法兰配合严密，垫片要适宜等。

（3）采用电化学保护。

（4）采用缓蚀剂等。

5）孔蚀

由于金属表面露头、错位、介质不均匀等，使其表面膜完整性遭到破坏，成为点蚀源，腐蚀介质会集中于金属表面个别小点上形成深度较大的腐蚀。防止孔蚀的方法有：

（1）减少溶液中腐蚀性离子浓度。

（2）减少溶液中氧化性离子；降低溶液温度。

（3）采用阴极保护。

（4）采用点蚀合金。

6）其他

如金属材料在腐蚀环境中会产生沿晶界间腐蚀的晶间腐蚀，它可以在外观无任何变化的情况下，完全丧失金属的强度；金属及合金在拉应力和特定介质环境的共同作用下会产生应力腐蚀破坏，其外观见不到任何变化，裂纹发展迅速，危险性更大。此外，还要注意氯离子对不锈钢的腐蚀、在高温高压下的氢腐蚀（使钢组织发生化学变化）、在交变应力作用下的疲劳腐蚀等。

建构筑物应严格按照《工业建筑防腐蚀设计规范》（GB 50046—2008）的要求进行防腐设计，并按《建筑防腐蚀工程施工规范》（GB 50212—2014）的进行施工。

8.2.6.6　生产设备的选用

在选用生产设备时，除考虑满足工艺功能外，应对设备的劳动安全性能给予足够的重视；保证设备在按规定作用时，不会发生任何危险，不排放出超过标准规定的有害物质；应尽量选用自动化程度、本质安全程度高的生产设备。

生产设备本身应具有必要的强度、刚度和稳定性，符合安全人—机工程的原则，最大限度地减轻劳动者的体力、脑力消耗以及精神紧张状态，合理地采用机械化、自动化和计算机技术和有效的安全、卫生防护装置；应优先采用自动化和防止人员直接接触生产装置的危险部位和物料的设备(作业线),防护装置的设计、制造一般不能留给用户去承担。生产设备应满足《生产设备安全卫生设计总则》(GB 5083—1999)的规定以及其他要求。

选用的锅炉、压力容器、起重运输机械等危险性较大的生产设备,必须由持有专业许可证的单位进行设计、制造、检验和安装,并应符合国家标准和有关规定的要求。

8.2.6.7 采暖、通风、照明、采光

(1) 根据《化工采暖通风与空气调节设计规范》(HG/T 20698—2009)、《石油化工采暖通风与空气调节设计规范》(SH/T 3004—2011)、《合成纤维厂采暖通风与空气调节设计规范》(SH/T 3042—2007)、《水利水电工程采暖通风与空气调节设计规范》(SL 490—2010)等提出采暖通风与空气调节的常规措施和特殊措施。

(2) 根据《建筑照明设计标准》(GB 50034—2013)等提出常规和特殊照明措施。

(3) 根据《建筑采光设计标准》(GB 50033—2013)等提出采光设计要求。

必要时,根据工艺、建构筑物特点和评价结果,针对存在问题,依据有关标准提出其他对策措施。

8.2.6.8 人员保护安全对策措施

1) 体力劳动

根据《工作场所物理因素测量 第10部分:体力劳动强度分级》(GBZ/T 189.10—2007)提出如下对策措施:

(1) 为消除超重搬运和限制重体力劳动(如消除Ⅳ级体力劳动强度)应采取的降低体力劳动强度的机械化、自动化作业的措施。

(2) 根据成年男、女单次搬运重量、全日搬运重量的限制提出的对策措施。

(3) 针对女职工体力劳动强度、体力负重量的限制提出对策措施。

2) 定员编制、工时制度、劳动组织(包括安全卫生机构的设置)

(1) 定员编制应满足国家现行工时制的要求。

(2) 定员编制还应满足女职工劳动保护规定(包括禁忌劳动范围)和有关限制接触有害因素时间(如有毒作业、高处作业、高温作业、低温作业、冷水作业和全身强振动作业等)、监护作业的要求,以及其他安全的需要,做必要的调整和补充。

(3) 根据工艺、工艺设备、作业条件的特点和安全生产的需要,在设计中对劳动组织(作业岗设置、岗位人员配备和文化技能要求、劳动定额、工时和作业班制、指挥管理系统等)提出具体安排。

(4) 劳动安全管理机构的设置。

(5) 根据《中华人民共和国劳动法》及《国务院关于职工工作时间的规定》提出工时安排方面的对策措施。

3) 工厂辅助用室的设置

根据生产特点、实际需要和使用方便的原则,按职工人数、设计计算人数设置生产卫生用室(浴室、存衣室、盥洗室、洗衣房),生活卫生用室(休息室、食堂、厕所)和医疗卫生、急救设施。

根据工作场所的卫生特征等级的需要,确定生产卫生用室。

依据国务院令第619号《女职工劳动保护特别规定》应设置女职工劳动保护设施(例如妇女卫生室、孕妇休息室、哺乳室等。)

4）女职工劳动保护

根据《中华人民共和国劳动法》、国务院令第 619 号《女职工劳动保护特别规定》提出女职工禁忌从事的劳动范围等特殊的保护措施。

8.3 安全管理对策措施(通用)

与安全技术对策措施处于同一层面上的安全管理对策措施，其在企业的安全生产工作中与前者起着同等重要的作用。如果将安全技术对策措施比作计算机系统内的硬件设施，那么安全管理对策措施则是保证硬件正常发挥作用的软件。安全管理对策措施通过一系列管理手段将企业的安全生产工作整合、完善、优化，将人、机、物、环等涉及安全生产工作的各个环节有机地结合起来，保证企业生产经营活动在安全健康的前提下正常开展，使安全技术对策措施发挥最大的作用。在某些缺乏安全技术对策措施的情况下，为了保证生产经营活动的正常进行，必须依靠安全管理对策措施的作用加以弥补。即使具有本质安全性能、高度自动化的生产装置，也不可能全面地、一劳永逸地控制、预防所有的危险、有害因素(例如维修等辅助生产作业中存在的、生产过程中设备故障造成的危险、有害因素)和防止作业人员的失误。安全生产管理对于所有建设项目和生产经营单位都是企业管理的重要组成部分，是保证安全生产的必不可少的措施。

8.3.1 建立安全管理制度

《中华人民共和国安全生产法》第四条规定，生产经营单位必须遵守本法和其他有关安全生产的法律、法规，加强安全生产管理，建立、健全安全生产责任制和安全生产规章制度，改善安全生产条件，推进安全生产标准化建设，提高安全生产水平，确保安全生产。

生产经营单位首先必须建立、健全安全生产责任制，应当明确各岗位的责任人员、责任范围和考核标准等内容，应当建立相应的机制，加强对安全生产责任制落实情况的监督考核，保证安全生产责任制的落实。该制度是生产经营单位中最基本的安全制度，也是安全生产管理制度的核心。

生产经营单位进而制定安全生产规章制度和操作规程。例如：依据企业的自身特点，应建立《安全生产总则》《安全生产守则》《“三同时”管理制度》等指导性安全管理文件，制定《工艺技术安全生产规程》《安全操作规程》；对日常安全管理工作，应建立相应的《安全检查制度》《安全生产巡视制度》《安全生产交接班制度》《安全监督制度》《安全生产确认制》《安全生产奖惩制度》《有毒有害作业管理制度》《劳保用品管理制度》《厂内交通运输安全管理条例》等管理制度；对工伤事故应建立《伤亡事故管理制度》《伤亡事故责任者处理规定》《职业病报告处理制度》等制度；对设备、工机具等应建立《特种设备管理管理责任制度》《危险设备管理制度》《手持电动工具管理制度》《吊索具安全管理规程》《蒸汽锅炉、压力容器管理细则》等制度；在安全教育培训方面，应建立《各级领导安全培训教育制度》《新进员工三级安全教育制度》《转岗安全培训教育制度》《日常安全教育和考核制度》《违章员工教育》和《临时性安全教育》等制度；对检修、动火和紧急状态，应建立《设备检修安全联络挂牌制度》《动火作业管理规定》《临时线审批制度》《动力管线管理制度》《危险作业审批制度》等管理措施；对特殊工种应建立《特种作业人员的安全教育》《持证上岗管理规定》等制度；对外协、临时工和承包工程队的安全管理应建立相应的管理制度等。

8.3.2 完善安全管理机构和人员配置

建立并完善生产经营单位的安全管理管理机构和人员配置，保证各类安全生产管理制度能认真贯彻执行，各项安全生产责任制能落实到人。明确各级第一负责人为安全生产第一责任人。例如：生产经营单位设立安全生产委员会（或者相类似的管理机构），由单位负责人任主任，下设办公室，安全科长任办公室主任；建立安全员管理网络。各生产经营单位的安全管理机构设安全科，各作业区（包括物资储存区）设作业区级兼职安全员 1 名，分别由各作业区作业长兼任，各大班各设班组级兼职安全员 1 名，分别由各大班班长兼任。

《安全生产法》第二十一条规定，矿山、金属冶炼、建筑施工、道路运输单位和危险物品的生产、经营、储存单位，应当设置安全生产管理机构或者配备专职安全生产管理人员。前款规定以外的其他生产经营单位，从业人员超过一百人的，应当设置安全生产管理机构或者配备专职安全生产管理人员；从业人员在一百人以下的，应当配备专职或者兼职的安全生产管理人员。

8.3.3 加强安全生产教育与培训

在建立、健全安全生产规章制度和操作规程、落实机构和人员安全生产责任制后，安全管理对策措施所要涉及的内容是各类人员的安全生产培训和教育。生产经营单位的主要负责人、安全生产管理人员和生产一线操作人员，都必须接受相应的安全生产教育与培训。

《安全生产法》第十一条规定，各级人民政府及其有关部门应当采取多种形式，加强对有关安全生产的法律、法规和安全生产知识的宣传，增强全社会的安全生产意识。第二十四条规定，生产经营单位的主要负责人和安全生产管理人员必须具备与本单位所从事的生产经营活动相应的安全生产知识和管理能力。危险物品的生产、经营、储存单位以及矿山、金属冶炼、建筑施工、道路运输单位的主要负责人和安全生产管理人员，应当由主管的负有安全生产监督管理职责的部门对其安全生产知识和管理能力考核合格。考核不得收费。危险物品的生产、储存单位以及矿山、金属冶炼单位应当有注册安全工程师从事安全生产管理工作。鼓励其他生产经营单位聘用注册安全工程师从事安全生产管理工作。第二十五条规定，生产经营单位应当对从业人员进行安全生产教育和培训，保证从业人员具备必要的安全生产知识，熟悉有关的安全生产规章制度和安全操作规程，掌握本岗位的安全操作技能，了解事故应急处理措施，知悉自身在安全生产方面的权利和义务。未经安全生产教育和培训合格的从业人员，不得上岗作业。生产经营单位使用被派遣劳动者的，应当将被派遣劳动者纳入本单位从业人员统一管理，对被派遣劳动者进行岗位安全操作规程和安全操作技能的教育和培训。劳务派遣单位应当对被派遣劳动者进行必要的安全生产教育和培训。生产经营单位接收中等职业学校、高等学校学生实习的，应当对实习学生进行相应的安全生产教育和培训，提供必要的劳动防护用品。学校应当协助生产经营单位对实习学生进行安全生产教育和培训。生产经营单位应当建立安全生产教育和培训档案，如实记录安全生产教育和培训的时间、内容、参加人员以及考核结果等情况。第二十七条规定，生产经营单位的特种作业人员必须按照国家有关规定经专门的安全作业培训，取得相应资格，方可上岗作业。

生产经营单位的安全生产教育与培训工作分 3 个层面进行：① 单位主要负责人和安全

生产管理人员的安全培训教育,侧重面为国家有关安全生产的法律法规、行政规章和各种技术标准、规范,了解企业安全生产管理的基本脉络,掌握对整个企业进行安全生产管理的能力,取得安全管理岗位的资格证书;② 从业人员的安全培训教育在于了解安全生产知识,熟悉有关的安全生产规章制度和安全操作规程,掌握本岗位的安全操作技能;③ 特种作业人员必须按照国家有关规定经专门的安全作业培训,取得特种作业操作资格证书。

8.3.4 保证安全生产投入

建立健全生产经营单位安全生产投入的长效保障机制,从资金和设施装备等物质方面保障安全生产工作正常进行,也是安全管理对策措施的一项内容。《安全生产法》第二十条规定,生产经营单位应当具备的安全生产条件所必需的资金投入,由生产经营单位的决策机构、主要负责人或者个人经营的投资人予以保证,并对由于安全生产所必需的资金投入不足导致的后果承担责任。有关生产经营单位应当按照规定提取和使用安全生产费用,专门用于改善安全生产条件。安全生产费用在成本中据实列支。第二十八条规定,生产经营单位新建、改建、扩建工程项目(以下统称建设项目)的安全设施,必须与主体工程同时设计、同时施工、同时投入生产和使用。安全设施投资应当纳入建设项目概算。

建设项目在可行性研究阶段和初步设计阶段都应该考虑投入用于安全生产的专项资金的预算。生产经营单位在日常运行过程中应该安排用于安全生产的专项资金,进行安全生产方面的技术改造、增添安全设施和防护设备以及个体防护用品。配备安全卫生管理、检查、事故调查分析、检测检验的用房和检查、检测、通信、录像、照相、微机、车辆等设施、设备。根据生产特点,适应事故应急预案措施的需要,配备必要的训练、急救、抢险的设备、设施,及安全卫生管理需要的其他设备、设施。配备安全卫生培训、教育(含网络教育)设备和场所。

8.3.5 实施生产监督与检查

安全管理对策措施的动态表现就是监督与检查,包括对于有关安全生产方面国家法律法规、技术标准、规范和行政规章执行情况的监督与检查,对于本单位所制定的各类安全生产规章制度和责任制的落实情况的监督与检查。通过监督检查,保证本单位各层面的安全教育和培训能正常有效地进行;保证本单位安全生产投入的有效实施;保证本单位安全设施、安全技术装备能正常发挥作用;应经常性督促、检查本单位的安全生产工作,及时消除生产安全事故隐患。

例如:生产经营单位建有《安全活动日制度》,明确每周一为安全活动日,总结和回顾一周来安全规章制度执行情况,发现存在问题并提出改进措施。《安全生产检查制度》规定了单位安全管理部门每季度进行一次安全生产综合大检查,各作业区每月进行二次安全检查,并建立了季节性安全检查、专业性安全检查和节假日安全检查制度。

此外,设备的不安全状态是诱发事故的物质基础。保持设备、设施的完好状态,是实现安全生产的前提。因此,要加强对设备运行时的监视、检查、定期维修保养等管理工作。经常进行安全分析,对发生过的事故或未遂事件、故障、异常工艺条件和操作失误等,应作详细记录和原因分析并找出改进措施。还应经常收集、分析国内外的有关案例,类比本企业建设项目的具体情况,加强教育,积极采取安全技术、管理等方面的有效措施,防止类似事故的发生。经常对主要设备故障处理方案进行修订,使之不断完善。

8.4 事故应急预案(通用)

为有效预防和控制可能发生的事故,最大程度减少事故及其造成损害而预先制定的工作方案,称为应急预案(emergency plan)。

生产经营单位应依据《生产经营单位生产安全事故应急预案编制导则》(GB/T 29639—2013)编制事故应急预案,相应的事故应急演练及演练评估则依据《生产安全事故应急演练指南》(AQ/T 9007—2011)和《生产安全事故应急演练评估规范》(AQ/T 9009—2015)等实施。

8.4.1 应急预案编制程序

生产经营单位编制应急预案包括成立应急预案编制工作组、资料收集、风险评估、应急能力评估、编制应急预案和应急预案评审 6 个步骤。

1) 成立应急预案编制工作组

生产经营单位应结合本单位部门职能和分工,成立以单位主要负责人(或分管负责人)为组长,单位相关部门人员参加的应急预案编制工作组,明确工作职责和任务分工,制订工作计划,组织开展应急预案编制工作。

2) 资料收集

应急预案编制工作组应收集与预案编制工作相关的法律法规、技术标准、应急预案、国内外同行业企业事故资料,同时收集本单位安全生产相关技术资料、周边环境影响、应急资源等有关资料。

3) 风险评估

主要内容包括:

(1) 分析生产经营单位存在的危险因素,确定事故危险源。

(2) 分析可能发生的事故类型及后果,并指出可能产生的次生、衍生事故。

(3) 评估事故的危害程度和影响范围,提出风险防控措施。

4) 应急能力评估

在全面调查和客观分析生产经营单位应急队伍、装备、物资等应急资源状况基础上开展应急能力评估,并依据评估结果,完善应急保障措施。

5) 编制应急预案

依据生产经营单位风险评估及应急能力评估结果,组织编制应急预案。应急预案编制应注重系统性和可操作性,做到与相关部门和单位的应急预案相衔接。

6) 应急预案评审

应急预案编制完成后,生产经营单位应组织评审。评审分为内部评审和外部评审,内部评审由生产经营单位主要负责人组织有关部门和人员进行。外部评审由生产经营单位组织外部有关专家和人员进行评审。应急预案评审合格后,由生产经营单位主要负责人(或分管负责人)签发实施,并进行备案管理。

8.4.2 应急预案体系

生产经营单位的应急预案体系主要由综合应急预案、专项应急预案和现场处置方案构成。生产经营单位应根据本单位组织管理体系、生产规模、危险源的性质以及可能发生的事故类型确定应急预案体系，并可根据本单位的实际情况，确定是否编制专项应急预案。风险因素单一的小微型生产经营单位可只编写现场处置方案。

(1) 综合应急预案

综合应急预案是生产经营单位应急预案体系的总纲，主要从总体上阐述事故的应急工作原则，包括生产经营单位的应急组织机构及职责、应急预案体系、事故风险描述、预警及信息报告、应急响应、保障措施、应急预案管理等内容。

(2) 专项应急预案

专项应急预案是生产经营单位为应对某一类型或某几种类型事故，或者针对重要生产设施、重大危险源、重大活动等内容而制定的应急预案。专项应急预案主要包括事故风险分析、应急指挥机构及职责、处置程序和措施等内容。

(3) 现场处置方案

现场处置方案是生产经营单位根据不同事故类别，针对具体的场所、装置或设施所制定的应急处置措施，主要包括事故风险分析、应急工作职责、应急处置和注意事项等内容。生产经营单位应根据风险评估、岗位操作规程以及危险性控制措施，组织本单位现场作业人员及相关专业人员共同进行编制现场处置方案。

8.4.3 综合应急预案主要内容

8.4.3.1 总则

编制目的：简述应急预案编制的目的。

编制依据：简述应急预案编制所依据的法律、法规、规章、标准和规范性文件以及相关应急预案等。

适用范围：说明应急预案适用的工作范围和事故类型、级别。

应急预案体系：说明生产经营单位应急预案体系的构成情况，可用框图形式表述。

应急工作原则：说明生产经营单位应急工作的原则，内容应简明扼要、明确具体。

8.4.3.2 事故风险描述

简述生产经营单位存在或可能发生的事故风险种类、发生的可能性以及严重程度及影响范围等。

8.4.3.3 应急组织机构及职责

明确生产经营单位的应急组织形式及组成单位或人员，可用结构图的形式表示，明确构成部门的职责。应急组织机构根据事故类型和应急工作需要，可设置相应的应急工作小组，并明确各小组的工作任务及职责。

8.4.3.4 预警与信息报告

预警：根据生产经营单位监测监控系统数据变化状况、事故险情紧急程度和发展势态或有关部门提供的预警信息进行预警，明确预警的条件、方式、方法和信息发布的程序。

信息报告：按照有关规定，明确事故及事故险情信息报告程序，主要包括：

(1) 信息接收与通报，明确 24 h 应急值守电话、事故信息接收、通报程序和责任人。

(2) 信息上报，明确事故发生后向上级主管部门或单位报告事故信息的流程、内容、时限和责任人。

(3) 信息传递，明确事故发生后向本单位以外的有关部门或单位通报事故信息的方法、程序和责任人。

8.4.3.5 应急响应

响应分级:针对事故危害程度、影响范围和生产经营单位控制事态的能力,对事故应急响应进行分级,明确分级响应的基本原则。

响应程序:根据事故级别和发展态势,描述应急指挥机构启动、应急资源调配、应急救援、扩大应急等响应程序。

处置措施:针对可能发生的事故风险、事故危害程度和影响范围,制定相应的应急处置措施,明确处置原则和具体要求。

应急结束:明确现场应急响应结束的基本条件和要求。

8.4.3.6 信息公开

明确向有关新闻媒体、社会公众通报事故信息的部门、负责人和程序以及通报原则。

8.4.3.7 后期处置

主要明确污染物处理、生产秩序恢复、医疗救治、人员安置、善后赔偿、应急救援评估等内容。

8.4.3.8 保障措施

通信与信息保障:明确与可为本单位提供应急保障的相关单位或人员通信联系方式和方法,并提供备用方案。同时,建立信息通信系统及维护方案,确保应急期间信息通畅。

应急队伍保障:明确应急响应的人力资源,包括应急专家、专业应急队伍、兼职应急队伍等。

物资装备保障:明确生产经营单位的应急物资和装备的类型、数量、性能、存放位置、运输及使用条件、管理责任人及其联系方式等内容。

其他保障:根据应急工作需求而确定的其他相关保障措施(如经费保障、交通运输保障、治安保障、技术保障、医疗保障、后勤保障等)。

8.4.3.9 应急预案管理

应急预案培训:明确对本单位人员开展的应急预案培训计划、方式和要求,使有关人员了解相关应急预案内容,熟悉应急职责、应急程序和现场处置方案。如果应急预案涉及社区和居民,要做好宣传教育和告知等工作。

应急预案演练:明确生产经营单位不同类型应急预案演练的形式、范围、频次、内容以及演练评估、总结等要求。

应急预案修订:明确应急预案修订的基本要求,并定期进行评审,实现可持续改进。

应急预案备案:明确应急预案的报备部门,并进行备案。

应急预案实施:明确应急预案实施的具体时间、负责制定与解释的部门。

8.4.4 专项应急预案主要内容

(1) 事故风险分析

针对可能发生的事故风险,分析事故发生的可能性以及严重程度、影响范围等。

(2) 应急指挥机构及职责

根据事故类型,明确应急指挥机构总指挥、副总指挥以及各成员单位或人员的具体职责。应急指挥机构可以设置相应的应急救援工作小组,明确各小组的工作任务及主要负责人职责。

(3) 处置程序

明确事故及事故险情信息报告程序和内容,报告方式和责任人等内容。根据事故响应级别，具体描述事故接警报告和记录、应急指挥机构启动、应急指挥、资源调配、应急救援、扩大应急等应急响应程序。

(4) 处置措施

针对可能发生的事故风险、事故危害程度和影响范围，制定相应的应急处置措施，明确处置原则和具体要求。

8.4.5 现场处置方案主要内容

1) 事故风险分析

主要包括：

(1) 事故类型。

(2) 事故发生的区域、地点或装置的名称。

(3) 事故发生的可能时间、事故的危害严重程度及其影响范围。

(4) 事故前可能出现的征兆。

(5) 事故可能引发的次生、衍生事故。

2) 应急工作职责

根据现场工作岗位、组织形式及人员构成，明确各岗位人员的应急工作分工和职责。

3) 应急处置

主要包括以下内容：

(1) 事故应急处置程序。根据可能发生的事故及现场情况，明确事故报警、各项应急措施启动、应急救护人员的引导、事故扩大及同生产经营单位应急预案的衔接的程序。

(2) 现场应急处置措施。针对可能发生的火灾、爆炸、危险化学品泄漏、坍塌、水患、机动车辆伤害等，从人员救护、工艺操作、事故控制，消防、现场恢复等方面制定明确的应急处置措施。

(3) 明确报警负责人以及报警电话及上级管理部门、相关应急救援单位联络方式和联系人员，事故报告基本要求和内容。

4) 注意事项

主要包括：

(1) 佩戴个人防护器具方面的注意事项。

(2) 使用抢险救援器材方面的注意事项。

(3) 采取救援对策或措施方面的注意事项。

(4) 现场自救和互救注意事项。

(5) 现场应急处置能力确认和人员安全防护等事项。

(6) 应急救援结束后的注意事项。

(7) 其他需要特别警示的事项。

8.4.6 预案附件

1) 有关应急部门、机构或人员的联系方式

列出应急工作中需要联系的部门、机构或人员的多种联系方式，当发生变化时及时进行更新。

2) 应急物资装备的名录或清单

列出应急预案涉及的主要物资和装备名称、型号、性能、数量、存放地点、运输和使用条

件、管理责任人和联系电话等。

3）规范化格式文本

应急信息接报、处理、上报等规范化格式文本。

4）关键的路线、标识和图纸

主要包括：

(1) 警报系统分布及覆盖范围。

(2) 重要防护目标、危险源一览表、分布图。

(3) 应急指挥部位置及救援队伍行动路线。

(4) 疏散路线、警戒范围、重要地点等的标识。

(5) 相关平面布置图纸、救援力量的分布图纸等。

5）有关协议或备忘录

列出与相关应急救援部门签订的应急救援协议或备忘录。

8.5 应用实践

本章主要说明了通用的各类安全对策措施，在实施安全评价时，应该是针对项目的定性定量评价结果提有针对性的安全对策措施建议。

以安全检查表的评价结果为例，主要是根据检查项目中的不合格项（不符合项）提出相应的技术可行、经济合理的安全对策措施。使用表 6-2 实施安全管理单元检查后发现存在一个不合格项，即在安全组织方面，应建立应急救援组织，定期组织预案演练，而现场情况记录为已建立应急救援组织，但未见演练相关记录，此时可以提出安全对策措施：加油站在以后开展预案演练时，应注重使用文字、图片、视频等多种方式记录、存档。

以火灾、爆炸危险指数法（道化法）为例，计算获得火灾、爆炸危险指数（$F\&EI=F_3\times MF$），使用安全措施补偿系数（$C=C_1\times C_2\times C_3$）进行补偿，补偿后的火灾、爆炸危险指数的危险等级仍较高时，可以考虑继续降低已有的各个安全措施补偿系数（C_1，C_2，C_3）或补充引入新的安全措施补偿系数（C_1，C_2，C_3），使火灾、爆炸危险指数的危险等级继续补偿以降低到可接受的程度。比如，防火措施补偿系数（C_3）中 b. 钢质结构——0.95～0.98 的取值：如果采用防火涂层，则所有的承重钢结构都要涂覆，且涂覆高度至少为 5 m，这时取补偿系数为 0.98；涂覆高度大于 5 m 且小于 10 m 时，系数为 0.97；如果有必要，涂覆高度大于 10 m 时，系数为 0.95。防火涂层必须及时维护，否则不能取补偿系数。此时，可以转化为有针对性的安全对策措施：建议生产单位对所有的承重钢结构涂覆防火涂层，使涂覆高度大于 10 m，并予以定期检查维护，确保防火涂层的有效性。

本章思考题

1. 简述安全对策措施的基本原则？
2. 安全对策措施主要包括哪些基本内容？
3. 安全管理对策措施应主要考虑哪些基本内容？
4. 试编制加油站火灾事故专项应急预案及现场处置方案。

9 安全评价结论与报告编制

9.1 安全评价结论

经危险、有害因素辨识，依据定性、定量评价结果，提出消除或减弱危险、危害的对策措施建议后，最终，应根据客观、公正、真实的原则，严谨、明确地做出安全评价结论。

在《安全评价通则》（AQ 8001—2007）中，“安全评价结论的内容应包括高度概括评价结果，从风险管理角度给出评价对象在评价时与国家有关安全生产的法律法规、标准、规章、规范的符合性结论，给出事故发生的可能性和严重程度的预测性结论，以及采取安全对策措施后的安全状态等”。

在《安全预评价导则》（AQ 8002—2007）中，“安全预评价结论应简要列出主要危险、有害因素评价结果，指出评价对象应重点防范的重大危险有害因素，明确应重视的安全对策措施建议，明确评价对象潜在的危险、有害因素在采取安全对策措施后，能否得到控制以及受控的程度如何。给出评价对象从安全生产角度是否符合国家有关法律法规、标准、规章、规范的要求”。

在《安全验收评价导则》（AQ 8003—2007）中，“安全验收评价结论应包括：符合性评价的综合结果；评价对象运行后存在的危险、有害因素及其危险危害程度；明确给出评价对象是否具备安全验收的条件。对达不到安全验收要求的评价对象明确提出整改措施建议”。

1）单元评价结果

评价对象已划分为多个评价单元，有些单元可能采用了两种或两种以上的评价方法，首先汇总一个单元内多个评价方法的评价结果，得到单元评价结果，再汇总各个单元的评价结果。

各个单元评价结果在重要性上通常是不平衡的，对安全评价结论的贡献有大有小，因此在整合评价结论之前应对各个单元的评价结果加以整理、归类并按严重程度和发生频率排序列出。

各个单元评价结果之间是存在关联性的，注意横向比较各个单元评价结果，相互印证，避免出现自相矛盾的情形。

值得注意的是，安全检查表法可能贯穿全部评价单元，可单独对安全检查表检查情况汇总得到结果，对于规定使用的安全检查表，还需判定其检查项目属于否决项或非否决项，当否决项应全部符合，且非否决项中不符合项不超过非否决项实际检查项数的规定值时，判定其符合安全要求，即安全检查表评价结果为合格。

2）安全评价结论内容

安全评价结论的内容，因评价种类（安全预评价、安全验收评价、安全现状评价等）的不同而各有差异。通常情况下，安全评价结论的主要内容应包括：

（1）概述各个单元的评价结果，归类与排序列出。

① 危险、有害因素辨识与分析的主要结果，应归类并排序列出。

② 重大危险源辨识结果。

③ 概述各个单元的评价结果，整合做出最后的评价结论，

(2) 对于评价结论为可接受风险的项目还应进一步提出要重点防范的危险、危害性；对于评价结论为不可接受风险的项目，要指出存在的问题，列出不可接受风险的充足理由；对受条件限制而遗留的问题提出改进方向和措施建议。

(3) 针对安全预评价，属于“事先评价”，其评价结果和所提出的安全对策措施建议是设计、施工、运行安全的重要依据，可以得出“在采取本评价报告所要求的安全对策措施建议后，可以达到的安全状态、可接受程度的风险，或具备安全生产条件”的结论。

(4) 针对安全验收和现状评价，属于“事后评价”，相关的安全对策措施在预评价中已提出，试运行和正式生产中已实施，不存在“采取后”，因此，不可得出“在采取本评价报告所要求的安全对策措施建议后，可以达到的安全状态、可接受程度的风险，或具备安全生产条件”的带前置条件的结论，应明确得出评价对象是否具备安全验收的条件、是否符合国家有关安全生产的法律法规、标准、规章、规范的要求。

(5) 持续改进方向，提出保持现已达到安全水平的要求(加强安全检查、保持日常维护等)；进一步提高安全水平的建议(冗余配置安全设施、采用先进工艺、方法、设备)；以及其他建设性的建议和希望。

3) 示例

【例 9-1】 某 CNG 储配站安全预评价结论：

(1) 该 CNG 储配站属于非煤矿矿山企业，应取得非煤矿矿山企业安全生产许可证。

(2) 该 CNG 储配站应严格执行安全设施“三同时”制度，依法进行安全验收评价，以保证安全生产。

(3) 该 CNG 储配站在生产过程中存在的主要危险、有害因素是火灾、爆炸、中毒、车辆伤害、电气伤害、灼烫、机械伤害以及职业性中毒危害。

(4) 依据《危险化学品重大危险源辨识》GB 18218—2018，经辨识，该 CNG 储配站属于重大危险源，应按相关要求进行监督管理。

(5) 安全检查表共设检查项目 49 项，其中合格项目数 30 项，提出应按此设计项目数 13 项，并在“安全技术对策措施”中具体列出，建议建设单位在委托设计院进行设计时，除已考虑的安全措施外，对本报告中提出的安全对策措施建议予以重视，并列入设计项目。

(6) 通过事故树对生产装置设施单元进行定性定量分析，引起天然气火灾爆炸事故两个重要中间事件(天然气泄漏和火源)的基本事件是相互不影响的事件，而二者一旦同时发生就可能导致火灾爆炸事故，应分别考虑防止天然气泄漏和火源控制。

(7) 通过蒸气云爆炸模型对生产设施进行事故后果模拟定量分析，该生产装置卸压至 0.4 MPa 后一旦发生泄漏，遇强引燃能量的火源，可能发生蒸气云爆炸，产生较强的冲击波危害，死亡半径 48 m，重伤半径 93 m，轻伤半径 215 m，覆盖整个储配站，并波及周边环境，为了减少事故风险，必须结合事故树定性定量分析结果采取有效地安全对策措施最大限度地降低事故发生的概率。

(8) 经过现场调研、检查座谈，编制本安全预评价报告，该 CNG 储配站采取了本安全预评价报告中提出的安全对策措施建议后，可基本符合国家有关法律法规、标准、规章、规范的

要求，建成后可安全运行。

【例 9-2】 某 CNG 储配站安全验收评价结论：

(1) 该 CNG 储配站在生产过程中存在的主要危险、有害因素是火灾、爆炸、中毒、车辆伤害、电气伤害、灼烫、机械伤害以及职业性中毒危害。

(2) 依据《危险化学品重大危险源辨识》(GB 18218—2018)，经判定分析，该 CNG 储配站的气瓶车固定停车位卸气气瓶属生产场所，天然气在线使用量超过临界值，属于重大危险源，并按相关要求进行监督管理。

(3) 根据安全检查表分析评价，共设检查项目 104 项，其中合格项目数 102 项，部分合格项目数 2 项，已在"安全对策措施建议"中具体列出，建设单位应对本报告中提出的安全对策措施建议予以重视，并列入后期整改项目。

(4) 通过事故树对生产装置设施单元进行定性定量分析，引起天然气火灾爆炸事故两个重要中间事件(燃气泄漏和火源)的基本事件是相互不影响的事件，而二者一旦同时发生就可能导致火灾爆炸事故，应分别考虑防止天然气泄漏和火源控制。

(5) 通过蒸气云爆炸模型对生产设施进行事故后果模拟定量分析，该生产装置卸压至 0.4 MPa 后一旦发生泄漏 15 分钟，遇足够强的火源的引燃能量，则可能发生蒸气云爆炸，产生较强的冲击波危害，死亡半径 48 m，重伤半径 93 m，轻伤半径 215 m，覆盖整个储配站，并波及周边环境，为了减少事故风险，必须结合事故树定性定量分析结果采取有效的安全对策措施最大限度地减小事故发生的概率。

(6) 综上所述：该 CNG 储配站基本符合安全验收的条件。

(7) 该 CNG 储配站应遵照《安全生产法》和《危险化学品安全管理条例》所赋予的义务和要求，应重视本报告提出的安全对策措施，巩固已取得的整改成果，早日完成未完善的项目，并进一步加强该项目已有安全措施和管理措施的维护和执行，使各项安全措施和设施经常处于完好、使用有效状态，各项安全管理制度令行禁止、畅通无阻，各级人员安全意识、技术素质不断提高，进一步提高企业的安全管理水平，实现本质安全化的目标。

示例分析：

安全评价报告通常是安全生产监督管理部门行政审批的重要依据之一，很多地方不允许评价机构以"基本合格"作为安全评价结论。因为"基本"这个词包含不确定性，没有说明"基本"之中的"不合格"部分。若安全评价结论写明"不合格"的部分，行政审批因项目存在"不合格"将不予受理。但是如果简单删除"基本"一词，将留有的"不合格"部分作为评价机构承接评价项目的"风险"接受下来，这也是某种意义上的"虚假安评报告"，而且可能误导安全生产监督管理部门行政审批的决定，后果十分严重。因此，应慎重给出安全评价结论。

9.2 安全评价报告编制

安全评价报告是安全评价过程的具体体现和概括性总结，是评价对象实现安全运行的技术指导性文件，对完善自身安全管理、应用安全技术等方面具有重要参考作用。安全评价报告作为第三方出具的技术性咨询文件，可为政府安全生产监管、监察部门、行业主管部门等相关单位对评价对象的安全行为进行法律法规、标准、规章、规范的符合性判别所用。

安全评价报告应全面、概括地反映安全评价过程的全部工作，文字应简洁、准确，提出的资料应清楚可靠，论点明确，利于阅读和审查。

安全评价报告具有高度格式化要求。也就是说，应严格按有关规范、标准的要求编制。

9.3　安全预评价

安全预评价主要是依据可行性研究报告展开文本评价，是一种预测性评价，是典型的"纸上谈兵"，可能缺乏具体详尽的设备、实施、装置资料，也可能没有相关的安全管理机构和人员配置，评价并确定项目的危险性主要是依据相关的安全生产法律、法规和标准以及可利用相关类比资料（类比工程资料、相关事故案例等），以分析建设项目对周边单位生产、经营活动或者居民生活的影响，周边单位生产、经营活动或者居民生活对建设项目投入生产或者使用后的影响，以及建设项目所在地的自然条件对建设项目投入生产或者使用后的影响，即外部环境与项目的相互影响。据此，评价人员需要搜集、调查和整理以下资料：

(1) 建设项目周边 24 h 内生产经营活动和居民生活的情况。

(2) 建设项目所在地的自然条件。

(3) 建设项目所在地与下列场所、区域的距离：

① 居民区、商业中心、公园等人口密集区域。

② 学校、医院、影剧院、体育场（馆）等公共设施。

③ 供水水源、水厂及水源保护区。

④ 车站、码头（按照国家规定，经批准，专门从事危险化学品装卸作业的除外）、机场以及公路、铁路、水路交通干线、地铁风亭及出入口。

⑤ 基本农田保护区、畜牧区、渔业水域和种子、种畜、水产苗种生产基地。

⑥ 河流、湖泊、风景名胜区和自然保护区。

⑦ 军事禁区、军事管理区。

⑧ 法律、行政法规规定予以保护的其他区域。

例如，危险化学品建设项目选址布局、规划设计与重要场所、设施、区域的距离应当符合下列要求：

① 符合国家产业政策和所在县级以上（含县级）人民政府的规划和布局。

② 建在县级以上（含县级）地方人民政府规划的专门用于危险化学品生产、储存的区域内。

③ 危险化学品的生产装置和储存危险化学品数量构成重大危险源的储存设施，与《危险化学品安全管理条例》规定的下列场所、区域的距离符合有关法律、法规、规章和国家标准或者行业标准的规定。

④ 总体布局符合《化工企业总图运输设计规范》(GB50489)、《工业企业总平面设计规范》(GB50187)、《建筑设计防火规范》(GB50016)等标准的要求。石油化工企业还应当符合《石油化工企业设计防火规范》(GB50160)的要求。

名为《危险化学品生产装置和储存设施外部安全防护距离确定方法》的标准正在批准中，尚未发布，请及时关注。

综上所述，安全预评价的重点在于选址及总平面布置。

安全预评价中对于评价对象的描述应包括以下各方面：选址、总图及平面布置、水文情况、地质条件、工业园区规划、生产规模、工艺流程、功能分布、主要设施、设备、装置、主要原材料、产品(中间产品)、经济技术指标、公用工程及辅助设施、人流、物流等概况。评价对象介绍的内容要求同样适用于安全验收评价和安全现状评价。

另外,安全预评价中提出安全对策措施建议是重要的设计依据之一,必须将其落实在安全设施设计阶段。

9.4 安全验收评价

安全验收评价是在建设项目试生产运行正常之后,竣工验收之前,其评价的内容繁多,包括安全预评价、可行性研究报告、初步设计中安全卫生专篇等对安全生产保障等内容的实施情况和相关对策措施建议的落实情况;评价对象的安全对策措施的具体设计、安装施工情况有效保障程度;评价对象的安全对策措施在试投产中的合理有效性和安全措施的实际运行情况;评价对象的安全管理制度和事故应急预案的建立与实际开展和演练有效性等,因此为避免出现遗漏,在《安全验收评价导则》中提出评价单元可按以下内容划分:① 法律、法规等方面的符合性;② 设施、设备、装置及工艺方面的安全性;③ 物料、产品安全性能;④ 公用工程、辅助设施配套性;⑤ 周边环境适应性和应急救援有效性;⑥ 人员管理和安全培训方面充分性等。其中,法律、法规等方面的符合性单元应包括检查各类安全生产相关证照是否齐全,审查、检查安全设施、设备、装置是否已与主体工程同时设计、同时施工、同时投入生产和使用,检查安全预评价中各项安全对策措施建议的落实情况,此单元为符合性评价,一般采取安全检查表法。示例见表 9-1。

表 9-1　　法律法规符合性单元安全检查表

项目	序号	检查项目与内容	法规标准	检查结果	实际情况记录	备注
设立	1	生产经营单位新建、改建、扩建工程项目的安全设施,必须与主体工程同时设计、同时施工、同时投入生产和使用	《安全生产法》第二十四条	√	已经按"三同时"要求	
	2	用于生产、储存危险物品的建设项目,应当分别按照国家有关规定进行安全条件论证和安全评价	《安全生产法》第二十五条	√	已进行安全预评价并备案	
设计	1	城市燃气工程的设计、施工,必须由持有相应资质证书的单位承担	《城市燃气安全管理规定》第九条	√	设计单位为武汉市燃气热力规划设计院,有相应资质;施工单位为廊坊中油华宇石化工程有限公司,有相应资质	见附件
	2	建设项目安全设施的设计人、设计单位应当对安全设施设计负责。用于生产、储存危险物品的建设项目的安全设施设计应当按照国家有关规定报经有关部门审查	《安全生产法》第二十六条	√	符合要求	见附件

续表 9-1

项目	序号	检查项目与内容	法规标准	检查结果	实际情况记录	备注
施工	1	矿山建设项目和用于生产、储存危险物品的建设项目的施工单位必须按照批准的安全设施设计施工，并对安全设施的工程质量负责	《安全生产法》第二十七条	√	施工单位为廊坊中油华宇石化工程有限公司，有相应资质	见附件
	2	建设项目安全设施的施工应当由取得相应工程施工资质的施工单位进行	《危险化学品建设项目安全许可实施办法》第十八条	√	具有资质单位施工	见附件
	3	施工单位应当对建设项目安全设施的工程质量负责。施工单位应当编制建设项目安全设施施工情况报告	《危险化学品建设项目安全许可实施办法》第十八条	√	符合要求	见附件
投用	1	建设单位应当对建设项目安全设施进行检验、检测，保证建设项目安全设施满足危险化学品生产、储存的安全要求，并处于正常适用状态	《危险化学品建设项目安全许可实施办法》第十九条	√	报警装置、防雷等安全设施已经检测	
	2	按照有关安全生产的法律、法规、规章和标准制定周密的试生产(使用)方案	《危险化学品建设项目安全许可实施办法》第二十条	√	符合要求	
	3	建设项目安全设施竣工验收前，建设单位应选择有相应资质的安全评价机构对建设项目及其安全设施试生产(使用)情况进行安全评价	《危险化学品建设项目安全许可实施办法》第二十一条	√	已经进行安全评价	
	4	操作人员已经培训，安全管理制度及操作规程完善，建立应急预案	《安全生产法》	√	合格	
	5	安全管理措施落实并投入运行，设施齐全、完好	《安全生产法》	√	合格	

续表 9-1

项目	序号	检查项目与内容	法规标准	检查结果	实际情况记录	备注
预评价措施实施	1	气瓶车固定车位、充装区等场所为甲类生产场地，与周围设施之间设置足够的安全间距	预评价报告	√	符合要求	
	2	站内架空电力线路应予以迁移，应距气瓶车固定车位及卸气区 1.5 倍杆高以上	预评价报告	√	站内无架空电力线路	
	3	站内道路建设时，主要道路(路边)应距气瓶车固定车位、气瓶组、天然气放散管管口以及调压装置 10 m，次要道路(路边) 应距气瓶车固定车位气瓶车固定车位、气瓶组、天然气放散管管口以及调压装置 5 m	预评价报告	√	符合要求	
	4	天然气放散管管口距明火散发火花的地点 25 m，距民用建筑、燃气热水炉间 16 m	预评价报告	√	符合要求	
	5	设计与施工选择具有相应资质的单位，其中该站天然气减压撬内的所有工艺设备、管线、仪表、电气等均有厂商统一安装，各生产装置设施应采用具有相应生产能力厂家的合格产品，施工过程应实施工程监理，确保施工和安装质量	预评价报告	√	换热器、一级调压和二级调压均采用中油管道机械制造有限公司集装成减压撬	
	6	安全阀放散管管口应高出建筑物 2 m 以上，且距地面不应小于 5 m，放散管管口宜设防雨罩	预评价报告	√	符合要求	
	7	气瓶车应停靠在固定车位处，并应采取固定措施，在卸气作业中应严禁移动	预评价报告	√	符合要求	
	8	卸气柱软管应采用耐天然气腐蚀的气体承压软管并符合相关技术要求，卸气柱有卸气岛保护，还可添加安全防撞栏或采取其他防撞措施	预评价报告	√	符合要求	
	9	重要设施或部位，如气瓶车固定停车位、卸气柱、减压撬等，应设识别标志。天然气设施运行、维护和抢修时，应设安全警示标志和防护装置	预评价报告	√	设有安全标志	
	10	火灾爆炸危险环境场所的电器和仪表设备均应选用防爆型或安全型设备	预评价报告	√	符合要求	
	11	充装区按“第 2 类”防雷建筑物作防雷设计，考虑直击雷、感应雷和雷电波浸入；其他建筑物按“第 3 类”防雷建筑物做防直击雷设计。防雷设施经沅江市防雷中心审查后提出审查意见，该站修改后再交付审查	预评价报告	√	益阳市防雷中心沅江分中心已验收合格	见附件

续表 9-1

项目	序号	检查项目与内容	法规标准	检查结果	实际情况记录	备注
预评价措施实施	12	储配站储罐区、充装区、控制室等场所应按《建筑灭火器配置设计规范》、《城镇燃气设计规范》配置推车式和手提式灭火器、消防水泵房、消防水池等设施，应设有环形消防通道，以便消防车通行，室外消防管网沿环形消防通道设环形消防管网，消防设计的建筑工程需经公安消防机构验收合格	预评价报告	√	公安消防大队已验收合格	见附件
	13	各工艺生产场所均设安全接地装置，并与变压器中性点接地体相连，必要时再在生产场所周围加装辅助接地体，全厂所有安全接地体相连，构成站接地网。可委托有关资质单位进行电气安全防静电检测	预评价报告	√	湖南省中大消防检测有限公司已进行专项电气安全检测，合格	见附件

注：1. 本检查表只做符合性检查。

2. 检查结果用下列符号表示："√"表示完全符合规范要求，"×"表示不符合规范要求。

另外，在安全验收评价中应包括事故发生的可能性及其严重程度的预测，所以需使用定量评价方法。

在《安全评价机构监督管理规定》中，第二十一条第三款规定"建设项目的安全预评价和安全验收评价不得委托同一个安全评价机构。"该条款也是最大程度上确保安全设施"三同时"的有效实施。

安全验收评价报告可作为建设单位（业主）向政府安全生产监督管理机构申请建设项目安全验收审批的重要依据之一，最终由政府安全生产监督管理机构核发安全生产许可证。

9.5 安全现状评价

安全现状评价是在建设项目正常生产运行后对安全现状进行的全面综合评价，以确保建设项目安全设施投入生产和使用的持续性。安全生产许可证有效期为 3 年，不设年检。在安全生产许可证有效期满后的延续问题上，行政法规规定了两种情形：

1）有效期满的例行延续

《安全生产许可证条例》第九条第一款规定，安全生产许可证的有效期为 3 年。安全生产许可证有效期满需要延期的，企业应当于期满前 3 个月内向原安全生产许可证颁发管理机关办理延期手续。企业办理安全生产许可证延期手续所需提供的文件、资料或者有关情况，由国务院安全生产监督管理部门、建设行政主管部门、国防科技工业主管部门和国家煤矿安全监察机构规定。

2）有效期满的免审延续

《安全生产许可证条例》第九条第二款关于对安全生产状况良好、没有发生死亡生产安全事故的企业予以免审延期的特殊规定，目的是要鼓励企业自觉做好安全生产工作，不出生产安全事故。但有一点需要注意，符合该规定的企业虽然不需经过审查即可延续3年，但不是自动延期，应当在有效期满前向原安全生产许可证颁发管理机关提出延期的申请，经其同意后方可免审延续3年。

对于第一种情形，企业办理安全生产许可证延期手续所需提供的文件之一——安全现状评价报告，安全现状评价应基于企业三年间的运行资料，因此资料量整体较多，在使用时应注意方式方法。以特种设备作业人员中的锅炉作业种类的司炉、水质处理以及能效作业项目为例，应收集并编制清单，应包含姓名、出生年月、文化程度、健康状况、工种、有效期等内容，以及特种设备作业人员证复印件等。此类内容在安全验收评价时已有涉及，安全现状评价时主要以新入职人员为主，也包括原有人员的变化（包括年龄、健康状况的变化）、是否持续处于有效期为主。以特种设备锅炉为例，历经设计、制造、安装各环节后，企业应已按照规定到质量技术监督管理部门办理使用登记手续，则安全现状评价时需要查验其锅炉安全技术档案，收集包括锅炉定期检验报告，锅炉日常使用状况记录，锅炉及其附件、安全保护装置及测量调控装置日常维护保养记录以及锅炉运行故障和事故记录的资料数据，其中根据锅炉定期检验的要求[外部检验，每年进行一次；内部检验，一般每2年进行一次；水（耐）压试验，一般每3年进行一次]，则需要针对每台锅炉收集外检报告3份，内检报告1份以及水（耐）压试验报告1份。仅从上述人员和设备举例来看，一旦评价对象较为复杂时，资料数量是非常多的，此时可以编制人员或设备清单，并随机抽检评判，以获得可靠的评价结果。

本章思考题

1. 简述安全评价结论的主要内容？
2. 比较安全预评价与安全验收评价的异同？
3. 以加油站为例，安全现状评价的附件包括哪些？

附录　火灾、爆炸危险指数法物质系数和特性

物质系数和特性表

化合物	物质系数 MF	燃烧热 H_c/(10^3·btu·lb^{-1})	NFPA 分级			闪点/°F	沸点/°F
			健康危险 N_H	易燃性 N_F	化学活性 N_R		
乙醛	24	10.5	3	4	2	−36	69
醋酸	14	5.6	3	2	1	103	244
醋酐	14	7.1	3	2	1	126	282
丙酮	16	12.3	1	3	0	−4	133
丙酮合氰化氢	24	11.2	4	2	2	165	203
乙腈	16	12.6	3	3	0	42	179
乙酰氯	24	2.5	3	3	2	40	124
乙炔	29	20.7	0	4	3	气	−118
乙酰基乙醇氨	14	9.4	1	1	1	355	304～308
过氧化乙酰	40	6.4	1	2	4	—	[4]
乙酰水杨酸[8]	16	8.9	1	1	0	—	—
乙酰基柠檬酸三丁酯	4	10.9	0	1	0	400	343[1]
丙烯醛	19	11.8	4	3	3	−15	127
丙烯酰胺	24	9.5	3	2	2	—	257[1]
丙烯酸	24	7.6	3	2	2	124	286
丙烯腈	24	13.7	4	3	2	32	171
烯丙醇	16	13.7	4	3	1	72	207
烯丙胺	16	15.4	4	3	1	−4	128
烯丙基溴	16	5.9	3	3	1	28	160
烯丙基氯	16	9.7	3	3	1	−20	113
烯丙醚	24	16.0	3	3	2	20	203
氯化铝	24	[2]	3	0	2	—	[3]
氨	4	8.0	3	1	0	气	−28
硝酸铵	29	12.4[7]	0	0	3	—	410
醋酸戊酯	16	14.6	1	3	0	60	300
硝酸戊酯	10	11.5	2	2	0	118	306～316
苯胺	10	15.0	3	2	0	158	364
氯酸钡	14	[2]	2	0	1	—	—
硬脂酸钡	4	8.9	0	1	0	—	—
苯甲醛	10	13.7	2	2	0	148	354

续表

化合物	物质系数 MF	燃烧热 H_c/ (10^3 · btu · lb^{-1})	NFPA 分级			闪点/°F	沸点/°F
			健康危险 N_H	易燃性 N_F	化学活性 N_R		
苯	16	17.3	2	3	0	12	176
苯甲酸	14	11.0	2	3	1	250	482
醋酸苄酯	4	12.3	1	1	0	195	417
苄醇	4	13.8	2	1	0	200	403
苄基氯	14	12.6	2	2	1	162	387
过氧化苯甲酰	40	12.0	1	3	4	—	—
双酚 A	14	14.1	2	1	1	175	428
溴	1	0.0	3	0	0	—	138
溴苯	10	8.1	2	2	0	124	313
邻-溴甲苯	10	8.5	2	2	0	174	359
1,3-丁二烯	24	19.2	2	4	2	−105	24
丁烷	21	19.7	1	4	0	−76	31
1-丁醇	16	14.3	1	3	0	84	243
1-丁烯	21	19.5	1	4	0	气	21
醋酸丁酯	16	12.2	1	3	0	72	260
丙烯酸丁酯	24	14.2	2	2	2	103	300
(正)丁胺	16	16.3	3	3	0	10	171
溴代丁烷	16	7.6	2	3	0	65	215
氯丁烷	16	11.4	2	3	0	15	170
2,3-环氧丁烷	24	14.3	2	3	2	5	149
丁基醚	16	16.3	2	3	1	92	288
特丁基过氧化氢	40	11.9	1	4	4	<80 或更高	[9]
硝酸丁酯	29	11.1	1	3	3		277
过氧化乙酸特丁酯	40	10.6	2	3	4	<80	[4]
过氧化苯甲酸特丁酯	40	12.2	1	3	4	>190	[4]
过氧化特丁酯	29	14.5	1	3	3	64	176
碳化钙	24	9.1	3	3	2	—	—
硬脂酸钙[6]	4	—	0	1	0	—	—
二硫化碳	21	6.1	3	4	0	−22	115
一氧化碳	21	4.3	3	4	0	气	−313
氯气	1	0.0	4	0	0	气	−29
二氧化氯	40	0.7	3	1	4	气	50
氯乙酰氯	14	2.5	3	0	1	—	223
氯苯	16	10.9	2	3	0	84	270
三氯甲烷	1	1.5	2	0	0	—	143

续表

化合物	物质系数 MF	燃烧热 H_c/(10^3·btu·lb^{-1})	NFPA 分级			闪点/°F	沸点/°F
			健康危险 N_H	易燃性 N_F	化学活性 N_R		
氯甲基乙基醚	14	5.7	2	1	1	—	—
1-氯-1-硝基乙烷	29	3.5	3	2	3	133	344
邻-氯酚	10	9.2	3	2	0	147	47
三氯硝基甲烷	29	5.8[7]	4	0	3	—	234
2-氯丙烷	21	10.1	2	4	0	−25	95
氯苯乙烯	24	12.5	2	1	2	165	372
氧杂萘邻酮	24	12.0	2	1	2	—	554
异丙基苯	16	18.0	2	3	1	96	306
异丙基过氧化氢	40	13.7	1	2	4	175	[4]
氨基氰	29	7.0	4	1	3	286	500
环丁烷	21	19.1	1	4	0	气	55
环己烷	16	18.7	1	3	0	−4	179
环己醇	10	15.0	1	2	0	154	322
环丙烷	21	21.3	1	4	0	气	−29
DER * 331	14	13.7	1	1	1	485	878
二氯苯	10	8.1	2	2	0	151	357
1,2-二氯乙烯	24	6.9	2	3	2	36～39	140
1,3-二氯丙烯	16	6.0	3	3	0	95	219
2,3-二氯丙烯	16	5.9	2	3	0	59	201
3,5-二氯代水杨酸	24	5.3	0	1	2	—	—
二氯苯乙烯	24	9.3	2	1	2	225	—
过氧化二枯基	29	15.4	0	1	3	—	—
二聚环戊二烯	16	17.9	1	3	1	90	342
柴油	10	18.7	0	2	0	100～130	315
二乙醇胺	4	10.0	1	1	0	342	514
二乙胺	16	16.5	3	3	0	−18	132
间-二乙基苯	10	18.0	2	2	0	133	358
碳酸二乙酯	16	9.1	2	3	1	77	259
二甘醇	4	8.7	1	1	0	255	472
二乙醚	21	14.5	2	4	1	−49	94
二乙基过氧化物	40	12.2	—	4	4	[4]	[4]
二异丁烯	16	19.0	1	3	0	23	214
二异丙基苯	10	17.9	0	2	0	170	401
二甲胺	21	15.2	3	4	0	气	44
2,2-二甲基-1-丙醇	16	14.8	2	3	0	98	237

续表

化合物	物质系数 MF	燃烧热 H_c/(10^3·btu·lb^{-1})	NFPA 分级			闪点/°F	沸点/°F
			健康危险 N_H	易燃性 N_F	化学活性 N_R		
1,2-二硝基苯	40	7.2	3	1	4	302	606
2,4-二硝基苯酚	40	6.1	3	1	4	—	—
1,4-二恶烷	16	10.5	2	3	1	54	214
二氧戊环	24	9.1	2	3	2	35	165
二苯醚	4	14.9	1	1	0	239	496
二丙二醇	4	10.8	0	1	0	250	449
二特丁基过氧化物	40	14.5	3	2	4	65	231
二乙烯基乙炔	29	18.2	—	3	3	<−4	183
二乙烯基苯	24	17.4	2	2	2	157	392
二乙烯基醚	24	14.5	2	3	2	<−22	102
DOWANOL * DM	10	10.0	2	2	0	197[seta]	381
DOWANOL * EB	10	12.9	1	2	0	150	340
DOWANOL * PM	16	11.1	0	3	0	90[seta]	248
DOWANOL * PnB	10	—	0	2	0	138	338
DOWICIL * 75	24	7.0	2	2	2	—	—
DOWICIL * 200	24	9.3	2	2	2	—	—
DOWFROST *	4	9.1	0	1	0	215[Toc]	370
DOWFROST * HD	1	—	0	0	0	None	—
DOWFROST * 250	1	—	0	0	0	300[seta]	—
DOWTHERM * 4000	4	7.0	1	1	0	252[seta]	—
DOWTHERM * A	4	15.5	2	1	0	232	495
DOWTHERM * G	4	15.5	1	1	0	266[seta]	551
DOWTHERM * HT	4	—	1	1	0	322[Toc]	650
DOWTHERM * J	10	17.8	1	2	0	136[seta]	358
DOWTHERM * LF	4	16.0	1	1	0	240	550～558
DOWTHERM * Q	4	17.3	1	1	0	249[seta]	513
DOWTHERM * SR-1	4	7.0	1	1	0	232	325
DURSBAN *	14	19.8	1	2	1	81～110	—
3-氯-1,2-环氧丙烷	24	7.2	3	3	2	88	241
乙烷	21	20.4	1	4	0	气	−128
乙醇胺	10	9.5	2	2	0	185	339
醋酸乙酯	16	10.1	1	3	0	24	171
丙烯酸乙酯	24	11.0	2	3	2	48	211
乙醇	16	11.5	0	3	0	55	173
乙胺	21	16.3	3	4	0	<0	62

续表

化合物	物质系数 MF	燃烧热 H_c/(10^3 · btu · lb^{-1})	NFPA 分级			闪点/°F	沸点/°F
			健康危险 N_H	易燃性 N_F	化学活性 N_R		
乙苯	16	17.6	2	3	0	70	277
苯甲酸乙酯	4	12.2	1	1	0	190	414
溴乙烷	4	5.6	2	1	0	None	100
乙基丁基胺	16	17.0	3	3	0	64	232
乙基丁基碳酸脂	14	10.6	2	2	1	122	275
丁酸乙酯	16	12.2	0	3	0	75	248
氯乙烷	21	8.2	1	4	0	−58	54
氯甲酸乙酯	16	5.2	3	3	1	61	203
乙烯	24	20.8	1	4	2	气	−155
碳酸乙酯	14	5.3	2	1	1	290	351
乙二胺	10	12.4	3	2	0	110	239
1,2-二氯乙烷	16	4.6	2	3	0	56	181～183
乙二醇	4	7.3	1	1	0	232	387
乙二醇二甲醚	10	11.6	2	2	0	29	174
乙二醇单醋酸酯	4	8.0	0	1	0	215	347
氮丙啶	29	13.0	4	3	3	12	135
环氧乙烷	29	11.7	3	4	3	−4	51
乙醚	21	14.4	2	4	1	−49	94
甲酸乙酯	16	8.7	2	3	0	−4	130
2-乙基己醛	14	16.2	2	2	1	112	325
1,1-二氯乙烷	16	4.5	2	3	0	2	135～138
乙硫醇	21	12.7	2	4	0	<0	95
硝酸乙酯	40	6.4	2	3	4	50	190
乙氧基丙烷	16	15.2	1	3	0	<−4	147
对-乙基甲苯	10	17.7	3	2	0	887	324
氟	40	—	4	0	0	气	−307
氟(代)苯	16	13.4	3	3	0	5	185
甲醛(无水气体)	21	8.0	3	4	0	气	−6
甲醛,液体(37%～56%)	10	—	3	2	0	140～181	206～212
甲酸	10	3.0	3	2	0	122	213
1# 燃料油	10	18.7	0	2	0	100～162	304～574
2# 燃料油	10	18.7	0	2	0	162～204	—
4# 燃料油	10	18.7	0	2	0	142～204	—
6# 燃料油	10	18.7	0	2	0	150～270	—
呋喃	21	12.6	1	4	1	<32	88

续表

化合物	物质系数 MF	燃烧热 H_c/(10^3 · btu · lb^{-1})	NFPA 分级			闪点/°F	沸点/°F
			健康危险 N_H	易燃性 N_F	化学活性 N_R		
汽油	16	18.8	1	3	0	−45	100～400
甘油	4	6.9	1	1	0	390	340
乙醇腈	14	7.6	1	1	1	—	—
(正)庚烷	16	19.2	1	3	0	25	209
六氯丁二烯	14	2.0	2	1	1	—	—
六氯二苯醚	14	5.5	2	1	1	—	—
己醛	16	15.5	2	3	1	90	268
己烷	16	19.2	1	3	0	−7	156
无水肼	29	7.7	3	3	3	100	236
氢	21	51.6	0	4	0	气	−423
氰化氢	24	10.3	4	4	2	0	79
过氧化氢(40%～60%)	14	[2]	2	0	1	—	226～237
硫化氢	21	6.5	4	4	0	气	−76
羟胺	29	3.2	2	0	3	[4]	158
2−羟乙基丙烯酸酯	24	8.9	2	1	2	214	410
羟丙基丙烯酸酯	24	10.4	3	1	2	207	410
异丁烷	21	19.4	1	4	0	气	11
异丁醇	16	14.2	1	3	0	82	225
异丁胺	16	16.2	2	3	0	15	150
异丁基氯	16	11.4	2	3	0	<70	156
异戊烷	21	21.0	1	4	0	<−60	82
异戊间二烯	24	18.9	2	4	2	−65	93
异丙醇	16	13.1	1	3	0	53	181
异丙基乙炔	24	—	2	4	2	<19	92
醋酸异丙酯	16	11.2	1	3	0	34	194
异丙胺	21	15.5	3	4	0	−15	93
异丙基氯	21	10.0	2	4	0	−26	95
异丙醚	16	15.6	2	3	1	−28	156
喷气式发动机 燃料 A&A-1	10	21.7	0	2	0	110～150	400～550
喷气式发动机 燃料 B	16	21.7	1	3	0	−10～30	—
煤油	10	18.7	0	2	0	100～162	304～574
十二烷基溴	4	12.9	1	1	0	291	356
十二烷基硫醇	4	16.8	2	1	0	262	289
十二烷基过氧化物	40	15.0	0	1	4	—	—
LORSBAN * 4E	14	3.0	1	2	1	85	165
润滑油	4	19.0	0	1	0	300～450	680

续表

化合物	物质系数 MF	燃烧热 H_c/(10^3·btu·lb^{-1})	NFPA 分级			闪点/°F	沸点/°F
			健康危险 N_H	易燃性 N_F	化学活性 N_R		
镁	14	10.6	0	1	1	—	2025
马来酸酐	14	5.9	3	1	1	215	395
甲基丙烯酸	24	9.3	3	2	2	171	325
甲烷	21	21.5	1	4	0	气	−258
醋酸甲酯	16	8.5	1	3	0	14	140
甲基乙炔	24	20.0	2	4	2	气	−10
丙烯酸甲酯	24	18.7	3	3	2	27	177
甲醇	16	8.6	1	3	0	52	147
甲胺	21	13.2	3	4	0	气	21
甲基戊基甲酮	10	15.4	1	2	0	102	302
硼酸甲酯	16	—	2	3	1	<80	156
碳酸二甲酯	16	6.2	2	3	1	66	192
甲基纤维素(袋装)	4	6.5	0	1	0	—	—
甲基纤维素粉[8]	16	6.5	0	1	0	—	—
氯甲烷	21	5.5	1	4	0	−50	12
氯醋酸甲酯	14	5.1	2	2	1	135	266
甲基环己烷	16	19.0	2	3	0	25	214
甲基环戊二烯	14	17.4	1	2	1	120	163
二氯甲烷	4	2.3	2	1	0	—	104
甲撑二苯基二异氰酸盐	14	12.6	2	1	1	460	[9]
甲醚	21	12.4	2	4	1	气	−11
甲基乙基甲酮	16	13.5	1	3	0	16	176
甲酸甲酯	21	6.4	2	4	0	−2	89
甲肼	24	10.9	4	3	2	21	190
甲基乙丁基甲酮	16	16.6	2	3	1	64	242
甲硫醇	21	10.0	4	4	0	气	43
甲基丙烯酸甲酯	24	11.9	2	3	2	50	213
2-甲基丙烯醛	24	15.4	3	3	2	35	154
甲基乙烯基甲酮	24	13.4	4	3	2	20	179
石油	4	17.0	0	1	0	380	680
重质灯油	10	17.6	0	2	0	275	480～680
氯苯	16	11.3	2	3	0	84	270
一氨基乙醇	10	9.6	2	2	0	185	339
石脑油	16	18.0	1	3	0	28	212～320
萘	10	16.7	2	2	0	174	424

续表

化合物	物质系数MF	燃烧热 H_c/(10^3·btu·lb^{-1})	NFPA分级			闪点/°F	沸点/°F
			健康危险 N_H	易燃性 N_F	化学活性 N_R		
硝基苯	14	10.4	3	2	1	190	411
硝基联苯	4	12.7	2	1	0	290	626
硝基氯苯	4	7.8	3	1	0	216	457～475
硝基乙烷	29	7.7	1	3	3	82	237
硝化甘油	40	7.8	2	2	4	[4]	[4]
硝基甲烷	40	5.0	1	3	4	95	213
硝基丙烷	24	9.7	1	3	2	75～93	249～269
对-硝基甲苯	14	11.2	3	1	1	223	460
N-SERV *	14	15.0	2	2	1	102	300
(正)辛烷	16	20.5	0	3	0	56	258
辛硫醇	10	16.5	2	2	0	115	318～329
油酸	4	16.8	0	1	0	372	547
氧己环	16	13.7	2	3	1	−4	178
戊烷	21	19.4	1	4	0	<−40	97
过氧乙酸	40	4.8	3	2	4	105	221
高氯酸	29	[2]	3	0	3	—	66[9]
原油	16	21.3	1	3	0	20～90	—
苯酚	10	13.4	4	2	0	175	358
2-皮考啉	10	15.0	2	2	0	102	262
聚乙烯	10	18.7	—	—	—	NA	NA
发泡聚苯乙烯	16	17.1	—	—	—	NA	NA
聚苯乙烯片料	10	—	—	—	—	NA	NA
钾(金属)	24	—	3	3	2	—	1410
氯酸钾	14	[2]	1	0	1	—	752
硝酸钾	29	[2]	1	0	3	—	752
高氯酸钾	14	—	1	0	1	—	—
过四氧化二钾	14	—	3	0	1	—	[9]
丙醛	16	12.5	2	3	1	−22	120
丙烷	21	19.9	1	4	0	气	−44
1,3-二氨基丙烷	16	13.6	2	3	0	75	276
炔丙醇	29	12.6	4	3	3	97	237～239
炔丙基溴	40	13.7[7]	4	3	4	50	192
丙腈	16	15.0	4	3	1	36	207
醋酸丙酯	16	11.2	1	3	0	55	215
丙醇	16	12.4	1	3	0	74	207

续表

化合物	物质系数 MF	燃烧热 H_c/(10^3 · btu · lb^{-1})	NFPA 分级			闪点/°F	沸点/°F
			健康危险 N_H	易燃性 N_F	化学活性 N_R		
正丙胺	16	15.8	3	3	0	−35	120
丙苯	16	17.3	2	3	0	86	319
1-氯丙烷	16	10.0	2	3	0	<0	115
丙烯	21	19.7	1	4	1	−162	−52
二氯丙烯	16	6.3	2	3	0	60	205
丙二醇	4	9.3	0	1	0	210	370
氧化丙烯	24	13.2	3	4	2	−35	94
n-丙醚	16	15.7	1	3	0	70	194
n-硝酸丙酯	29	7.4	2	3	3	68	230
吡啶	16	5.9	2	3	0	68	240
钠	24	—	3	3	2	—	1619
氯酸钠	24	—	1	0	2	—	[4]
重铬酸钠	14	—	1	0	1	—	[4]
氢化钠	24	—	3	3	2	—	[4]
次硫酸钠	24	—	2	1	2	—	[4]
高氯酸钠	14	—	2	0	1	—	[4]
过氧化钾	14	—	3	0	1	—	[4]
硬脂酸	4	15.9	1	1	0	385	726
苯乙烯	24	17.4	2	3	2	88	293
氯化硫	14	1.8	3	1	1[5]	245	280
二氧化硫	1	0.0	3	0	0	气	14
SYLTHERM * 800	4	12.3	1	1	0	>320[10]	398
SYLTHERM * XLT	10	14.1	1	2	0	108	345
TELONE * 11	16	3.2	2	3	0	83	220
TELONE * -C17	16	2.7	3	3	1	79	200
甲苯	16	17.4	2	3	0	40	232
甲苯-2,4-二异氰酸盐	24	10.6	3	1	2	270	484
三丁胺	20	17.8	3	2	0	145	417
1,2,4-三氯化苯	4	6.2	2	1	0	222	415
1,1,1-三氯乙烷	4	3.1	2	1	0	None	165
三氯乙烯	10	1.7	2	1	0	None	189
1,2,3-三氯丙烷	10	4.3	3	2	0	160	313
三乙醇胺	14	10.1	2	1	1	354	650
三乙基铝	29	16.9	3	4	3	—	365
三乙胺	16	17.8	3	3	0	16	193

续表

化合物	物质系数 MF	燃烧热 H_c/(10^3 · btu · lb^{-1})	NFPA 分级			闪点/°F	沸点/°F
			健康危险 N_H	易燃性 N_F	化学活性 N_R		
三甘醇	4	9.3	1	1	0	350	546
三异丁基铝	29	18.9	3	4	3	32	414
三异丙基苯	4	18.1	0	1	0	207	495
三甲基铝	29	16.5	—	3	3	—	—
三丙胺	10	17.8	2	2	0	105	313
乙烯基醋酸酯	24	9.7	2	3	2	18	163
乙烯基乙炔	29	19.5	2	4	3	气	41
乙烯基烯丙醚	24	15.5	2	3	2	<68	153
乙基烯丁基醚	24	15.4	2	3	2	15	202
氯乙烯	24	8.0	2	4	2	−108	7
4-乙烯基环己烯	24	19.0	0	3	2	61	266
乙烯基·乙基醚	24	14.0	2	4	2	<−50	96
1,1-二氯乙烯	24	4.2	2	4	2	0	86
乙烯基·甲苯	24	17.5	2	2	2	125	334
对二甲苯	16	17.6	2	3	0	77	279
氯酸锌	14	[2]	1	0	1	—	—
硬脂酸锌[8]	4	10.1	0	1	0	530	—

注：燃烧热(Hc)是燃烧所产生的水处于气态时测得的值，当 Hc 以千卡/摩尔的形式给出时，可乘以 1800 除以分子量转换成英热单位/磅(btu/lb,1 btu=252 cal,1 cal=4.186 8 J),1°F=0.555 556 K。

[1] 真空蒸馏；[2] 具有强氧化性的氧化剂；[3] 升华；[4] 加热爆炸；[5] 在水中分解；[6] MF 是经过包装的物质的值；[7] H_c 相当于 6 倍分解热(H_d)的值；[8] 作为粉尘进行评价；[9] 分解；[10] 在高于 600 ℃下长期使用，闪点可能降至 95°F；

Seta——Seta 闪点测定法(参考 NFPA 321)；

NA——不适合；

TOC——特征开杯法；

由特征闭杯法测得的其他闪点(TOC)；

* 道化学公司的注册商标；

[应用此法时可进一步查阅道化学公司《火灾、爆炸危险指数评价法》(第七版)]

参考文献

[1] CUI HUI, XU ZHISHENG, SONG WENHUA, et al. Overview and Discussion on Emergency Exposure Limits[M]. New York:Science Press,2008.

[2] CUI HUI, XU ZHISHENG, SONG WENHUA. Emergency exposure limits for toxic chemicals in major hazard installations of China, Singapore , Proceeding of IEEM 2011, 964-968.

[3] 柴建设,别凤喜,刘志敏.安全评价技术方法实例[M].北京:化学工业出版社,2008.

[4] 崔辉,徐志胜,宋文华.应急暴露限值概观与探讨[J].中华劳动卫生职业病杂志,2010.28(8):633-636.

[5] 国家安全生产监督管理总局.安全评价[M].3版.北京:煤炭工业出版社,2005.

[6] 胡二邦.环境风险评价实用技术、方法和案例[M].北京:中国环境科学出版社,2009.

[7] 蒋军成.化工安全[M].北京:机械工业出版社,2014.

[8] 刘茂.事故风险分析理论与方法[M].北京:北京大学出版社,2011.

[9] 刘诗飞,詹予忠.重大危险源辨识及危害后果分析[M].北京:化学工业出版社,2004.

[10] 刘铁民,张兴凯,刘功智.安全评价方法应用指南[M].北京:化学工业出版社,2005.

[11] 美国工业卫生协会(AIAH). Emergency Response Planning Guidelines[DB/OL]. https://www.aiha.org/get-involved/aihaguidelinefoundation/emergencyresponseplanningguidelines,2018.

[12] 美国环境保护署(EPA). Acute Exposure Guideline Levels for Airborne Chemicals [DB/OL]. https://www.epa.gov/aegl,2018.

[13] 魏新利,李惠萍,王自建.工业生产过程安全评价[M].北京:化学工业出版社,2005.

[14] 吴宗之,高进东,魏利军.危险评价方法及其应用[M].北京:冶金工业出版社,2001.

[15] 吴宗之,高进东,张兴凯.工业危险辨识与评价[M].北京:气象工业出版社,2000.

[16] 张景林,崔国璋.安全系统工程[M].北京:煤炭工业出版社,2002.

[17] 张乃禄.安全评价技术[M].3版.西安:西安电子科技大学,2016.

[18] 中国安全生产协会注册安全工程师工作委员会,中国安全生产科学研究院.安全生产法及相关法律知识(2011版)[M].北京:中国大百科全书出版社,2011.

[19] 中国就业培训技术指导中心,中国安全生产协会.安全评价常用法律法规[M].2版.北京:中国劳动社会保障出版社,2010.

[20] 中国就业培训技术指导中心,中国安全生产协会.安全评价师(国家职业资格二级)[M].2版.北京:中国劳动社会保障出版社,2010.

[21] 中国就业培训技术指导中心,中国安全生产协会.安全评价师(国家职业资格三级)[M].2版.北京:中国劳动社会保障出版社,2010.

[22] 中国就业培训技术指导中心,中国安全生产协会.安全评价师(国家职业资格一级,[M].2版.北京:中国劳动社会保障出版社,2010.
[23] 中国就业培训技术指导中心,中国安全生产协会.安全评价师(基础知识)[M].2版.北京:中国劳动社会保障出版社,2010.
[24] 周波,肖家平,骆大勇.安全评价技术[M].徐州:中国矿业大学出版社,2018.